STUDY ON THE LAYOUT AND DEVELOPMENT
OF COAL GEOLOGICAL EXPLORATION INDUSTRY CHAIN
IN THE NEW ERA

新时期煤炭地质勘查
产业链布局与发展研究

侯慎建 等◎编著

中国经济出版社
CHINA ECONOMIC PUBLISHING HOUSE
·北 京·

图书在版编目（CIP）数据

新时期煤炭地质勘查产业链布局与发展研究 / 侯慎建等编著 . -- 北京：中国经济出版社，2022. 1

ISBN 978-7-5136-2061-1

Ⅰ. ①新… Ⅱ. ①侯… Ⅲ. ①煤田地质 – 地质勘探 – 研究 – 中国 Ⅳ. ①P618. 110. 8

中国版本图书馆 CIP 数据核字（2021）第 276421 号

选题策划 雷 生 刘金龙 陈利军
责任编辑 彭 欣
责任印制 巢新强
封面设计 任燕飞装帧设计工作室

出版发行 中国经济出版社
印 刷 者 北京力信诚印刷有限公司
经 销 者 各地新华书店
开 本 787mm × 1092mm 1/16
印 张 17
字 数 338千字
版 次 2022年1月第1版
印 次 2022年1月第1次
定 价 128.00元
广告经营许可证 京西工商广字第8179号

中国经济出版社 **网址** www.economyph.com **社址** 北京市东城区安定门外大街58号 **邮编** 100011
本版图书如存在印装质量问题，请与本社销售中心联系调换（联系电话：010-57512564）

《新时期煤炭地质勘查产业链布局与发展研究》

侯慎建 谢 辉 蔡卫明 武岳彪 张玉峰 陈 明
杨长健 平立华 陈 健 李 阳 周恩堂 巫修平
刘叶青 周 兢 孙娟娟 贺 丹 贺 强 赵 岳 编著
龙陆军 万贵龙 耿建军 邓 瑜 李柯岩 刘咏涵
李威达 郑 翠

主编单位：中国煤炭工业协会煤炭地质分会
参编单位：中国煤炭地质总局勘查研究总院
陕西省煤田地质集团有限公司
中国煤炭地质总局江苏煤炭地质局
中国煤炭地质总局广东煤炭地质局
协编单位：中国煤炭地质总局航测遥感局
中国煤炭地质总局浙江煤炭地质局
江西省煤田地质局

序

煤炭作为我国的基础能源和工业原料，长期以来为经济社会发展和国家能源的安全稳定供应提供了有力保障，在经济和社会发展中发挥着压舱石的作用。“十三五”期间，在国家推动供给侧结构性改革政策措施指导下，煤炭行业整体面貌发生了显著变化，产能得到进一步优化，上下游产业链健康有序发展，转型升级取得实质进展，煤炭行业改革发展迈上新台阶。

“十三五”期间，煤炭行业围绕推动煤炭供给侧结构性改革，深化市场化改革创新，取得重大进展和一系列成果。一是煤炭开发布局持续优化。煤炭产能进一步向资源禀赋好、开采条件优的区域集中。中西部地区的山西、陕西和内蒙古这些煤炭产量大省、自治区的重要作用和战略地位越发凸显。二是产业结构调整取得新进展。煤炭行业生产结构持续优化，产业形态与产业链进一步由中低端向中高端迈进，大型现代化煤炭企业已形成集煤炭开发、电力、煤化工等全产业链于一体的企业集团。三是煤炭科技创新能力和装备水平显著提高。煤炭清洁高效利用取得一系列新进展，以企业为主体、市场为导向、产学研相结合的开放型创新体系逐步形成，由过去的跟跑转变为引领世界煤炭产业发展方向。四是矿区生态文明建设稳步推进。“绿水青山就是金山银山”理念深入人心，矿区生态环境治理等方面取得新进展，形成了新的产业。煤矿安全水平与智能化不断提高，地质勘查产业的进一步扩大推动了矿井节水与水资源综合利用、煤矸石综合处理率及井下瓦斯抽采利用、生态环境修复与土地复垦率持续提高，矿区环境质量进一步提高。

煤炭资源勘查在国民经济建设和煤炭工业产业链中处于前端位置，同时还贯穿于整条产业链的各个部分，地位十分重要。不论是在资源保障，还是在煤基材料的进一步利用中，都发挥着基础研究与精准勘查的作用。2013 年以来，全国煤炭（田）、化工地质单位贯彻新发展理念，以推进煤炭供给侧结构性改革为主线，深入推进体制机制创新，加强煤与煤系资源调查评价，深化煤炭资源绿色勘查，积极推进矿山生态修复，提升煤炭资源综合开发利用水平，开创了煤炭地质行业改革发展新局面，为保障我国能源的安全稳定供应和矿区生态文明建设做出了重要贡献。

综合分析我国经济社会、能源工业、科学技术发展趋势，“十四五”期间，外部环境更加复杂，不确定性和挑战更多，是转变发展方式、优化经济结构、转换增长动力的关键时期。我国能源工业深入贯彻落实“四个革命，一个合作”能源安全新战略，推动传统能源资源的开发和利用向资源环境、经济社会协调发展转变，煤炭行业即将迈入深化供给侧结构性改革、推动需求侧变革、促进高质量发展的关键时期，也是煤炭行业向新技术、新产业、新业态、新模式、新产品创新发展的转型时期。煤炭科技发展将以第四次工业革命为统领，以大数据化、智能化、绿色化、信息化为发展方向，以5G、区块链技术等新一代信息技术为重点，进入加速腾飞、日新月异的创新发展时期。在矿区生态环境保护方面，“绿水青山就是金山银山”的理念，将改变传统的资源开发、经济发展、环境治理模式，推动黄河流域生态保护和高质量发展，更加深刻地影响黄河流域大型煤炭基地的开发利用模式。

在“十四五”新征程开启之际，“碳达峰、碳中和”的庄严承诺对煤炭地质勘查产业既提出了新的要求，也带来了新的机遇和挑战。我国的经济结构将进一步调整优化，能源技术革命加速演进，非化石能源替代步伐加快，这些都对已经形成并巩固提升的煤炭产业链产生了新的推动与融合作用。煤炭行业生产智能化、管理信息化、分工专业化必将形成新的产业，进一步延伸或扩展煤炭产业链。面对新形势、新任务、新要求，煤炭地质勘查产业有必要进行优化重构，只有这样才能更好地保障主体能源的安全，提供更优质的地质技术服务。煤炭地质勘查产业始终要围绕国家能源安全、生态安全布局和重构。煤炭地质勘查产业在优化传统勘查产业链的重中之重是减少劣质供给、强化优质供给，发挥勘查业强项、补齐短板。打造精准专业化、专一化全过程服务链。在煤矿地质灾害防治、绿色智能开采、透明矿井系统建设、智慧矿山发展和矿山环境综合治理方面大展前途。

“千里之行始于足下。”我们要以习近平新时代中国特色社会主义思想为指导，贯彻落实新发展理念和“四个革命，一个合作”能源安全新战略，以煤炭供给侧结构性改革为主线，以提高能源安全保障能力为目标，推进科技进步，加快产业结构升级，加强人才队伍建设，深化国际交流合作，加快构建高质量发展的煤炭地质产业体系。

近年来，中国煤炭工业协会煤炭地质分会的侯慎建等同志对如何科学发展和重构煤炭地质产业链开展了有意义的研究，精心编写了《新时期煤炭地质勘查产业链布局与发展研究》一书。该书系统总结了我国煤炭地质勘查产业发展历程，论述了煤炭地质勘查产业在纵向上从矿产资源勘查延伸到矿井地质勘查，又进一步延伸到深地地质勘查、矿山生态修复地质勘查；在横向上，经过三次裂变，扩展到基础工程建设、清洁能源、城市地质、农业地质、灾害地质等领域。本书提出新时期在“创新、协调、绿色、开放、共享”新发展理念下煤炭地质勘查产业转型升级的9个方向：煤系矿产资源绿色精细协同勘查与评价、煤炭资源安全绿色精准开采地质保障、煤炭资源清洁低碳高效利用地质保障、关闭煤矿资源勘查开发与生态环境修复、新型能源矿产资源综合勘查与开发利用、生态地质勘查与综合修复治理、煤炭地质勘查技术研发与装备制造、煤炭地质勘查技术延伸及“一带一路”沿线国家煤系矿产资源勘查开发。本书观点鲜明、论据充分，构建了清晰的煤炭地质勘查产业链，是新时期新发展思想在煤炭资源勘查产业中的具体实践，对促进煤炭地质勘查产业健康持续高质量发展具有重要意义。

在此我向大家推荐《新时期煤炭地质勘查产业链布局与发展研究》一书，相信本书的出版将对促进我国煤炭工业产业链的健康发展，以及进一步提升煤炭资源保障能力起到积极的推动和指导作用。同时，该项研究成果对于从事煤炭地质、煤矿开发和矿山环境治理的管理和工程技术人员，以及煤炭和地矿类高等院校师生和科研人员具有重要的参考应用价值。

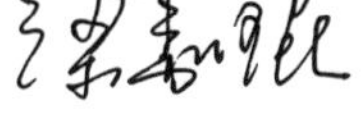

2022年1月

目 录

1 导 论

2 我国煤炭地质勘查产业现状及发展定位

3 煤炭地质勘查产业分述

4 煤炭地质勘查产业多元化发展分述

5 煤炭地质勘查产业运行环境分析

6 新时期煤炭地质勘查产业转型升级方向

1 导论

1.1　产业的概念与结构相关理论

1.1.1　产业的概念

产业是社会生产力发展的结果，是社会分工的产物，并且随着社会生产力水平和分工专业化程度的提高不断变化和发展。在英文中，“产业”“工业”“行业”都可以称为 industry，而我们所研究的产业，是指国民经济中以社会分工为基础，在产品和劳务的生产和经营上具有某些相同特征的企业或单位及其活动的集合。尽管它们的经营方式、经营形态、企业模式和流通环节有所不同，但是它们的经营对象和经营范围都是围绕着共同产品展开的，并且可以在构成业态的各个行业内部完成各自的循环。简单地说，产业是指具有某类共同特性的企业集合。

产业既不是微观经济的概念，也不是宏观经济的范畴，而是介于二者之间的中观经济概念。

1.1.2　产业的划分

20 世纪 20 年代，国际劳工局最早对产业做了比较系统的划分，即把一个国家的所有产业分为初级生产部门、次级生产部门和服务部门。后来，许多国家在划分产业时都参照了国际劳工局这种分类方法。

中华人民共和国成立后，产业划分为三个。第一产业为农业（包括种植业、林业、牧业和渔业）。第二产业为工业（包括采掘业，制造业，电力、煤气、水的生产和供应业）和建筑业。第三产业分流通和服务两个部分，共 4 个层次：

（1）流通部门，包括交通运输、邮电通信、商业、饮食、物资供销和仓储业等；

（2）为生产和生活服务的部门，包括金融、保险、地质普查、房地产、公用事业、居民服务、旅游、咨询信息服务和各类技术服务业等；

（3）为提高科学文化水平和居民素质服务的部门，包括教育、文化、广播、电视、科学研究、卫生、体育和社会福利事业等；

（4）为社会公共需要服务的部门，包括国家机关、政党机关、社会团体以及军队和警察等。

为适应产业经济学各个领域在进行产业分析时不同目的的需要，可将产业划分成若干层次，这就是“产业集合”的阶段性。具体地说，产业在产业经济学中有三个层次。

第一层次，以同一商品市场为单位划分的产业，即产业组织，现实中的企业关系结构在不同产业中是不相同的。产业内的企业关系结构对该产业的经济效益有极其重要的影响，要实现某一产业的最佳经济效益须使该产业符合两个条件：首先，该产业内的企业关系结构性质使其有足够改善经营、提高技术、降低成本的压力；其次，充分利用“规模经济”使该企业的单位成本最低。

第二层次，以技术和工艺的相似性为根据划分的产业，即产业联系。一个国家在一定时期所进行的社会再生产过程中，各产业部门都通过一定的经济技术关系发生着投入和产出，即中间产品的运动，它真实地反映了社会再生产过程中的比例关系及变化规律。

第三层次，大致以经济活动的阶段为根据，将国民经济划分为若干个大部分所形成的产业，即产业结构。

1.1.3 产业结构

1.1.3.1 产业结构的概念

产业结构是发展经济学提出的概念，也称产业体系，是社会经济体系的主要组成部分。产业结构升级是通过产业内部各生产要素之间、产业之间的时间、空间、层次相互转化，实现生产要素改进、产业结构优化、产业附加值提高的系统工程。经济主体和经济客体的对称关系是最基本的产业结构，是产业结构升级的最根本动力。概言之，产业结构就是指产业间的技术经济联系及其数量比例关系。

1.1.3.2 产业结构的分类

在经济研究和经济管理中，经常使用的分类方法主要有：两大领域、两大部类分类法，三次产业分类法，资源密集度分类法与国际标准产业分类法。

（1）两大领域、两大部类分类法

这种分类方法就是按照生产活动的性质及其产品属性对产业进行分类。按生产活动性质，可以把产业部门分为物质资料生产部门和非物质资料生产部门，前者指从事物质资料生产并创造物质产品的部门，包括农业、工业、建筑业、运输邮电业、商业等；后者指不从事物质资料生产，只提供非物质性服务的部门，包括科学、文化、教育、卫生、金融、保险、咨询等部门。

（2）三次产业分类法

这种分类方法是根据社会生产活动历史发展的顺序对产业结构进行划分的。产品直接取自自然界的部门称为第一产业，对初级产品进行再加工的部门称为第二产业，为生产和消费提供各种服务的部门称为第三产业。这种分类方法成为世界上较为通用的产业结构分类方法。

我国的三次产业划分如下。

第一产业：农业（包括种植业、林业、牧业和渔业）。

第二产业：工业（包括采掘业，制造业，电力、煤气、水的生产和供应业）和建筑业。产业革命往往是由制造业的革命引发的一场三大产业的全面变革。

第三产业：除第一、第二产业以外的其他各业。根据我国的实际情况，第三产业可分为两大部门，一是流通部门，二是服务部门。

（3）资源密集度分类法

这种分类方法是按照各产业投入的、占主要地位的资源的不同为标准划分的。根据劳动力、资本和技术三种生产要素在各产业中的相对密集度，把产业划分为劳动密集型产业、资本密集型产业和技术密集型产业。

劳动密集型产业是指生产主要依靠大量使用劳动力，而对技术和设备的依赖程度较低的产业。其衡量标准是在生产成本中工资与设备折旧和研究开发支出相比所占比重较大。一般来说，目前劳动密集型产业主要指农业、林业及纺织、服装、玩具、皮革、家具等制造业。随着技术进步和新工艺设备的应用，发达国家劳动密集型产业的技术、资本密集度也在提高，并逐步从劳动密集型产业中分化出去。例如，食品业在发达国家就被划入资本密集型产业。

资本密集型产业是指在单位产品成本中，资本成本与劳动成本相比所占比重较大，每个劳动者所占用的固定资本和流动资本金额较高的产业。当前，资本密集型产业主要指钢铁业、一般电子与通信设备制造业、运输设备制造业、石油化学工业、重型机械工业、电力工业等。资本密集型产业主要分布在基础工业和重加工学工业中，一般被看作发展国民经济、实现工业化的重要基础。

技术密集型产业是指在生产过程中，对技术和智力要素的依赖大大超过其他生产要素的产业。目前，技术密集型产业包括：微电子与信息产品制造业、航空航天工业、原子能工业、现代制药工业、新材料工业等。当前，以微电子、信息产品制造业为代表的技术密集型产业正在迅猛发展，成为带动发达国家经济增长的主导产业。因此可以说，技术密集型产业的发展水平将决定一个国家的竞争力和经济增长前景。

（4）国际标准产业分类法

为使不同国家的统计数据具有可比性，联合国颁布了《全部经济活动的国际标准产业分类》（ISIC）。现在通行的是 1988 年第三次修订本。这套国际标准产业分类分为 A~Q 共 17 个部门，其中包括 99 个行业类别。这 17 个部门分别为：A. 农业、狩猎业和林业；B. 渔业；C. 采矿及采石；D. 制造业；E. 电、煤气和水的供应；F. 建筑业；G. 批发和零售、修理业；H. 旅馆和餐馆；I. 运输、仓储和通信；J. 金融中介；K. 房地产、租赁业；L. 公共管理和国防；M. 教育；N. 保健和社会工作；O. 社会和个人的服务；P. 家庭雇工；Q. 境外组织和机构。

我国发布的《国民经济行业分类与代码》就是参照了《全部经济活动的国际标准产业分类》制定的，因此产业划分与包括经济合作与发展组织（OECD）在内的大多数国家基本一致。

1.2 产业链相关理论

1.2.1 产业链的缘起与基本内涵

产业链的思想最早来自 17 世纪中后期的西方古典经济学家亚当·斯密关于分工的卓越论断，其著名的“制针”和“毛纺”的例子就是对产业链功能的生动描述。亚当·斯密在其《国富论》中写道：“生产一种完全制造品所必要的劳动，也往往分由许多劳动者担任。”这种产业链仅指企业把外部采购的原材料和零部件，通过生产和销售等活动传递给零售商及用户的过程。因此，早期的产业链主要局限于制造企业的内部活动，关注的是企业对自身资源的利用。

后来马歇尔把分工扩展到企业与企业之间，强调企业间分工协作的重要性，这可以称为产业链理论的真正起源。1958 年，赫希曼在《经济发展战略》一书中从产业前后向联系的角度论述了产业链的概念。不过，上述理论更多的是从宏观层面讨论劳动分工、专业化对经济发展的意义。

随着价值链、供应链等理论的兴起与运用，对产业链的研究相对弱化，但是从产业链发生与发展的实际情况来看，价值链和供应链理论对产业链理论的研究起到了关键的导向作用，具有极其重要的借鉴意义，成为进一步丰富产业链研究的理论基础。

1985 年，迈克尔·波特在《竞争优势》一书中首次提出价值链的概念，认为“每一个企业都是在设计、生产、销售、发送和辅助其产品的过程中进行种种活动的集合体。所有这些活动可以用一个价值链表示出来”，并进一步指出，“企业的价值创造是通过一系列活动构成的，这些互不相同但又相互关联的生产经营活动，构成了一个不断实现价值增值的动态过程，即价值链”。产业链和价值链之间有着本质的联系，都表达了具有某种特征的不同要素之间的相互联系和经营链条之间的相互依存。实际上，价值链理论正是从微观层面和价值创造的视角阐述了产业链中价值增值的原因和机制。

供应链的概念源自价值链，产生于 20 世纪 80 年代后期。作为一种新的企业组织形态和运营方式，供应链从微观层面考察了企业之间的关联关系。史蒂文斯（1989）认为，“供应链就是通过增值过程和分销渠道，控制从供应商的供应商到用户的用户之间的流，开始于供应的起点，结束于消费者的终点”。哈里森（1993）基于价值网络的概念，将供应链定义为采购原材料，然后将它们转换为中间产品和成品，并且将成品销售到用户的功能网链。马歇尔·费希尔（1997）则指出，“供应链是指由原材料的供应商制造商、分销商、零售商、顾客等成员，通过与上游、下游成员的连接组成的链状结构或网络结构”。产业链内部的联系归根结底是企业之间的联系，这样产业链和供应链之间就具有了极强的相关性。实际上，供应链理论正是从微观层面和企业管理的视角阐述了产业链中企业之间分工协作的形式与内容。

目前，我国的产业链研究已经扩展到除农业之外较为广泛的产业领域，这些领域主要集中在能源产业、移动通信业、文化产业等，同时还对建筑业、服装业、高新技术产业、生物医药业、会展旅游业等有一些初步研究。例如，于立宏（2006）的《需求波动下的中国煤电产业链纵向安排与经济规制研究》，张明文（2009）的《中国煤电产业链协调发展的优化模型研究》，谭忠富、张明文、李莉（2009）的《我国能源产业链协调发展中的问题研究》，余章坤（2007）的《移动通信产业链的控制力研究》，王昕（2009）的《移动通信产业链创新系统研究》，计雪峰、梅笑冬（2006）的《传媒产业链发展模式研究》，张梅青、王稼琼、靳松等（2008）的《创意产业链的价值与知识整合研究》，戴晓林（2008）的《我国动画产业链构建研究》等。

1.2.2 产业链要素构成

产业链内部既包括实体存在的企业、产品，也包括企业之间的技术、经济联系等方面，其共同构成了产业链要素。

张铁男、罗晓梅（2005）认为，产业链内存在一个或几个与其他环节关联度较高并能形成产业链核心竞争能力的主导环节，主张用灰色聚类法将产业链上各个环节互选为参考数列，以产业产值为基础计算关联系数和关联度，随后确定产业链发展中的战略环节。

刘贵富、赵英才（2006）认为，产业链是围绕核心企业创建的，核心企业在产业链中具有信息交换中心、物流集散调度中心以及资金周转中心等作用，并论述了核心企业应具备的影响力、研发、商誉等条件及核心企业与节点企业的合作模式，以及核心企业对产业链的管理与控制。

1.3 产业结构转型、升级相关理论

1.3.1 产业结构演变的影响因素

1.3.1.1 需求因素

消费需求变动与人口数量、人均收入水平、经济发展周期、经济发展水平、社

会发展水平和技术水平等因素密切相关。

（1）人口数量的增加和人均收入水平的变化

一般来讲，人口数量越多，消费需求的绝对量就越大。在经济比较落后的国家，人口数量的增加将会降低人均国民收入水平，阻碍该国产业结构的高度化；而在一些发达国家，由于其经济和国民收入都处于一个比较高的水平，产业结构已经进入高度化阶段，因此人口的适度增加将会有助于稳定现有产业结构并使其进一步合理化。

人均收入水平的变化对产业结构的影响也是巨大的。人均收入水平的提高，必然促使需求总量的增长，需求总量的变化又会引起产业结构的变化。

（2）个人消费结构

在需求结构中，对产业结构变动影响最大的是个人消费结构。个人消费结构不仅直接影响最终产品的生产结构和生产规模，而且间接影响中间产品的需求，从而影响中间产品的产业结构。

随着收入水平的提高，不仅消费的需求总量会扩大，而且消费结构会发生变化，消费物品的档次更加趋于高度化，个人需求趋向多层次和多样化。多层次的消费需求结构将会带动多层次的产业结构递进升级。

（3）中间需求和最终需求的比例

中间需求和最终需求的比例是一种重要的需求结构，中间需求是指对中间产品的需求，最终需求是指对最终产品的需求。

中间产品是指需要继续投入生产过程，并在生产过程中一次转移全部价值的产品，如原材料、零部件等；最终需求产品是指不需要再进入生产过程，即可供人们消费或投资用的产品。

中间产品的需求结构决定生产中间产品的产业内部结构；最终产品的需求结构决定生产最终产品的产业内部结构。

决定中间需求与最终需求比例的主要因素有三个。①专业化协作水平。专业化程度越高，产出的最终产品对中间产品的依赖程度越大。②生产资源利用率。生产资源利用率提高，相同产出的最终产品对中间产品消费需求减少；反之，就增加。③最终产品的性能和制造技术的复杂程度。最终产品的性能和制造技术越复杂，对中间产品的需求量越大。

（4）消费和投资的比例

消费和投资的比例关系直接决定了消费资料产业和资本资料产业的比例关系；消费和投资比例的变化直接引起消费资料产业与资本资料产业的比例变化。

1.3.1.2 供给因素

从广义上来说，供给因素包括自然条件和资源禀赋、人口、技术进步、资金供应（包括国内资金供应和外来投资）、商品供应、环境（包括国内和国际的政治、文化、经济、法律等环境）。除此之外还包括体制和人的思想、观念等因素。

（1）自然条件和资源禀赋

一般情况下，自然资源丰富的国家，其产业结构或多或少地具有资源开发型的特性；资源匮乏的国家则不可能形成资源开发型产业，最多只能形成资源加工型产业结构。

（2）人口

人口因素影响着劳动力的供给程度和人均资源拥有量以及可供给能力的程度。劳动力丰富且价格低廉、资金又缺乏的国家，应该多发展劳动密集型产业；劳动力不足而资金比较充裕的国家，应该多发展资本密集型产业。

（3）技术进步

技术水平的不同决定了比较劳动生产率的不同，技术进步又引起比较劳动生产率的变化。

产业结构转换的动力来自比较生产率的差异，它表现为：生产要素从比较生产率低的生产部门，向比较生产率高的生产部门转移；产业结构的转换和升级，主要取决于部门之间生产率增长速率的差异。不同的部门由于创新和技术进步速度不同，其生产率的增长速度不同。

（4）资金供应

资金供应对产业结构变动的影响：一方面，包括资金的充裕程度对产业结构的影响；另一方面，包括资金向不同产业部门的投向偏好对产业结构的影响。

前者主要是资金总量方面对产业结构变动的影响，受经济发展水平、社会发展水平、储蓄率、资本积累等诸多因素影响；后者主要是投资结构方面对产业结构变动的影响，受投资倾斜政策、投资者的投资偏好、利率、资金回报率等因素的影响。投资是产业结构变化的直接原因。

（5）商品供应

对产业结构变动产生较大影响的商品包括原料品、中间投入品、零部件、进口品等，后向关联系数越大的产品对产业结构的影响越大。从发达国家的实践来看，产业结构的高度化也是在基础产业、上游产业或后向关联系数较大的产业得到一定程度的发展以后，下游产业或前向关联系数较大的产业才能得到比较大的发展。

（6）环境

环境因素包括国内环境因素和国际环境因素，或称政治、经济、社会、法律、文化等环境因素。一国的国际政治环境、文化环境、经济环境、法律环境及其他环境对该国的产业结构有很大的影响。

1.3.1.3 其他因素

（1）投资需求

投资是企业扩大再生产和产业扩张的重要条件之一。不同方向的投资是改变已有产业结构的直接原因，新的需求投资将形成新的产业，进而改变原来的产业结构；对部分产业进行投资，将推动这些产业以更快的速度扩大，从而影响原有产业结构；虽对全部产业投资，但投资比例不同，则会引起各产业发展程度上的差异，导致产业结构的相应变化。

（2）国际贸易

国际贸易是通过本国产品的出口刺激本国需求增长和外国产品的进口增加国内供给来影响本国产业结构的。

进出口贸易对产业结构的主要影响有：资源、商品、劳务的出口，对国内相关产业的发展起推动作用；国内紧缺资源、劳务的进口，可以弥补本国生产该类商品的产业不足，同时进口某些新产品、新技术还对开拓本国市场，为本国发展同类产业创造有利条件，有利于推动本国产业结构的高度化。有些商品的进口，也可能对本国某些产业的发展起到抑制作用。

（3）国际投资

国际投资包括本国资本的流出，即本国企业在外国的投资，以及外国资本的流入，即外国企业在本国的投资。对外投资会导致本国产业的对外转移，外国投资则促使国外产业的对内转移。

外国直接投资对国内产业结构的影响主要有：一是外资企业直接决定生产什么、生产多少；二是外资企业中间产品的供应结构和最终产品销售结构的变化会直接影响到国内产业结构的变化；三是外资企业的技术创新间接地影响一个国家或地区的产业结构。

（4）其他因素

产业结构的变化还受到政府产业政策和市场等因素的影响，其中受政府产业政策的影响最直接。市场是社会资源配置的重要手段，市场给出信号直接引导人们的投资与消费行为，从而影响产业结构的变动。市场法规与机制的完善程度也成为影响产业结构的因素之一。

1.3.1.4 主导产业的转换与产业结构变化

主导产业的种类决定了产业结构的主要类型和产业结构变化的规律。按照主导产业的特点，产业结构变化的一般规律如下。

①以农业为主导的阶段。

②以轻纺工业为主导的阶段。

③以原料和燃料动力等基础工业为重心的重化工业阶段。

④以低度加工组装型重化工业为主导的阶段。

⑤以高度加工组装型工业为主导的阶段。

⑥以第三产业为主导的阶段。

⑦以信息产业为主导的阶段。

1.3.1.5 工业化过程与工业结构演变规律

传统的工业化过程主要分成三个：重工业化过程，即工业从以轻工业为中心向以重工业为中心发展的过程；高加工度化过程，即工业结构从以原材料工业为中心向以加工、组装工业为中心发展的过程；技术集约化过程，即以技术密集型为代表的高新技术的广泛应用，使工业结构表现为技术集约化。

（1）重工业化过程

重工业化过程，是指在工业结构中由以轻工业为主转向以重工业为主的过程。

$$\text{霍夫曼系数}=\frac{\text{消费资料工业的净产值}}{\text{资本资料工业的净产值}}$$

霍夫曼定律：随着工业化的进程，霍夫曼系数是不断下降的。根据霍夫曼系数的变化趋势，可将工业化的过程分为四个阶段：

在第一阶段，消费资料工业的生产占据统治地位，而资本资料工业的生产是不发达的，霍夫曼系数在 5 附近；

在第二阶段，虽然消费资料工业生产的规模仍远远大于资本资料工业生产，但资本资料工业发展开始获得了更快的速度，此时的霍夫曼系数在 2.5 左右；

在第三阶段，资本资料工业发展已达到了与消费资料工业相当的规模，霍夫曼系数到达 1 附近；

在第四阶段，资本资料工业的规模开始超过消费资料工业的规模，因此霍夫曼系数也就降到了 1 以下。

（2）高加工度化过程

在工业发展的重工业化过程中，工业结构又表现为以原材料工业为中心向以加工、装配工业为中心发展的趋势。

由于加工度越深，附加价值越大，所以高加工度化过程也被称为高附加价值化过程。工业的高加工度化过程意味随着工业化的进程，工业产品的加工程度不断加深，当原材料工业发展到一定阶段以后，其增长速度将被加工装配型工业所超越。

（3）技术集约化过程

从生产要素的角度而言，工业的发展过程在其重心由轻工业向重工业转移，由原材料工业向加工装配工业转移的同时，还经历了由劳动力集约型向资本集约型，进而向技术集约型工业转移的过程，这就是工业化过程中的技术集约化过程。

1.3.2 产业结构优化与转型升级

1.3.2.1 产业结构转换与优化

产业结构的转换一般是指该产业结构系统发生了较大的结构性变化。产业结构的高度化则是指产业结构系统从较低级的形式向较高级的形式转换的过程，也可将其称为产业结构的升级。产业结构的升级是由有规律的结构转换来完成的。

产业结构优化是指通过产业调整，使各产业实现协调发展，并满足社会不断增长的需求的过程。产业结构的优化过程主要是产业结构的高度化过程和产业结构的合理化过程。合理化是高度化的基础，如果没有合理化，产业结构的高度化就失去了基本条件，不但达不到升级的目的，反而有可能发生结构的逆转。高度化是合理化进一步发展的目的，合理化本身就是为了使产业结构向更高层次进行转化，失去了这一目的，合理化就没有存在的意义了。

1.3.2.2 产业结构升级的表现形式和实现环境

产业结构升级，就是通过主导产业的更替，不断地从一个阶段迈向另一个新阶段；产业结构升级的表现形式，就是主导产业的有序更替。

随着经济活动的范围不断扩大和社会分工的进一步深化，由单个产业充当主导产业的角色来带动整个经济发展和产业结构演进的现象几乎消失不见，越来越多的场合是由一组产业形成一个“主导产业群”来带动经济发展和产业结构向高级演进。

1.3.2.3 产业结构合理化

（1）产业结构合理化的标志

衡量产业结构是否合理的关键，在于产业之间是否具有因其内在的相互作用产生的一种不同于各产业能力之和的整体能力。

产业结构不协调的主要原因有两个。

第一，供给结构的变化不能适应需求结构的变化。其表现形式有三种：一是需求结构变化，供给结构不变，造成供应不足；二是需求结构变化，供给结构的变化滞后，造成供应滞后；三是需求结构变化，供给结构的变化过度，造成供应过剩。

第二，需求结构的变化不能适应供给结构的变化。其表现形式有三种：一是供给结构变化，需求结构不变，造成需求不足；二是供给结构变化，需求结构的变化滞后，造成需求滞后；三是供给结构变化，需求结构的变化过度，造成需求过度。

产业结构趋于合理化的标志是：能充分有效地利用本国的人力、物力、财力以及国际分工的好处，使国民经济各部门协调发展，社会的生产、交换和分配顺畅进行，社会扩大再生产顺利发展；使国民经济持续稳定地增长，社会需求得以实现，能实现人口、资源、环境的良性循环。

（2）产业结构合理化的基准

我国理论界在论证产业结构是否合理上，主要有以下几个方面基准。

一是国际基准，即以钱纳里等倡导的标准产业结构为依据，判断在经济发展的不同阶段的产业结构是否达到了合理化。

二是需求结构基准，即以产业结构和需求结构相适应的程度作为判断产业结构是否合理的标准。若两者适应程度越高，则产业结构越合理；若两者不适应或很不适应，则产业结构不合理。

三是产业间比例平衡基准，即以产业间的比例是否平衡作为判断产业结构合理与否的标准。

（3）产业结构合理化的比较与测定

产业结构合理化的比较与测定方法主要有以下几种。

一是国际比较法，即以钱纳里的标准产业结构为基础，将某一国家的产业结构与相同国民生产总值下的标准产业结构加以比较，偏差较大时即认为此时的产业结构是不合理的。

二是影子价格分析法，即用各产业部门的影子价格与其整体影子价格平均值的偏离程度来衡量产业结构是否合理。偏离越小，产业结构就越趋于合理。

三是需求判断法，即判断各产业的实际生产能力与对该产业产品的需求是否相符，若两者接近或大体接近，则目前的产业结构是较为合理的。

四是需求适应性判断法，即判断产业结构能否随着需求结构的变化进行自我调节，使产业结构与需求结构相适应，实现社会生产目的。

五是结构效果法，即以产业结构变化引起的国民经济总产出变化来衡量产业结构是否在向合理的方向变动，若结构变化使国民经济总产出获得相对增长，则产业结构的变动方向是合理的。

（4）产业结构合理化调整的过程

从产业结构趋于合理化的调整过程来看，主要有如下两个阶段：一个阶段是在部门、行业之间不断进行调整、协调，使之趋于均衡的过程；另一个阶段是这种均衡被打破的过程。

除去特殊情况不论，均衡被打破的原因主要来自两个方面：一是需求和需求结构发生变化，产业结构随之发生调整；二是由于技术进步，某些产业供给能力发生变化，产业结构需要做出调整以适应相对不变的需求和需求结构。

在短期内技术水平不发生重大变化的情况下，在产业结构由不合理向合理转变的过程中，其边际收益是递减的，但如果将由于技术进步造成的每一轮产业结构调整视为整体产业结构变化的“边际”时，边际收益却不是递减的。

1.3.2.4 地质勘查产业在产业体系中的划分

《地质大辞典》中将地质工作定义为“运用地质科学理论和各种技术方法、手段对客观地质体进行调查研究，经济有效地摸清地质情况和探明矿产资源的工作”。2006 年 4 月，时任中共中央政治局常委、国务院总理温家宝就贯彻《国务院关于加强地质工作的决定》作出重要批示，指出“地质工作必须贯彻科学发展观，把地质找矿、提高资源综合效益、改善生态环境、防治地质灾害作为重要任务”。

地质勘查产业主要以客观地质体为对象，应用各种地质工作方法和勘查手段查明地质矿产资源和地质环境，为社会经济发展提供地质矿产资源、地质资料和劳务。服务领域由起初对矿物资源的利用，扩展到现今基础地质、矿产地质、水文地质、工程地质、灾害地质、环境地质、矿产综合利用研究、农业地质、海洋地质、城市地质、旅游地质、地震地质、军事地质等领域。

地质勘查产业作为国民经济发展的支撑性、先导性产业，属于一种基础性技术服务行业，在产业发展理论的指导下，主动适应国民经济发展需要和市场形势，取得了长足的发展。世界各国都对地质勘查产业发展高度重视，并对地质勘查产业进行了详细划分。在 2007 年北美产业分类标准（NAICS）中，将地质勘查归入石油天然气开采产业和矿业，其二级类为“矿业、采石业、石油和天然气开采（代码：21）”，三级类为“矿业支撑活动（代码：213）”，四级类、五级类与三级类名称相同，之后有五个六级类，分别列出了对油气、煤炭、金属和非金属矿业的支撑产业，对这些矿类的地质勘查是其中的产业内容之一。区域性地质、地球物理等调查工作被归入“专业、科学和技术服务（二级类，代码：54）”中的四级类“建筑、工程和有关服务（代码：5413）”。区域性地质工作分属两个五级类：“地球物理调查和制图服务（代码：54136）”“调查和制图服务（地球物理除外）（代码：54137）”。

在 2007 年 ISIC 第四版中，将地质勘查归入“矿业支撑服务活动（09）”。石油、天然气勘查和其他矿产勘查被分别归入两个三级产业类中。石油和天然气勘查被归入三级类“对石油和天然气开采的支撑活动（091）”，这个三级类目前只列出一个四级类产业，其名称也是“对石油和天然气开采的支撑活动（0910）”。

我国在 2002 年的《国民经济行业分类》（GB/T 4754—2002）中，将地质勘查业分入 M 类“科学研究、技术服务和地质勘查业”，不再是国民经济的一级产业。现行的《国民经济行业分类》（GB/T 4754—2011）基本沿用了 2002 版的分类标准，将地质勘查业列入 M 类“科学研究与技术服务业”，产业代码是 747，下含五个子产业：能源矿产地质勘查（7471），固体矿产地质勘查（7472），水、二氧化碳等矿产地质勘查（7473），基础地质勘查（7474），地质勘查技术服务（7475）。

中国的煤炭地质产业从 20 世纪 50 年代起步，逐渐发展壮大，从总体地质情况不明到基本消灭地质空白区，从煤炭资源家底不清到成为世界煤炭资源大国，为国家能源建设及国民经济社会发展提供了可靠的资源保障和科学的地质依据。党和国家领导人对地质事业高度重视，毛泽东同志在1950年访问苏联接见中国留学生时，就题写了“开发矿业”四个大字；江泽民同志专门为地质工作者题词“献身地质事业无上光荣”；中共中央政治局原常委宋平同志1995年为陕西省煤田地质局一八五队题词“艰苦奋斗、献身煤海”。

2011年，中国矿业联合会等13家矿业相关协会发出倡议：将毛泽东同志“开发矿业”题词纪念日（每年的2月17日）设为“全国矿业工作者日”。这个纪念日就此成为所有从事矿产资源勘查开发工作者的节日。

党和国家领导人对地质事业的关注及对地质工作者的关怀，激发地质工作者的“地质报国”壮志，鞭策地质工作者奋发图强、砥砺前行，为煤田地质事业的发展壮大不懈奋斗。

参考文献：

[1] 丁工．促成“世界变局”与“中国机遇”互动从“相加”到“相融”[J]．中国发展观察，2019（18）：30–32.

[2] 冯芳芳．区域产业结构优化升级影响因素研究：基于面板数据分位数回归分析与应用[D]．重庆：重庆大学，2012.

[3] 刘志迎，赵倩．产业链概念、分类及形成机理研究述评[J]．工业技术经济，2009，28（10）：51–55.

[4] 牛丽贤，王京彬，王京，等．地质产业的科学定位及发展趋势[J]．矿产勘查，2016（1）：225–229.

[5] 宋建平，张磊．我国产业结构合理化水平简析[J]．决策与信息（下旬刊），2011（6）：167–168.

[6] 魏然．产业链的理论渊源与研究现状综述[J]．技术经济与管理研究，2010（6）：140–143.

[7] 肖小红．产业链理论研究综述[J]．贵州商业高等专科学校学报，2012（4）：29–32.

[8] 熊曦．区域产业品牌形成机理及其培育策略研究[D]．长沙：中南大学，2013.

[9] 张延坤．产业链理论研究[D]．天津：河北工业大学，2012.

[10] 赵倩．基于产业链的企业技术创新行为研究[D]．合肥：合肥工业大学，2010.

2 我国煤炭地质勘查产业现状及发展定位

2.1 我国煤炭地质勘查产业发展历程

我国煤炭地质勘查产业经过数千年漫长而曲折的发展，从依靠经验找煤、挖煤到依靠科学技术找煤、开矿，伴随着煤炭事业的发展，煤炭地质勘查产业得到了快速发展。改革开放以后，我国煤炭地质勘查产业发展到了一个新的水平，实现了勘查产业的第一次纵向延伸——从找矿勘查延伸到矿井地质勘查，形成初级勘查产业链。

1986 年，煤炭地质勘查产业开始利用地质技术优势为社会提供地质勘查技术服务，这次行业拓展涉及六大类勘查工程：房建工程勘查、地下工程勘查、水上工程勘查工程、道路工程勘查、固体废物堆砌场勘查工程、地质灾害工程勘查。煤炭地质勘查的第一次横向拓展，将我国煤炭地质勘查产业，从单一煤炭地质勘查产业发展到了社会地质勘察技术服务行业，发展到了一个全新的时期——煤炭地质多种经营服务期。这是我国煤炭地质勘查产业的第一次横向拓展，不仅拓展了生存空间，提升了生存能力，也为煤炭地质行业生存奠定了坚实的基础。

进入 21 世纪，我国煤炭地质勘查产业又完成了两次纵向延伸、两次横向拓展。第二次纵向延伸是从矿井地质向绿色矿山治理延伸；第三次纵向延伸是从绿色矿山延伸到深地地质。我国煤炭地质勘查产业进入了一个全新的大地质时期。2011 年，我国城市化发展到达一个新的转折点，大城市群的建设为煤炭地质勘查产业带来了发展空间。第二次横向拓展是向清洁能源领域拓展；第三次横向拓展是从矿区走向城市，从山区走向城市，向城市地质、农业地质、工程地质、灾害地质工程领域进军。煤炭地质勘查产业进入了全新转型升级期。

2.1.1 从经济发展角度看我国煤炭地质勘查产业发展历程

从经济发展角度可以将我国煤炭地质勘查产业的发展历程，划分为单一发展期、多种经营期、大地质时期和转型升级期四个发展阶段。

2.1.1.1　单一发展期

我国煤炭资源丰富，是世界上最早发现和利用煤炭的国家。据沈阳新乐遗址考古资料证明，早在新石器时代晚期，人类就已发现了煤炭并加以利用。在此后与大自然的长期博弈中，我国劳动人民不仅逐步加深了对煤的了解，拓宽了用煤范围，也积累了找煤、用煤的经验和煤田地质知识，《山海经》《天工开物》《博山志》等典籍中均有相关记载；古代找煤人也应运而生，他们依托经验，主要通过视石、查矿苗、与地表植被的关系三种地表观察方法寻找煤炭（吴晓煜，2010），原始的煤炭地质勘查逐渐萌芽发展。

清末鸦片战争后，东西方国家殖民者、探险者、传教士和一些地质专家陆续来华，为掠夺我国资源相继开展了煤田地质考察和勘探，足迹遍布山东、黑龙江、内蒙古等富煤地区。为加快掠夺，他们开始使用当时先进的钻探工程探查我国深部资源。同一时期，“洋务派”的张之洞曾多次派人四处进行煤炭勘查。中国的民族企业如大通煤矿公司、枣庄中兴煤矿公司等为扩大开采规模，也开始进行钻探工作（原中国煤田地质总局，1993）。在这场东西方的碰撞中，现代煤炭地质勘查登上我国历史舞台。

1912 年 1 月，中华民国临时政府在实业部下设地质科，曾先后派丁文江、翁文灏等“师夷长技”的归国人员及地质研究所学员分赴浙江、安徽、云南、河北等地开展煤田地质调查，并撰有《浙江地质矿产报告》《调查乌格煤矿地质报告书》《临城煤矿地质报告》等（原中国煤田地质总局，1993）。但基于近代中国战火不断，执政者无暇顾及经济发展等原因，我国现代煤炭地质勘查工作整体发展极其缓慢。到中华人民共和国成立前，除在一些煤田进行过勘探和零星的地质调查外，绝大多数矿井都没有系统的地质资料。对我国煤炭资源赋存情况整体了解较少，全国广大地区仍处于一般性地质调查空白区（曹代勇等，2007）。

中华人民共和国成立后，国内政治形势基本稳定，党和国家高度重视煤炭工业的恢复和发展，煤炭地质勘查作为基础性、先导性行业，以围绕老矿区恢复和改建、寻找煤炭战略储备为首要任务，伴随着煤炭工业的发展而成长。1950 年 10 月，时任燃料工业部部长陈郁特别指出：“要大规模进行地质勘探工作。动员全国煤矿职工，集中力量建立与充实地质勘探、设计、施工组织机构。大力培训干部和技工，扩大基本建设队伍。”自第一个五年计划开始，煤矿管理局开始在各大行政区设立专门的地质处，全国性煤田地质勘探管理体系逐步建立，煤田队伍不断发展壮大（原中国煤田地质总局，1993）。

行业的发展助力时代的变迁，时代的洪流也推动行业的成长。我国煤炭地质勘查工作也先后在“大跃进”“文化大革命”、改革开放的时代浪潮洗礼下，不断调整，曲折前行。例如，我国煤炭地质勘查总体方针，从完成“高指标”任务，到“文化大革命”中的“抓革命，促生产”“扭转北煤南运”和“集中力量实行歼灭战”方针，再到改革开放后，1979 年原煤炭工业部组织召开的基本建设会议上，提出了要把煤田地质工作转移到以提交优质地质报告为中心的轨道上。

煤炭地质勘查队伍和勘查管理体系也同样经历了较为曲折的发展历程。在 20 世纪 50 年代“左”的思潮中，盲目扩大队伍；在 1960 年《关于全党动手，大办农业，大办粮食的指示》下，极速精简和压缩勘查队伍；煤田地质大会战时再度招兵买马，到会战基本结束后，原煤炭工业部根据实际情况又对煤炭地质勘查队伍进行统一调整。管理体系方面，1958 年原煤炭工业部下发《关于企业、事业单位下放地方管理的通知》，陆续开始属地化管理。70 年代初，各省煤炭地质勘查机构开始逐步恢复并再度统一管理。到 80 年代初，我国已建立相对完善且高度集中的煤炭地质工作管理体制，工作机构由中央政府直属的综合地质工作机构和专业（工业部门）地质工作机构，以及向下延伸的地区地质工作机构和基层地质大队构成；行业内部自成体系，形成高度小而全的“小社会”（姚震，2018）。

从中华人民共和国成立到 20 世纪 80 年代初期，随着遥感、物探等专业技术的应用，我国现代煤炭勘查技术手段不断丰富。行业标准和规程在直接借鉴苏联标准的基础上，逐步革新、持续完善，基本建立了中国特色煤炭勘查规范规程体系。先后组织编写了两部《中国煤田地质学》，完成了两次全国煤田预测工作，基本摸清了全国各省（区、市）、各煤田的煤炭资源远景，探索总结了成煤规律及相关经验，为制定煤炭工业发展方针和战略布局提供了科学依据（赵平等，2020）。在煤田预测成果指导下，相继发现了神府－东胜、准格尔、宝日希勒等一大批煤田，有力保障了国民经济的建设和发展（徐水师，2013）。

从中华人民共和国成立初期到改革开放的 30 多年间，我国煤炭地质勘查工作始终紧密围绕找煤及煤炭地质勘查开展，行业内部成立的地图制印厂、机修厂等也只为煤炭储量勘查及煤矿建设提供服务。煤炭地质勘查行业一直在计划经济体制下运行，由国家的整体发展战略、煤炭产业政策等决定了其发展动向，生产要素全部由国家计划配置，中央财政出资，事业体制运作，地质成果上交国家。各煤炭地质队作为行业参与主体，均为国家计划的执行者，彼此间无市场竞争关系。

2.1.1.2 多种经营期

党的十一届三中全会以后，国内经济体制改革逐步展开，同时全国煤田地质改革也开始起步。1983 年，原煤炭工业部地质局在山东省泰安市召开全国煤田地质工作会议。会上研究成立了全国煤田地质经济技术研究会筹委会，负责推动全国煤田地质勘探改革工作。1984 年，党的十二届三中全会通过《中共中央关于计划经济体制改革的决定》，明确了我国社会主义经济是公有制基础上有计划的商品经济。原煤炭工业部相继下达了七项煤田地质改革方案文件，开始打破旧有体制机制。同年，在煤田地质勘探队伍规模过大的弊端开始显露和煤田地质勘探任务锐减、经费不足等多重因素影响下，南方少数煤田地质勘探公司借力改革开始对外经营创收（原中国煤田地质总局，1993）。

1985 年初，原煤炭工业部地质局与各省市、区市煤田地质勘探公司签订 1985—1987 年三年承包协议，各公司、队普遍推行各种形式的经济责任制。同年，原地矿部印发了以简政放权为主要内容的两份文件，针对旧体制下对地质勘查单位管得过多、统得过死的弊端，提出扩大地质勘查单位在计划、财务、劳动工资、机构设置等方面的自主权，并实施"项目管理、地质市场、多种经营"三大工程，特别提出开拓"地质市场"作为改革突破口（姚震，2018）。

原煤炭工业部党组亦于 1985 年针对地质勘查单位同社会大市场的关系，以及生产经营结构的失衡，提出"多种经营与生产、建设同等重要，要把多种经营作为三个主体之一来抓"的方针（王希凯，2002）。煤田地质勘探系统也根据自身情况，正式提出"要把地质工作和多种经营作为同等重要的两个主体""实行两业（地质勘探与多种经营）并举"的方针（原中国煤田地质总局，1993）。自此，煤炭地质勘查单位开始企业化经营，业务涵盖和服务对象逐步多元化。除国家计划任务外的商业性地勘市场开始出现，地勘成果逐步商品化，我国煤炭地质勘查行业初具市场化特征。

随着计划经济向市场经济转变，一些煤炭地质勘查单位开始尝试新设企业来独立生产经营，或执行"两块牌子、一套人马"的事企并行模式参与市场活动，并开始在机制层面探索企业化管理。特别是，在 1992 年国务院颁布《全民所有制企业转换经营机制条例》后，行业内部全面实行队伍、结构调整，冲出计划经济樊篱，参与市场竞争，开始第一次创业（黄保国、黄爱民，1998）。一些单位及经营实体在开展煤炭地勘业务的同时，以原有设备、技术等资源为基础选择开展工程勘查、基础工程等地质勘查延伸业，或开展装备制造、宾馆旅游、贸易与运输等第三产业（侯慎建、李阳、刘佳宁，2020）。

煤炭地质勘查单位的经营实体服务对象不再局限于行业内部或执行国家计划任务，而是开始主动对接市场并逐渐在市场需求引领下丰富业务内涵。以原煤炭地质勘查行业内地图印刷公司为例，从成立之初到 20 世纪 80 年代之间，负责承担全国煤炭资源储量地质图的编绘、印制及全国矿山建设地质图、地形地质图等印制工作。80 年代中后期，随着煤炭系统的印件减少，其开始承揽社会零散业务，不再仅限于为系统内部提供服务。为满足社会零散业务的多样性和对质量的要求，地图印刷公司开始引入先进设备和制版技术等。90 年代，随着各种票证及有价债券的流行又筹建票证印刷系统，开展票证制作业务（张文若、杜军海，2013）。

这一阶段发生的改革虽然最终目标不是十分明确，力度不大，并暴露出经营结构转变不合理、员工专业素质无法满足经营需要、经营管理粗放落后、所设企业普遍规模较小且多为传统行业、科技含量偏低、广布薄收效益偏低等问题（张亚萍，

2016；黄保国、黄爱民，1998），但解决了当时因国家总体经济较为困难而带来的矿业整体不景气、地勘事业费严重不足所导致的队伍生存问题，在帮助地勘队伍渡过难关中发挥了重要作用（姚震，2018）。仅1985年全国煤田地质系统营业收入就达5600万元，安置定编外富余人员及家属11800余人（原中国煤田地质总局，1993）。此外，地勘队伍基地在这一时期完成由农村、山区搬迁至城市的转移，大多数单位迁至地市级以上规模城市（姚震，2018）。

在多种经营时期，煤炭地质勘查产业已现雏形，不再局限于煤炭及煤炭地质勘查，开始跨行业发展，其中有些行业与地勘工作无直接关联。在完成国家计划任务的同时，开始参与市场竞争。这一时期的积极探索与尝试，使得部分职工的思想观念发生转变，积累了一些参与市场竞争和企业管理的经验，新增地勘延伸业务、完成人员分流安置、地理迁移等均为后续产业延伸发展奠定了基础。

2.1.1.3 大地质时期

20世纪90年代末，受亚洲金融危机等影响，我国煤炭需求增速趋缓，煤炭工业和煤田地质行业发展仍处于低谷，在原中国煤田地质总局的统一领导下，全国煤田系统开始实施"二次创业""两业并举"，走"大地质、大市场"发展之路（徐水师，2013）。2000年前后，中国地质调查局提出，地质工作要从单一的资源型转为资源与环境并重，拓展服务领域和发展空间，将地质工作融入社会发展的方方面面，"大地质"概念开始推广，地质工作也开始回暖复苏（郝守昌、莫济海，2020）。特别是，自我国加入世界贸易组织后，市场配置拓展到全球范围，加之我国经济整体上行，煤炭工业也在完成市场化培育后开始进入快速发展期。同时，大量基础设施及工程建设、矿业发展等也带动了地质技术服务需求的急剧增长。

"大地质产业观"是系统观，涵盖了"大市场观""大服务观""大资源观""大地质观""大调整观""大产业观"六大观念。具体而言，"大市场观"即坚持以市场为导向，占领探矿权、采矿权流转市场（含储量评估及矿权评估）、拓展基本建设服务市场（含测量、测试、非开挖、工勘、岩土等）、开辟土地开发复垦、矿产品销售、找水供水、肥料等地质新市场和探索生态环境、生态农业、数字城市等潜在市场；"大服务观"即为新型工业化服务，为农业现代化服务，为城市（镇）化建设服务；"大资源观"包括突破原专注矿种，同时面向"矿"以外的"水、土及环境"等领域拓展；"大地质观"即在完成国家地质工作的同时，大力推进经营性地质工作，开拓服务性地质工作；"大调整观"是指按中央要求，完成包括产业结构、技术结构、人才结构、投资结构、体制机制结构在内的大调整；"大产业观"是在完成大调整的基础上，逐步形成以矿权生产与矿权经营为核心，以矿业、工勘业、岩土业、测量业为支柱，以土地开发复垦整理业、找水供水业及肥料地质业为补充，以生态环境地质业、生态农业地质业、数字城市地质业为远景的"大产业观"（姚公一，2003）。

在“大产业观”的引领下，包括煤炭地质单位在内的整个地质勘查行业单位均开始聚焦“大市场观”中提及的各个市场，回归与地质关系较为密切的领域，各地质勘查队也逐渐树立“大资源观”，实现复合式发展。例如，除中国煤炭地质总局系统和各省（区、市）煤炭（田）地质局仍作为煤炭地质勘查的主体外，地矿、冶金等系统也越来越多地从事煤炭地质勘查工作（曹代勇等，2007）。原煤炭地质勘查队也开展其他矿种的勘查工作，同时拓展至其他矿产资源市场。与此同时，我国传统煤炭地质勘查工作也已从传统单一的寻找和查明煤炭资源，发展成集煤炭资源勘查、矿区水资源勘查、煤层气资源勘查、采空区补充勘查、矿区环境地质勘查与监测等多功能于一体的为煤炭工业提供全方位服务的工作体系（胥哲、张艳秋，2013）。在大量勘查技术研究和工程实践的基础上，结合我国煤炭地质工作特点，系统总结出由“一个创新思路、两大理论支撑、五大关键技术、一套标准规范”构成立体的、信息化的、具有中国特色的“中国煤炭地质综合勘查理论与技术新体系”（徐水师等，2009）。

市场参与主体方面，1998 年，随着《国务院办公厅关于转发国家经贸委管理的国家局所属地质勘查单位管理体制改革的实施方案的通知》的印发，煤田地质勘查管理体制发生了巨大变化，18 个省（区、市）煤田地质单位下放地方，实行属地化管理，未下放单位继续由原中国煤田地质总局管理（徐水师，2013）。1999 年 4 月，国务院办公厅印发《地质勘查队伍管理体制改革方案》，明确提出对地勘队伍改革必须坚持事企分开、公益性与商业性地质工作分开运行、探索建立现代地勘企业制度。属地化管理的国有地质勘查单位分类改革由地方政府主导完成，无统一改革模式要求。其中，陕西省在全国首先对其所属国有地质勘查单位实施了全面转企。这一时期，我国地质勘查单位大体可以划分为三类：中央管理地质勘查单位、属地化管理地质勘查单位和其他地质勘查单位（姚震，2018）。各地质勘查单位作为大地质市场的主要参与者，多数已尝试实行企业化经营，逐步建立现代企业制度，彼此之间业务多有重合，市场竞争加剧。

在整个大地质时期，特别是 2006 年国务院印发《关于加强地质工作的决定》后，财政部、原国土资源部启动了中央地质勘查基金，各级地方政府也加大了对地质勘查工作的支持力度，到 2012 年全国地质勘查投入连续 7 年快速上涨；除国家投资外，国有企业、民营企业和外资也积极参与地勘及矿业市场，投资主体逐渐多元化。在 2013 年全国地质勘查投资中，中央财政 89.15 亿元，占总量的 19%；地方财政 123.93 亿元，占总量的 27%；社会资金 246.71 亿元，占总量的 54%（姚震，2018）。地质勘查工作整体呈现“需求旺盛、市场活跃、资金充足、运行顺畅”的态势（侯慎建、李阳、刘佳宁，2020），地质勘查单位普遍朝着“突出主业、拓宽实业、发展副业、致富家业”方向迈进（严良、武剑、邹泉华，2016）。其中，不少单位在大地质时期实现跨越式发展。以煤炭地质勘查技术为基础，以涵盖其勘探任务横向延伸、勘查技术综合延伸、勘后服务纵向延伸为主的煤炭地质勘查产业链基本形成。

2.1.1.4 转型升级期

随着包括煤炭市场在内的整个矿业市场从2013年开始回落，许多矿产企业先后出现亏损，其中不乏一些中小型矿产企业倒闭。地质勘查行业业务量持续下降，地质勘查资金投入也同步下降。2015年，《中共中央、国务院关于加快推进生态文明建设的意见》印发，明确了在重点生态功能区、生态环境敏感区和脆弱区等区域划定生态红线，强化矿产开发准入管理，压缩地质勘查市场空间。煤炭行业在经过发展黄金期后出现产能过剩，在2016年的《国务院关于煤炭行业化解过剩产能实现脱困发展的意见》提出后，开始全面实施“去产能”工作，传统煤炭地质勘查产业市场萎缩加剧。

就传统煤炭地质勘查业而言，我国浅部、条件简单的煤矿大多已被探明和开发，因此煤炭地质勘查工作开始向深部和复杂条件地区进发，由单一矿产勘查向多矿种资源协同勘查转变。开展特殊用煤资源潜力调查评价（2016—2018）等专项评价。加强深地资源勘查理论与开采地质条件评价方法研究、煤炭资源开发与水资源保护的关系研究、绿色煤炭资源评价与开发研究、煤炭资源安全开采的地质保障研究、煤系及煤盆地矿产资源的综合勘查与利用评价技术研究、煤矿区地质环境承载力与矿产环境治理及生态修复技术研究、煤系资源综合利用研究、煤炭地质工作信息化与智能化研究等，切实解决发展中暴露的煤矿生态保护、煤炭资源清洁利用、资源利用不均衡等问题（赵平等，2020；王佟等，2017）。

与此同时，持续多年的地质勘查单位改革问题仍然存在，部分单位事、企无法彻底分离，省级公益性地质勘查队伍没有实现真正的公益性，中央公益性地质勘查队伍势单力薄，不能统领全国基础性公益性地质工作。在改革推进中也出现了公益性队伍人才流失、中央公益性队伍与地方公益性队伍联系弱化等问题（姚震，2018）。2011年，中共中央、国务院印发《关于分类推进事业单位改革的指导意见》，将现有事业单位分为承担行政职能、从事生产经营活动、从事公益服务三大类，开启了事业单位分类改革新篇章。截至2019年末，分类工作已基本完成。目前改革仍在继续。

此外，行业内各单位、经营实体业务同质化严重，在市场环境低迷的情况下，同业竞争激烈，项目获取难度加大，利润率降低（郝守昌、莫济海，2020）。伴随着我国经济由高速增长阶段转向高质量发展阶段，此前开展多种经营的实体，由于对行情和技术过于生疏，不仅难以准确地预测市场，而且往往出现引进淘汰技术或设备的误断，经营效益较差，给单位发展带来沉重的历史包袱（严良、武剑、邹泉华，2016）。

在这一背景下，地质勘查单位面临“去产能、降成本、调结构、补短板、促改革”等多重压力，旧有管理方式和生存模式受到极大冲击，产业发展速度明显放缓。各单位、经营实体均开始积极谋求转型升级，以适应地质勘查工作结构调整期、地矿经济转型升级期和事业单位分类改革适应期的“三期叠加”阶段（徐小化、郅乐娟，2019）。

中国煤炭地质总局作为煤炭地质勘查产业先锋，组织开展了以“新时代煤炭地质勘查工作发展方向研究”为主题的系列研究，为产业转型发展指明了方向。在研究成果报告中，明确提出了新时代煤炭地质勘查工作总体奋斗目标（建设“透明地球”“美丽地球”“数字地球”），三大任务（保障国家能源安全、实施生态环境安全和践行“一带一路”倡议），以及四个发展新方向（进一步加强对国家能源安全的保障，确保国家能源和战略性新兴矿产的需求必须立足国内自给；积极投身美丽中国建设，将生态环境地质勘查工作提升到与资源勘查同等重要的位置抓紧抓好；做好“一带一路”建设的保障，参与国际竞争与践行“一带一路”倡议，打造一支国际一流的地质勘查队伍；服务于改善民生，围绕民生、城市、乡村、生态等领域对“地质 +”的新需求，拓宽煤炭地质勘查工作的领域和空间）（赵平等，2020）。

2.1.2 从产业链角度看我国煤炭地质勘查产业发展历程

从产业链角度看我国煤炭地质勘查产业发展历程，我国煤炭地质勘查产业经过了三次纵向延伸，从建井前的地质勘查延伸到矿井地质，再从矿井地质延伸到矿山修复地质、深地地质；又经过了三次横向延伸，从煤炭地质勘查产业延伸到基础工程建设领域、清洁能源领域，再延伸到城市地质、农业地质、灾害地质等领域。

2.1.2.1 我国煤炭地质勘查初级产业链的形成

中华人民共和国成立之初，我国煤炭地质勘查产业链的主要布局，涵盖了煤炭建设工程矿建前期的设计、施工、采样、化验、工程监理等地质勘查全过程。煤炭地质勘查标准体系建设也是围绕这一过程，目前已经非常完善。遗憾的是，地质勘查产业链没有涵盖建井、矿井生产、矿山生态环境修复治理、矿山废弃资源、废弃能源利用等后续矿山地质服务。矿井地质是改革开放以后，随着煤矿生产能力、矿井机械化程度的提高，才逐步推行的地质工作，煤炭地质勘查产业从找矿勘查延伸到矿井地质勘查，即形成了初级勘查产业链。

煤矿关闭后的矿山生态地质、关闭矿山资源的开发利用等是最近十年才开展的地质工作。煤炭地质勘查工作与煤炭行业全生命周期密切相关，始终贯穿整个煤炭开发、利用的全过程。煤炭地质勘查是以煤田地质学为理论指导，运用地质填图、遥感、地球物理、地球化学等方法，采用槽探、钻探、坑探、化探等取样工程，结合采样测试、试验研究和技术经济评价等多种综合勘查手段发现煤田与评价煤炭资源的开发远景，并为矿井开发设计提供地质资源依据的地质勘查工作。工作程序包括普查、详查和勘探三个主要阶段，其勘查范围一般从煤田开始，逐步到对井田的勘探结束。

煤炭地质勘查的主要任务是：对含煤地层、煤层和可采煤层、煤质和煤类、资源量、构造、水文地质条件及其他开采技术条件（煤层顶底板工程地质条件、煤层瓦斯成分及含量、煤尘爆炸、煤自燃倾向、地温及梯度变化等）进行调查、了解、查明、控制。

2.1.2.2 我国煤炭地质勘查产业链第一次纵向延伸（单一发展期）

改革开放以后，我国经济飞速发展，对能源需求量不断增加，煤炭作为我国能源结构中的主体能源，在国家能源体系中，1949—1960 年占比高达 90% 以上；1960—1978 年占比在 80% 以上；改革开放后的 32 年里，占比一直在 70% 以上。煤炭需求量的激增，带动了我国煤矿建设的发展，我国煤炭年产量由 1949 年的 0.34 亿吨，增加到 1978 年的 6.80 亿吨，再到 2013 年的最高点 39.70 亿吨，支撑了我国 GDP 由 1978 年的 3645 亿元增加到 2019 年的 99.09 万亿元。伴随着煤矿生产能力、矿井机械化程度的提高，推动了煤炭地质勘查产业链的第一次纵向延伸，从矿井建设前期地质勘查延伸到矿井地质勘查及服务。

矿井地质包括矿建地质和生产地质两部分。煤炭地质勘查工作结束后，勘查工作进入矿井地质阶段。矿井地质是从矿井基本建设开始，直到开采结束为止这一期间的全部地质工作。它是矿井生产建设一项重要的基础技术工作，其目的是研究与解决矿井生产建设中的各种地质问题，为建井和采掘设计提供地质依据；为矿井连续生产和安全生产提供地质保障；尽力增加矿井煤炭可采储量，提高煤炭储量级别，监督煤炭资源回收率，延长矿井寿命。

矿井地质是在煤矿建井和生产过程中进行的、直接为煤矿生产服务的地质工作，是对煤田勘查工作的延伸。矿井地质工作的目的，是提供准确而足够的地质资料，保证矿井正常生产和煤炭资源的合理开采与利用。

矿建地质是指矿井建设阶段的煤炭地质勘查工作，包括了井筒检查孔、水文补充勘探、地质补充勘探、三维地震勘探、地质构造验证勘探，为矿井建设提供地质保障。

生产地质是为煤矿提供生产过程中所需要的地质资料，在煤矿生产期间，为保证矿山均衡、持续生产和监督矿产资源被充分合理开发利用而进行的各项地质工作。它是矿山地质工作的主要阶段。其工作范围主要在生产区段内，进一步查明矿床地质特征，准确圈定矿体边界，为采选工作提供更准确可靠的地质资料。根据矿山需要有计划地开展矿区边部、深部及外围的找矿勘探。这一地质工作贯穿矿山生产的全过程，是矿山地质工作历程最长的一个阶段。

矿井地质工作的任务是：在建井和生产过程中研究煤矿的煤层、地质构造和水文地质等有关地质问题，查明影响正常生产、开拓和回采的地质条件；研究煤层和围岩中瓦斯赋存和泄出情况，尽力增加矿井煤的可采储量；掌握煤矿储量变化情况；

提供生产过程中所需要的地质资料，编制必要的文字说明书和图表，指导煤矿生产并为煤矿生产服务。

我国从改革开放以后全面开展矿井地质工作，目前已有40多年，矿井地质在煤矿生产建设中起到了基础技术工作的作用。随着煤炭机械化开采，特别是综合机械化开采工艺的发展，它对采煤工作的指导作用日益明显。煤矿开采机械化程度较高的英国、德国、俄罗斯、澳大利亚、美国等主要产煤国家，都把矿井地质视为采煤机械化不可缺少的工作；把综采地质条件评价和采前地质勘探组合成为综采的地质保证系统。

特别是最近十多年来，我国为满足机械化采煤的要求，矿井地质技术装备有了长足的进步。坑道无线电波透视技术、槽波地震勘探技术、瑞利波探测技术、采区超前综合探测技术、矿井地质信息处理技术及定量地质预测方法等方面，正跨入世界同类技术的先进行列。

2.1.2.3 我国煤炭地质勘查产业链第一次横向拓展（多种经营期）

改革开放以后，我国经济建设突飞猛进，人民的生活水平持续提升。1986年，我国城镇住房制度改革取得了重大突破，掀起了第一轮房改热潮。伴随我国城镇住房的建设大潮，煤炭地质勘查产业链完成了第一次横向拓展，进入基础设施建设等相关领域，开展了厂矿企业建设基础勘查、住房建设基础勘查、桥梁建设基础勘查、隧道工程地质勘查等业务。

第一次煤炭地质勘查产业的横向拓展，为煤炭地质勘查单位的生存奠定了坚实的基础。涉及六大类勘查工程：房建工程勘查（一般工民建工程）、地下工程勘察（基坑工程、各类地下管道工程）、水上工程勘查工程、道路工程勘查（道路工程、桥梁工程、隧道工程）、固体废物堆砌场勘查工程（垃圾填埋场工程、工业废渣堆砌场工程）、地质灾害工程勘查（边坡治理工程、地裂缝治理工程、地面沉降治理工程）。

2.1.2.4 我国煤炭地质勘查产业链第二次纵向延伸（大地质时期）

1997年，在日本京都召开的《联合国气候变化框架公约》第三次缔约方大会上，通过了旨在限制发达国家温室气体排放量以应对全球气候变化的国际法律文书《联合国气候变化框架公约京都议定书》（以下简称《京都议定书》）。《京都议定书》首次以国际性法规的形式限制温室气体排放。我国于1998年5月签署并于2002年8月核准了《京都议定书》。《京都议定书》于2005年2月生效。

《京都议定书》是人类历史上第一次限制温室气体排放量的国际法律文书，是人类文明进步的里程碑。虽然《京都议定书》没有对我国提出具体限制排放减量指标，但是我国减排压力巨大。根据2018年的统计数据，世界上每年要排放400亿吨左右的二氧化碳，而我国每年要排放100亿吨左右二氧化碳。我国以煤为主的能源结构特征，决定了减排与经济社会发展对能源需求的矛盾长期存在。

为了我国的绿水青山和经济建设走上可持续发展道路，我国开启了绿色勘探、绿色开发、绿色矿山的新纪元。从 21 世纪开始，我国煤炭地质勘查产业链开始了第二次纵向延伸，即由矿井地质向关闭矿山治理延伸。

关闭矿山治理的主要任务是：矿井水减排，矿井水的治理，矿井废弃资源利用，废弃能源利用，综合开发治理利用“三废资源”，关闭矿山生态环境治理。

（1）矿井水减排

利用钻探工程、水平井工艺，对矿井水源实施封堵，帷幕封堵减排、注浆封堵减排。目的是减少矿井水的排放量。

（2）矿井水的治理

将不断涌出的矿井水进行无害化处理，将超出利用部分的矿井水进行同层回灌，将处理的高卤剩水进行深井封存。

（3）矿井废弃资源利用

矿井废弃资源利用，主要是废弃矿井设备、矿井地热资源、废弃巷道空间的综合利用。对于废弃矿井地下空间的利用，根据我国煤炭资源高效回收及节能战略研究结果预测，到 2030 年废弃矿井将达到 1.5 万个。如果按每个矿井地下资源空间 60 万立方米计算，1.5 万个废弃矿井就有 90 亿立方米可利用空间，相当于一座千万人口大城市的空间，具有很大的潜在利用价值。

中国工程院袁亮院士团队就如何利用地下空间提出了以下方式：建设分布式抽水蓄能电站、开发地下空间工业旅游资源、建设地下油气储存库、开发利用资源枯竭深大露天矿空间资源、开发可再生能源利用、进行生态修复与接续产业培育、建设地下空间国家级科研平台、进行国防科工研究等。

目前，国外已有很多废弃矿井开发利用的成功案例，如建设地下储气库、深地科学实验室、压缩空气蓄能发电站、地下医院、地下冷库，对于地温较高的废弃矿井，可以开发为地下农场、地下菌类养殖基地、地下蔬菜种植基地、地源热泵供暖系统建设基地等。为我国废弃矿井空间开发利用提供了有益借鉴。

机械设备和采矿典型遗迹也是一类非常重要的废弃资源。这类废弃资源具有较高的物质和非物质文化价值，蕴含着极高的历史、社会、工业、建筑、科教和审美价值。对这类具有采矿工业历史记录作用的矿山遗产进行保护性开发利用，是废弃矿井资源利用的重要价值。

（4）废弃能源利用

中华人民共和国成立 70 多年来，我国累计开采煤炭约 846 亿吨，按照我国煤炭开采回采率 50% 计算，近 40 年关闭的矿井中仍赋存煤炭资源量约 800 亿吨、非常规天然气近 5000 亿立方米，地下废弃能源资源量巨大。

煤系气资源是应该系统规划开采的宝贵资源。煤系气是指赋存在煤系中，由煤系生烃母质在地质演化过程中生成的以甲烷为主要成分的全部天然气，包括煤层气、致密砂岩气、致密碳酸盐气、煤系页岩气和煤型气源的天然气水合物等。通常将煤层气、致密砂岩气和煤系页岩气称为“煤系三气”或“煤系非常规天然气”，它们在成因上具有“同源共生”的特点。我国煤系气资源非常丰富，根据第四次全国煤炭预测，煤炭远景储量达 5.82 万亿吨，在煤炭生成过程中每吨煤炭伴生气体资源达 450 立方米，这些气体资源是煤系气的主要来源。

2017 年，中国地质调查局在贵州六盘水地区实施的杨煤参 1 井获得高产稳产工业气流，最高日产气量达 5011 立方米，稳定日产气量 4000 立方米以上，实现了我国煤系气综合调查的重大突破。根据初步估算，杨煤参 1 井所在的杨梅树向斜煤系气地质资源量 366 亿立方米，是单纯评价的煤层气资源量的 7 倍。

（5）综合开发治理、利用“三废”资源

废弃矿产资源再综合开发治理，是指煤矿关闭后留存的矸石堆的开发治理，及不断排出的矿井水、矿井瓦斯的二次开发利用。煤炭开采过程中始终要产出“三废”，即固废、液废、气废。废弃矿产资源开发利用的主要内容包括：矿井水净化用作灌溉和景观用水，矸石堆二次开发利用及矸石减沉充填矿井，废弃矿井瓦斯抽采及矿业遗迹旅游资源开发等。

传统粗放式高排放煤炭开采，采煤塌陷 0.3 公顷 / 万吨、固废排放 6 亿吨 / 年，采煤废水 60 亿立方米 / 年，瓦斯排放 80 亿立方米 / 年。矿井的关闭不会终止“三废”的排出，其是完全可以综合利用的资源。废水处理后可以全部利用。废气可以用于发电，如晋煤集团、阳煤集团、神华集团都在进行乏风发电。煤矸石、粉煤灰的综合开发利用更加广泛，煤矸石中富含较多“三稀”矿产资源，首先是锗、镓、锂、铝、稀土等伴生矿产资源的提取利用；其次是耐火材料、建筑材料的加工与利用。

我国对废弃矿井能源资源开发利用的研究起步较晚，基础理论研究较为薄弱，关键技术尚不成熟，存在矿井地质条件复杂、阶段性关闭数量大等特殊情况。从国家矿产资源开发利用角度来看，如果将这些矿井直接关闭，不仅会造成资源的极大浪费和国有资产的巨大损失，还有可能诱发后续的安全、环境及社会等问题。由于煤矿生产的特殊性，随着煤矿关闭，设备基本上全部报废。开发废弃矿井资源，不仅能够增加额外的经济收益和社会效应，而且让废弃矿井获得第二次生命。

生态文明和美丽中国建设要求资源开发绿色化。发达国家在矿产开采过程中早已建立了从开采源头减损、采中控制和采后综合治理的生态保护模式，形成了完善的绿色开采技术体系。发达国家矿山废水处理利用率在 80%~85%，煤系共伴生资源与固废资源利用率在 70%~80%，个别国家达 90% 以上。目前，我国资源约束趋紧、环境污染严重、生态系统退化问题十分严峻，吨煤开采资源消耗量高于世界平均水平。降低资源消耗强度，走绿色发展之路势在必行。全国历年累计堆放煤矸石量约 55 亿吨，占全国工业固体废弃物的 20% 以上，占用大量土地，污染土壤环境，同时对水资源造成影响，因此研发资源领域污染物减量化的新技术迫在眉睫。煤炭固废中富含矿物质和微量元素，亟须加强煤矸石、粉煤灰、尾煤等大宗固废资源多元化利用研究。煤炭开采导致出现地表沉陷、含水层破坏、水土流失等生态环境损伤问题，迫切需要构建超低生态损害的煤炭绿色开采技术体系。目前，环境的负荷已经远远超出其自愈和承受能力，开发源头绿色利用技术、实现全元素集约化利用、实现环境最小化扰动的资源和谐提取、建设美丽生态矿山是未来矿产资源开发的基本要求。

（6）关闭矿山生态环境治理

修复和改善关闭矿山废弃地生态经济系统的主要内容包括五个方面：损毁农地再利用、合理开发和保护未利用废弃地、地质灾害防治、生态景观建设、废弃矿井资源再开发。

①损毁农地再利用。我国农业用地非常宝贵，受采煤影响损毁和破坏的农业用地重新利用非常必要。采煤后形成的塌陷坑和裂缝给农业用地耕作带来严重不便，存在漏水漏肥现象。对其修复和改造主要采用工程措施辅以生物措施和农耕措施，减少水土流失，保存土壤养分。

对受损农地的生态修复应作为一项系统工程来抓。有条件的地区要实施耕作便道和蓄、引、排、灌等配套工程，坚持山上、山下综合治理，治好山上、保护山下，全程规划，分步实施。同时，通过施肥改良措施提高土壤有机质含量，通过多施农家肥、有机肥等措施改良土壤，提高土壤肥力。

②合理开发和保护未利用废弃地。从土地生态学和生态景观理论的角度分析，目前还未被利用的矿山废弃地土地资源并不是一个完全处于平衡的生态系统。保护土地资源不是简单地等同于不开发土地资源，而是开发的形式是否有利于生态系统的稳定，有利于维护良好生态环境和促进经济发展。主要措施包括对矿山废弃地的天然林地区封山育林、对荒地植树造林，将部分适宜土地开发为农业、旅游用途。

③地质灾害防治。地质灾害防治是煤矿废弃地生态修复的重要内容，主要针对泥石流、滑坡等。多年采煤产出的矸石堆积在沟谷内，极易诱发泥石流等地质灾害。泥石流防治工程的主要措施包括工程措施与生物措施相结合的边坡治理、植被再造等。

工程措施是一种直接防御泥石流发生的治理手段，采取排导沟、护坡和挡墙等相结合的治理方案，可以稳定沟床和坡面物质，控制泥石流发生发展。生物措施是一种有助于减缓泥石流形成的治理手段，即采用科学的方法植树种草。植被覆盖可以有效减少地表径流、保持水土，对维持自然生态平衡具有显著效果，从而对缓和泥石流的发生发展、减轻危害，具有工程治理不可替代的作用。同时，生态林建设可以营造良好的山谷景观，极大地改善生态环境。

④生态景观建设。生态修复在一定程度上就是对生态景观的重建。生态景观重建是山区矿区废弃地生态修复的重要内容之一，即生态景观建设是生态修复的重要组成部分。

生态景观建设着眼于长远的自然景观保护和生态平衡，包括有关生态环境和景观建设的一切措施与手段，是一个长期发展的、客观的动态过程。矿区废弃地生态景观建设在保证自然资源可持续利用的同时，追求生态、经济和社会三者相统一的整体效益。

矿山废弃地生态景观建设包括塌陷坑的充填平整、裂缝的修补、矸石堆污染治理及其整形和绿化、人文景观的挖掘与修缮、陡荒坡地绿化、坡耕地平整、梯田水利建设等，从而营造新型农村田园景观，为休闲农业、观光农业、假日农业奠定基础，为人民群众开展休闲活动、享受大自然提供场所。

矿山废弃地的生态修复工作正在我国各地广泛展开，并已取得明显成效。在此背景下，积极进行矿山生态修复模式探索，使矿山重建目标从单纯的植被恢复向新兴替代产业转变。依据城市总体规划，在城市的近郊范围内，选择类型适宜的矿山废弃地建设矿山遗址公园、生态示范公园、环保科普公园、小游园等多种类型的景观绿地，不仅可以重新赋予矿山废弃地活力和文化内涵，也是对城市景观绿地体系的有益补充。

通过生态恢复的景观设计手法来恢复矿山自然生态和人文生态。把公园开发建设的着眼点放在弘扬矿冶文化，再现矿冶文明，展示人文特色，提升矿山品位，拓展特色旅游等方面，打造“科普教育基地、科研教学基地、文化展示基地、环保示范基地”，为人民群众提供一个集旅游、科学活动考察和研究于一体的场所，实现人与自然和谐共处，共同发展的主题。

⑤废弃矿井资源再开发。废弃矿井资源再开发主要是对废弃空间利用、废弃煤矿设备利用、废弃地热资源利用。目前，国外已经有很多成功案例，如地下停车场、地下影院、地下博物馆、地下蔬菜大棚、地下恒温实验室、地下采矿教育基地等。

2.1.2.5 我国煤炭地质勘查产业链第二次横向拓展（大地质时期）

2008 年，既是世界能源划时代的一年，也是我国能源出现瓶颈的一年，世界原油价格每桶首次突破 100 美元。2009 年，我国原油进口突破 2 亿吨，首次超过国产原油。《巴黎协定》呼之欲出，国际温室气体减排压力越来越大，我国对清洁能源需求越来越高。2008 年，煤炭地质勘查产业开启第二次横向拓展，全面进军清洁能源勘查市场。2009 年，青海煤炭地质局在青藏高原首次发现陆地可燃冰。2011 年，我国正式宣布将页岩气列为第 172 个独立矿种。2012 年，中煤地质集团在全国页岩气区块招标中取得突破，开启了进军页岩气的征程。同年，以蓝焰集团为核心的煤层气公司加大非常规天然气勘探开发力度，取得了丰硕成果。我国地面抽采煤层气年产突破 50 亿立方米，同时在陆地可燃冰、致密砂岩气、页岩气行业也全面推进。在致密砂岩气领域，2018 年，中联煤层气公司在山西兴县取得突破，施工的 21 口井平均单井日产突破 4 万立方米。在页岩气领域，2020 年，中国石化在四川涪陵取得成功，年产页岩气突破 100 亿立方米。在陆地可燃冰领域，中国煤炭地质总局青海煤炭地质局在勘探方面取得突破。

这次拓展全面带动了绿色能源地热的勘探开发，特别是地源热泵技术的突破、中深层地热及干热岩勘查开发的突破，为寻找新的可替代、可再生能源带来了新希望。

第二次横向拓展给我国清洁能源市场带来了生机和活力，特别是煤层气、煤系气开发的全面突破，形成了一套成熟的理论体系，带动了勘查设备的更新换代。同时，也形成了一个新的勘查产业链，即煤炭开采前期的预抽采、煤炭开采过程中的动采、煤炭开采后的抽采和矿井关闭后的抽采。

我国煤炭地质勘查产业链第三次纵向延伸（大地质时期）。我国煤炭地质勘查 10 万大军经过数十年奋斗，发现了数百个大小不等、类型各异的煤盆地，其中煤炭资源量亿吨以上煤田 88 个、10 亿吨以上煤田 70 个、300 亿吨以上煤田 7 个、500 亿吨以上煤田 4 个，它们分别是鄂尔多斯盆地、吐鲁番哈密盆地、准噶尔盆地和华北煤田，均以规模宏伟、煤层厚而稳定著称。以上所有煤田均有不同程度开发，目前已经没有整装煤田。我国煤田开采是埋深 1200 米以浅的煤炭资源，第四次全国煤炭预测是埋深 2000 米以浅的煤炭资源，如果扩大煤炭资源量，就必须向深地进军。

根据第四次全国煤炭预测，我国埋深在 2000 米以浅的煤炭资源量约有 5.82 万亿吨。埋深在 1000 米以浅、预测可靠、具有普查找煤前景、近期适宜安排普查找煤工作的预测资源量只有约 3000 亿吨。为保障我国能源安全，煤炭地质勘查第三次纵向延伸向深部地质进军。

我国煤炭地质勘查市场的重点是深地地质勘查。煤炭地质勘查深度应向 2000 米以深区域进发。目前，世界深地地质勘查工程有：页岩气探采工程、干热岩探采工程、岩盐探采工程、高卤水深地封存工程。我国深地工程进步较慢，主要受勘查设备所限，虽然在大型钻探设备、压裂设备、特制钻探钻具方面还有一定差距，但是我国已研制成功万米钻机。2019 年 2 月，石油系统钻探已突破 8588 米，全取心达到 7018 米、高温水基泥浆耐温达到 242℃、螺杆钻具耐温达到 180℃、涡轮钻具耐温达到 240℃。2019 年 3 月初，中国石化在四川成功施工一口直井 4000 米、水平井 1500 米的页岩气井，单井日产 178 万立方米、年产 6.2 亿立方米。压裂压力达到 110MPa，即 1100 个大气压，分段压裂次数突破 15 次。2020 年，我国定向水平钻技术实现一次钻进突破 3353 米，居世界第一位。2020 年 11 月，我国 5000 米全自动智能钻井平台通过验收。我国钻探设备、钻井技术的进步、压裂技术的突破为深地地质勘查提供了保障。

煤炭地质勘查应加快深地地质勘查工作，特别是加快干热岩地热勘查。根据能源总量分析，干热岩是我国唯一有可能替代煤炭成为主体能源的能源。

我国煤炭地质勘查产业链第三次横向拓展（转型升级期）。中华人民共和国成立以后，我国城市化建设步伐逐步加快。1950—1980 年，全世界城市人口的比重由 28.4% 上升到 41.3%，但是我国仅由 11.2% 上升到 19.4%。1980—2010 年，我国城市化快速发展，在 2011 年我国城镇人口比重达到 51.27%，第一次突破 50%。

我国城市化发展为煤炭地质勘查产业链第三次横向拓展带来了机遇，地质勘查队伍从山区走向城市，煤炭地质勘查向城市地质、农业地质、工程地质、灾害地质工程领域进军。为保障城市建设的安全运行，需要有一支探测、检测队伍，使用探地雷达进行城市浅层空间探测，排查城市道路隐患、管网隐患，构建城市地下浅层空间三维地质模型。利用地应力检测系统，对地下工程、地铁工程、桥梁工程、隧道工程、基坑工程、地震灾害工程进行地应力变形检测。利用地质全自动探测信息系统，对地下水系统、农田污染、河水污染情况实施动态全自动检测。对农业重金属污染进行清污治理。

随着我国城市化建设步伐的加快，城市管网建设、地铁建设、地下浅层空间开发，需要利用勘查设备探测浅层空间地质数据，通过勘查数据构建地质模型。新的市场带来新的发展机遇，煤炭地质勘查产业利用自身技术、设备的优势，在城市地质领域拓展出新的市场。

2.2 我国煤炭地质勘查产业技术标准体系

产业技术标准体系建设标志着一个行业的发展水平，标准体系的基本构成应该是多层级的，除包括团体标准、导则、规程、规范外，还有国家标准、行业标准。应该涵盖地质勘查全过程，从设计、施工、采样、化验到工程监理。目前，我国煤炭地质勘查产业技术标准体系建设已经完成了矿建前期的全部标准体系建设，虽涵盖了煤炭建设工程矿建前期的地质勘查全过程，但没有涵盖建井阶段、矿井生产阶段、矿山生态环境修复治理阶段、矿山废弃资源、废弃能源利用阶段。新时期，煤炭地质勘查全产业链标准体系建设还存在较多空白区。

2.2.1 我国煤炭地质勘查产业技术标准体系发展史

中华人民共和国成立以前，煤炭地质勘查工作属于分散、无序、无系统、无标准的勘查模式。中华人民共和国成立以后，我国一直引用苏联煤炭地质勘查标准体系。1953 年，燃料工业部煤矿管理总局地质勘探局（现中国煤炭地质总局）的成立，开启了我国煤炭地质勘查工作的一体化、有序化进程。

20 世纪 50 年代，我国最早颁布的勘查标准有《矿井储量统计和矿井储量平衡表编制规程》《煤炭地质钻探技术管理规程》《煤炭地质勘探采样方法暂行规程（草案）》《煤田储量分类应用规范》《向全国矿产储量委员会和地方矿产储量委员会提交矿产储量报告的程序及编制规范》。这些标准的颁布，虽标志着构建中国煤炭地质勘查标准体系的开始，但由于历史原因，我国煤炭地质勘查标准体系主体框架还是建立在苏联的标准体系中，而没有形成自己的、独立的标准体系。20 世纪 60 年代到 70 年代，我国煤炭地质勘查标准体系建设缓慢前行。

改革开放后，我国正式对已借鉴了 30 年的苏联煤炭地质勘查标准体系进行全面改造，目的是构建符合我国国情、适应我国地质条件、独立的煤炭地质勘查标准体系。

1986 年，我国正式颁布的《煤炭地质勘查规范》，标志着我国构建自己的勘查标准体系的开始。经过 35 年风雨历程，我国煤炭地质勘查体系已基本建成。

2.2.2 我国煤炭地质勘查标准体系的框架构成

我国煤炭地质勘查标准体系由国家标准委员会的国家标准、原国土资源部的地质行业标准、煤炭工业协会的煤炭行业标准、国家能源局能源标准、地方行政命令、部门规定合并构成，涵盖了煤炭建设工程矿建前期的地质勘查全过程，从设计、施工、采样、化验到工程监理。

一个国家的行业标准体系构成是多层级的，由团标、导则、规程、规范，最后达到国标。我国煤炭地质勘查标准体系构成是一个多层级、多维系的标准体系，这是历史原因造成的：行业监管交叉导致地质行业标准、煤炭行业标准、能源行业标准交叉使用；计划经济的惯性导致地方、部门管理规定与标准的交叉。新时期，地质行业的发展初期肯定会出现多行业标准交叉的多维系标准体系。例如，非常规天然气的勘探开发、绿色矿山建设、废弃矿山生态环境恢复治理等，都需要多种行业的全方位参与、协调和配合。初期构建的标准体系必然会出现多维系框架，如果在行业发展初期统筹规划，就可能在行业发展成熟期形成一个单维系、多层级标准体系。这样有利于标准体系的维护、更新和升级。

2.2.3 我国煤炭地质勘查标准体系存在的问题

2.2.3.1 我国煤炭地质标准体系转型问题

我国煤炭地质勘查标准体系从 1978 年开始建立，主要围绕煤炭地质勘查前期阶段建设，也就是在矿建开始前期进行的煤炭地质勘查工作，围绕前期阶段建立的标准体系。现在使用的标准有 20 世纪 80 年代、90 年代，2000 年前后及 2010 年后修编的规范。规范体系包含较多计划经济的成分，与新时代中国特色社会主义市场经济体系不协调，因此亟须对我国煤炭地质勘查标准体系进行修订、修编。

2.2.3.2 我国煤炭地质勘查标准体系多维系交叉问题

我国煤炭地质勘查标准体系由国家标准、地质行业标准、煤炭行业标准、国家能源标准、地方行政命令、部门规定合并构成，涵盖了煤炭建设工程矿建前期的地质勘查全过程，从设计、施工、采样、化验到工程监理。五维系交叉合并不利于规范体系的修订、修编、转型和升级。关于规范体系的维护、更新和升级，一般要求对使用中存在重大缺陷的标准三年内进行重新修编；使用中没有存在重大缺陷的标准，一般六年进行一次修订、维护和更新。我国现行使用的煤炭地质勘查标准体系还有20世纪八九十年代的，亟须修订、维护和更新，但是对于多维系标准体系，很难进行维护、更新、转型和升级。

2.2.3.3 我国煤炭地质勘查标准体系与国际标准体系对接问题

目前，全球煤炭产能约80亿吨，我国达到38亿吨，占比近50%，产能前五名的国家依次是中国、印度、美国、澳大利亚和印度尼西亚，合并产能占全球80%以上，而目前世界通用煤炭地质勘查标准是北美洲的加拿大NA43101标准体系，以及澳大利亚JORC标准体系。

我国建立煤炭地质勘查标准体系不仅起步较晚，而且与世界煤炭地质勘查标准体系没有接口。随着我国对外开放力度进一步加大，世界能源竞争日趋激烈，国内大型企业积极“走出去”，将资金投入国外能源市场，其中有很大一部分资本投向了国外煤炭资源勘查与开发领域。在国外煤炭资源勘查与开发过程中，发现我国现有煤炭地质勘查规范标准体系，无论是在技术精准性上，还是在管理规范性上，都存在一定不足，急需对现有国内煤炭地质勘查规范标准体系进行优化、升级，以便与国际接轨。

2.2.4 新时期我国煤炭地质勘查标准体系建设方向

2.2.4.1 修订、修编、更新现有标准体系

新时期，我国应对20世纪八九十年代及2000年前后的标准进行优化、升级、修订、修编和全面更新。

结合新时期煤炭地质产业链，建设一套整体系统、多层次、宽领域，同时要围绕新时期煤炭地质产业链的布局与发展方向，对未来方向性产业借鉴国外的煤炭地质勘查标准体系，将不同行业、不同领域相关内容合并，形成专业性强、有针对性的标准体系。

2.2.4.2 合并多维系标准形成统一标准体系

目前，我国煤炭地质勘查标准由国家标准委员会、自然资源部、煤炭工业协会、国家发展改革委能源局四部门发布，同时加上地方行政命令、部门规定合并构成，形成了一个多维系、多层级标准体系，应该由煤炭行业统一进行修编、升级和维护，因为在现有标准体系中煤炭行业标准占据绝对主体。多维系标准体系合并后有利于对标准体系的修订、修编、维护和升级，同时也有利于与国际标准体系对接。

2.2.4.3 新体系与国际标准体系的衔接

新时期，我国煤炭地质勘查产业链标准体系的合并、修编应借鉴国外的煤炭地

质勘查标准体系建设的优点，同时应在矿建阶段增加开采技术评估体系，在矿山生态环境修复、治理，废弃资源利用阶段增加第三方评估体系。

2.2.4.4 统一规划编制新时期我国煤炭地质勘查产业链空白区标准体系

新时期，我国煤炭产业发生了翻天覆地的变化。根据煤炭工业协会统计，截至2019年末我国煤矿数量约5300个，矿井规模120万吨级煤矿1200余个，矿井规模千万吨级煤矿44个。伴随着煤炭行业的发展，煤炭地质勘查产业也需要相应变化。由于矿井生产规模的不断升级以及开采深度的不断加深，建井地质、矿井地质、水文地质条件日趋复杂，建井、开采阶段煤炭地质勘查工作越来越多。同时，在建井前期阶段要加强对煤系共伴生矿产资源的兼探工作，需要在绿色矿山建设等方面进一步延伸煤炭地质勘查产业链。伴随着煤炭地质勘查产业链的不断拓展、延伸，为顺应行业产业链的变化，应统一规划、设计和编制煤炭地质勘查标准体系。

2.3 我国煤炭地质勘查产业的战略定位及产业布局

2.3.1 我国煤炭地质勘查产业的战略定位

目前，我国地质勘查队伍按照行业划分为地质调查、冶金、煤炭、石油、中核、化工、建材、有色、黄金、盐业十大类。主要地质勘查单位有：中国地质调查局、中国冶金地质总局、中国煤炭地质总局、中国核工业地质局、中化地质矿山总局、中国建筑材料工业地质勘查中心、中国人民武装警察部队黄金指挥部、有色金属矿产地质调查中心、中国石油天然气集团公司、中国石油化工集团公司、中国海洋石油总公司、中国盐业总公司、陕西延长石油（集团）有限责任公司等及其所属单位。

截至中国地质勘查业最活跃的2009年，全国从事非油气矿产地质勘查工作的地质勘查单位职工总人数为107.77万人，我国煤炭地质勘查总人数约13.00万人（含中化地质矿山总局），占全国地质勘查总人数的12%。1988年原煤炭部撤销前，我国煤炭全行业对国家GDP贡献达12%。

从能源角度来看，根据煤炭工业协会统计：2019年我国原煤产量38.5亿吨，进口3.0亿吨，煤炭在一次能源消费量中的占比从2010年的70%左右下降到2019年的57.7%。煤炭发电量占比也由2010年的78%下降到2019年的62%。我国煤炭消费量占比由最高时的90%降至2018年的58%。天然气消费量占比由不足1%提高至7%。核能、水电和可再生能源等非化石能源占比提升至15%。

根据国家能源局统计，截至2019年，我国水电已经开发到了理论极限，即我国水能资源总量的75%，没有再扩大潜力。而石油、天然气、核原料对外依存度太高，其中2019年我国原油对外依存度达72.5%，而世界警戒线是65%；天然气对外依存度达 43.2%；核原料对外依存度达 90%。我国可再生能源光电、风电的不稳定性尚未解决。可燃冰、干热岩、海洋能还无法量产。因此，在今后相当长的时间，煤炭仍是我国能源的基石，其主体地位不可动摇。作为国家主体能源的保障先锋队伍，我国煤炭地质勘查队伍的主体地位也不可动摇。

2.3.2 我国煤炭地质勘查产业取得的成就和产业布局

2.3.2.1 我国煤炭地质勘查产业取得的科技成果

中华人民共和国成立 70 多年来，中国煤炭地质总局先后组织编写了《中国煤田地质学》《中国煤炭资源预测与评价》《中国东部煤田滑脱构造与找煤研究》等 10 多部专著。完成了“内蒙古自治区准格尔矿区深层岩溶地下水的合理开发与利用”“中国煤岩图监”“鄂尔多斯盆地聚煤规律及资源评价”“中国北方煤田自燃环境监测”“高分辨率中子俘获伽马能谱测井研究”“中国煤炭地质综合勘查关键技术与工程运用”“青海木里地区天然气水合物研究与资源评价”“中国西北侏罗纪煤炭资源形成条件及资源评价”“中国南方贫煤省区煤炭资源赋存条件与潜力评价”“中国西北地区中生代含煤盆地多能源聚集规律与潜力评价”“晋、陕、蒙接壤地区地下水资源评价与合理开发利用”“特殊和稀缺煤炭资源调查”等数百个煤炭地质科研项目；先后荣获全国科学大会奖 34 项，国家科技进步奖 8 项，煤炭科技进步奖 1 项，省部级一等奖 7 项，省部级二、三等奖上百项。

在取得重大科研成果、勘查理论突破、地质学术创新的同时，中国煤炭地质总局也培养和造就了一支高水平的科研队伍，涌现出一批高层次的学科带头人，共有 16 人荣获“李四光地质科学奖”，2 人荣获“孙越崎能源科学技术奖”，30 多人荣获“孙越崎科技教育基金奖”“青年地质科学奖”以及“国家有突出贡献中青年专家”称号；涌现出一大批地质专家及国家级、省部级先进集体和个人；培育了以彭素萍、吴强、王双明为代表的中国工程院院士团队。

2.3.2.2 中华人民共和国成立 70 多年取得的地质成果

中华人民共和国成立 70 多年来，先后完成了 4 次全国煤炭资源预测、2 次全国化工矿产资源潜力评价。探明了我国 90% 以上的煤炭资源，发现了准格尔、兖州、神府等 100 余个大型和特大型煤田，查明煤炭资源储量 1 万多亿吨；探明了我国 95% 以上的化工矿产资源，查明磷、硫、钾等化工矿产储量 100 多亿吨，开发建设了青海钾盐、云南昆阳磷矿、贵州开阳磷矿等近 100 座大中型化工矿山，为国家能源和粮食安全做出了重要贡献；完成了上千项大型测绘与地理信息工程，开展了我国第一批煤层气参数评价，预测煤层气资源量 35 万亿立方米；首次钻获了我国陆地可燃冰，实施了我国最深干热岩工程；发现了国内最大规模的可地浸砂岩型铀矿床——

大营铀矿，结束了我国无世界级铀矿的历史；在山东禹城发现了我国第一个品位最高、潜力最大的富铁矿床；完成了三峡库区、青海木里等大型生态修复治理工程数百项；拥有国内资料最全、覆盖范围最广、时间跨度最大、库存量最丰富、保存最完整的煤炭资源勘查资料库。为能源及能源基地的长期规划、综合治理及精准勘查提供了有力的基础支撑。

经过70多年不懈奋斗，查明了我国煤炭资源成藏机制、赋存规律，推动了地质勘探技术取得重要进展，新发现和查明了一批具有世界级储量规模的矿床，基本摸清了我国煤炭资源家底。截至2019年底，全国煤炭保有查明资源储量17085亿吨，比1978年增加1.1万亿吨。为我国经济平稳较快发展提供了有力的资源保障和能源支撑。

2.3.2.3 我国煤炭地质勘查产业发展中形成的地质文化

中华人民共和国成立之初百废待兴，国家急需发展经济壮大实力，提高人民群众生活水平。发展经济就需要能源、资源作为支撑，地质工作作为发现能源、资源的先锋，是经济社会发展的基础性、战略性、先行性、保障性、服务性工作，责任重大，使命光荣，得到国家领导人的高度重视，地质行业得到优先发展。

老一辈地质工作者发扬中华民族吃苦耐劳、坚韧不拔的优良传统，栉风沐雨，不畏艰难，义无反顾地走向祖国的山山水水。他们在崇山峻岭中探寻宝藏，在荒漠高原地质上找矿，将汗水和热血洒在了大江南北、长城内外。他们在环境极其恶劣、条件特别艰苦、工作难度极大的情况下，为国家发现一处处煤田，探明一座座矿山，为国家经济繁荣发展提供坚强有力的资源保障。中华人民共和国的地质发展史，实际上就是一部地质工作者不畏艰辛、艰苦奋斗的光荣史，一部地质工作者披荆斩棘、不懈追求的奋斗史，一部地质工作者践行初心、改革创新的创业史。

在这部波澜壮阔、可歌可泣的地质发展史中，几代地质人忠诚于事业，敢于担当，无私无畏，甘于奉献。在长期的野外工作实践中，他们以苦为乐，战天斗地，形成了吃苦耐劳、敢打硬仗的优良作风，用鲜血和汗水凝结成地质人引以为豪的地质文化。

20世纪50年代，在毛泽东同志“开发矿业”的号召下，无数热血青年把“为祖国寻找宝藏”作为人生的理想，纷纷投身到火热的地质事业中。1953年12月，由佟志贤作词、晓河作曲的歌曲《勘探队员之歌》刊于《中国青年报》第4版。1954年1月18日，中央人民广播电台开始教唱这首歌曲。《勘探队员之歌》唱道：“是那山谷的风，吹动了我们的红旗。是那狂暴的雨，洗刷了我们的帐篷。我们有火焰般的热情，战胜了一切疲劳和寒冷。……”这首歌曲表现出地质队员忠诚于祖国地质事业的炙热感情，充满着乐观和不畏险阻的英雄气概，非常具有感染力、号召力，在广大地质人的汗水与泪水中传唱至今，激励着一代代地质工作者前赴后继、艰苦奋斗，为祖国探寻宝藏的决心。

20 世纪 60 年代，我国地质工作处于艰辛的创业阶段。原地质矿产部部长孙大光提出了“以地质为业、以深山为家、以艰苦为荣”的口号，极大地激励着地质工作者攻坚克难，无私奉献。

1983 年 3 月，全国地质系统基层模范政治工作者表彰大会在北京隆重召开。王震在大会闭幕式上的讲话中提出的“以献身地质事业为荣，以艰苦奋斗为荣，以找矿立功为荣”被地质行业确立为核心价值理念。这对发扬地质队伍优良传统、推动地质文化建设、促进地质事业发展产生了积极而深远的影响。

1989 年，第一次“李四光地质科学奖”颁奖以后，地质行业又提出“特别能吃苦，特别能忍耐，特别能战斗，特别能奉献”的“四特别”精神，展现出地质人吃苦耐劳、拼搏进取、无私奉献的高尚品质和工作风采。

“三光荣”“四特别”精神，是地质文化的核心，是地质人在长期艰苦创业过程中形成的主人翁精神，表明地质行业职工把个人理想、追求融入地质事业中，不讲报酬，乐于奉献，钟情于地质事业，献身于地质事业，忠诚于地质事业。

因此，地质文化也是社会主义先进文化的重要组成部分，既具有鲜明的行业特色，又是引领地质产业发展、保障地质找矿取得突破的强大精神动力。

“三光荣”“四特别”精神提出后，在地质行业广泛流传，得到全国广大地质工作者的认同，成为大家心中的“地质之魂”，支撑着地质工作者树立地质报国的情怀和找矿立功的信念，成为一代又一代地质人的价值追求和精神归宿，是地质行业发展与改革的动力源泉。

在“三光荣”“四特别”精神鼓舞下，全国地质工作者前赴后继、任劳任怨，在青山绿水间谱写着地质找矿的壮丽诗篇，在荒漠高原上书写着地质报国的无限忠诚。

在“三光荣”“四特别”精神熏陶下，全国各地质单位结合自身实际情况，提炼出符合自身发展的文化体系，激励着地质职工勇往直前，鞭策着他们艰苦奋斗，为祖国的地质勘查事业贡献力量。

中国煤炭地质总局提出的企业愿景为“打造具有核心竞争力的世界一流的地质与生态文明建设企业集团”，企业精神为“探索创业、求实奉献”，企业目标为“地勘先锋、强局富民”；陕煤地质集团提出的企业使命是“探索地下资源，造福人类社会”；江苏煤炭地质局提出的使命为“以保障国家战略性矿产资源安全、生态环境安全为己任”；安徽煤田地质局提出“唤醒宝藏、勘建华夏、造福人类”的使命追求以及“地勘业领先者、建造业卓越者”的美好愿景；河南煤田地质局提出的“献身勘探，奉献光热”的核心价值观；山东煤田地质局提出的“唤醒宝藏，奉献希望”的使命；等等。

2.3.2.4 新时期我国地质文化引领、促进地质产业发展

当前，我国经济进入新常态，发展方式从规模速度型转向质量效益型，发展动

力从主要依靠资源和低成本劳动力等要素投入转向创新驱动，经济发展方式、社会生产结构、各种利益关系随着新形势新需求也进行相应调整。

进入新时代，地质勘查单位转型升级与改革发展进入关键时期，管理体制由事业向企业转变，地质工作已从单一的资源勘查向资源和环境并重及提供地质技术服务转变，由承担国家任务的生产经营模式进入完全参与市场竞争当中，经济形势、市场需求迫使地质勘查单位产业结构进行重大调整，迫使地质勘查单位创新发展模式。管理体制、发展模式的转变势必带来职工思想观念、价值取向的变化，这就需要新的文化引领地勘产业发展，鼓舞职工斗志，增强职工信心。

观念决定思路，思路引领发展。实现真正的转变，观念是先导。在新时代，地质勘查单位产业结构调整以及经济转型发展能否取得成功，关键在于解放思想，转变观念，培育新的经营理念。新经营理念是在工作实践中、文化孕育中逐渐形成的。因此，给地质文化体系注入新的时代内涵，使之适应新时代、新形势发展需要，能引领产业发展，能统一职工思想，成为当前文化建设的主要工作任务。

地质行业提出“三光荣”精神虽然距今近40年了，但它本身蕴含的深刻内涵及质朴理念依然不过时，在新时代越发显得弥足珍贵，依然放射着光芒。因此，新时代地质文化要在继承和弘扬“三光荣”“四特别”精神的基础上，与时俱进，注入新发展理念，丰富地质文化的新内涵，使之增强精神力量，构筑精神家园，成为再创地质事业新辉煌的“新动力”。

在党的十八届五中全会上，习近平总书记提出“创新、协调、绿色、开放、共享”新发展理念，是顺应时代潮流、把握发展机遇、厚植发展优势的战略抉择，指明了我国经济社会发展的发展思路、发展方向和发展着力点，揭示了我国实现更高质量、更有效率、更加公平、更可持续发展的科学路径，不仅为我国新时代经济社会发展提供了根本遵循，更是全国企业持续发展的指南。在新时代，地质勘查单位将新发展理念作为更新、升级企业文化体系的指导思想，丰富地质文化的新内涵，具有十分重要的意义。

（1）注入创新理念

创新是引领发展的不竭动力。地质勘查单位由于长期在事业体制下运作，职工的思想观念、经营模式、生产模式等都是在事业体制下形成的，在参与市场经济竞争时，出现了一些不适应及不协调的情况，成为经济发展的制约因素。因此，建设新时期地质文化，要大力倡导创新理念，要大力实施创新驱动发展战略，积极推进地质工作体制机制创新。引导职工在生产、经营模式上创新，在技术发展、产业发展上创新，创新地质工作手段，加快形成以创新为引领和支撑的地质产业体系，全面提升市场竞争力和精准服务能力，力求使重点产业在市场中占据主导地位。

（2）注入协调发展理念

协调是全面发展的内在要求。进入新时代，地质勘查单位的工作重心由单一的勘查资源向提供矿山地质、环境地质、生态地质等方向发展，产业发展也越来越多元化，但受市场、资金、人员、装备等因素的影响，各个产业发展不平衡，制约着地质勘查单位做强、做优、做大。因此，建设新时代地质文化，要大力倡导协调发展理念，注重发挥人力、技术、资金、土地和数据生产要素的比较优势，着力推进地勘产业结构调整，进一步优化和提升优势产业，注重传统矿种勘查与新兴矿产勘查的协调性，注重公益性地质工作与商业性地质工作的协调性，注重产业长期发展与短期突破的协调性，注重各个产业发展的平衡性、联动性，促进整个产业体系均衡持续发展，增强可持续发展能力，构建协同发展的地勘产业新格局。

（3）注入绿色理念

党的十九大以来，随着“五位一体”总体布局的提出，生态文明建设已经被提升到了新的战略高度。习近平总书记多次强调：“绿水青山就是金山银山”“生态兴则文明兴，生态衰则文明衰”“人与自然和谐共生”“山水林田湖草是生命共同体”等，这些观点形成了绿色发展理念。绿色发展理念为新时代地质工作提供了行动指南，必将推动地质工作从传统以矿产资源保障为主，向矿产资源保障与生态文明建设支撑并重发生深刻转变。

山水林田湖草生态系统的恢复与治理，是新时代地质工作的使命。新形势、新需求要求地质勘查单位将绿色发展理念贯穿矿产资源勘查、开发利用与保护全过程，将绿色勘查作为产业转型重点方向，快速发展绿色能源矿产、环保产业、生态文明服务等新兴业态，拓展服务领域，优化产业结构，完善发展布局，做到资源勘查与生态保护相统筹、矿山建设与绿水青山相协同。因此，建设新时期地质文化，大力倡导绿色理念，引导职工在地质工作中更好地体现习近平生态文明建设思想，坚持以生态保护优先统领地质事业发展，严守生态红线，进行绿色勘查。采用科技含量高、环境污染少的生产方式，最大限度减少勘查工作对生态环境的扰动和影响，探索优势资源勘查、保护与合理利用新模式，走一条“生态优先、保护环境的地勘事业发展新路”。

（4）注入开放理念

全球化是当前的历史潮流，开放是拓展发展空间的必由之路。习近平总书记提出的“一带一路”倡议就是开放理念的具体行动。“一带一路”沿线国家对矿产资源勘查开发的需求极为迫切，正是地质勘查单位发挥勘查开发能力，开拓境外市场，开展矿产资源勘查合作的大好时机。挺进境外勘查市场是地质勘查单位下一步的发展方向和经济增长的潜力所在。因此，建设新时期地质文化，应大力倡导开放理念。地质勘查单位要根据国家“两种资源、两个市场”的大资源观要求，聚焦“一带一路”倡议这一重大机遇，树立“开放合作、互利共赢”的理念，大力实施“走出去”战略，充分发挥地质勘查优势，拓展境外发展空间，在全球为我国发展配置矿藏资源。

（5）注入共享理念

共享是和谐发展的本质要求。国家正在构建矿产勘查与开发单位与社会群众利益共享机制，鼓励勘查与开发单位投资当地教育、卫生、基础设施及生态环境等社会民生事业，促进社会和谐稳定。因此，建设新时期地质文化，地质勘查单位要树立以人为本理念，倡导共享文化，加强构建矿产勘查开发利益共享机制。在保障职工享受到地质事业改革发展成果的同时，积极履行社会责任，将地质成果形成收益的一部分，回报给资源开发地区的人民群众，使人民群众共享发展成果，切实使职工有成就感、归属感，群众有获得感。

总之，地质勘查单位新时期企业文化建设应与时俱进，既继承传统文化的精华，又包含“新发展理念”的精髓，突出鲜明的个性特色，切实发挥正向激励作用，引领、促进地勘产业快速发展，为新时期实现“两个一百年目标”及中华民族的伟大复兴提供坚强有力的资源保障和地质技术服务，展现新时代地质人的精神面貌和高尚情操。

2.3.2.5　我国煤炭地质勘查产业布局

煤炭地质勘查产业是中华人民共和国成立后产生的新兴专业门类。1949 年，全国从事煤炭地质勘查的职工仅有 500 多人，其中技术人员仅 20 余人，开动钻机 14 台，在少数老矿区以进行生产地质工作为主，全国广大地区还处于一般性综合地质调查的空白区。经过 70 多年的发展，现在拥有约 10 万人的勘探大军，上百个专业地质队伍，各专业人才济济，各类技术装备齐全。先后完成各类地质报告 1 万余套，探明煤炭资源储量 17085 亿吨，为国家能源安全奠定了基础。

我国煤炭地质勘查产业布局，在煤炭地质勘探局属地化管理前，截至 1988 年全行业共有省局和大区局 24 个（东北三省煤田地质单位由东北煤田地质局管理，北京市煤田地质工作由北京矿务局地质队管理，重庆市煤田地质单位由四川煤田地质局统一管理）、专业局 3 个、各类地质队 123 个、机械制造厂 12 个、地质制图印刷厂 12 个、科研所和中心实验室 21 个、地质职工大中专院校 4 所、技工学校 5 所、干部学校（党校）4 所和子弟学校 44 所。

2009 年，中化地质矿山总局成建制划归中国煤炭地质总局管理，其下辖 30 余家全资、控股二级单位，包括 18 家地质勘查院，分布在 17 个省（区、市），职工 1 万余人。截至 2019 年底，全国各省份都有专业煤炭（田）地质队伍，产业布局科学、合理。

参考文献：

[1] 曹代勇，等 . 煤炭地质勘查与评价 [M]. 徐州：中国矿业大学出版社，2007.

[2] 郝守昌，莫济海．国有地质勘查单位地质产业发展问题及对策研究［J］．中国国土资源经济，2020（5）：74–78.

[3] 侯慎建，李阳，刘佳宁．新时代煤炭生态地质勘查产业链基本架构研究［J］．中国煤炭地质，2020，32（3）：1–6.

[4] 黄保国，黄爱民．关于广西煤田地质单位多种经营第二次创业的思考［J］．广西煤炭，1998，16（1）：49–52.

[5] 李献水，陈平．煤炭资源勘查规范的进步与发展：新型煤炭资源地质勘查法规体系的构建思维［J］．中国煤炭地质，2007（1）.

[6] 龙陆军，张玉峰，郑翠，等．新时期我国煤炭地质勘查产业技术标准体系建设［J］．中国煤炭地质，2021，33（S1）：41–43.

[7] 马强．浅谈国内煤炭地质勘查标准化体系建设［J］．江西煤炭科技，2015（1）.

[8] 王佟，邵龙义，夏玉成，等．中国煤炭地质研究取得的重大进展与今后的主要研究方向［J］．中国地质，2017（2）：242–262.

[9] 王希凯．地质勘查单位改革与管理［M］．北京：中国大地出版社，2002.

[10] 吴晓煜．中国煤矿史读本：古代部分［M］．北京：煤炭工业出版社，2010.

[11] 谢辉，段中会，贺丹，等．煤炭地质勘查产业转型发展的思考与探讨［J］．中国煤炭地质，2021，33（2）：7–11.

[12] 胥哲，张艳秋．我国煤炭资源勘查新进展与发展方向［J］．科技创新导报，2013（1）：33–34.

[13] 徐水师，王佟，孙升林，等．中国煤炭资源综合勘查技术新体系架构［J］．中国煤炭地质，2009，21（6）：1–5.

[14] 徐水师，王佟，孙升林，等．再论中国煤炭地质综合勘查理论与技术体系［J］．中国煤炭地质，2009（12）.

[15] 徐水师，王佟，孙升林，等．中国煤炭资源勘查技术体系架构［J］．中国煤炭地质，2009（6）.

[16] 徐水师．煤炭地质工作现状与发展前景［C］// 中国煤炭地质 60 年纪念文集．北京：煤炭工业出版社，2013.

[17] 徐小华，郅乐娟．创新转型是地质勘查单位发展的必由之路［J］．中国国土资源经济，2019（1）：50–53.

[18] 严良，武剑，邹泉华．我国新型地勘产业发展模式构建研究［M］．北京：人民出版社，2016.

[19] 姚公一．当代大地质产业战略探讨［C］// 资源・环境・产业中国地质矿产经济学会 2003 年学术年会论文集．北京：中国大地出版社，2003.

[20] 姚震．事业单位分类改革背景下地质勘查单位改革发展研究［M］．北京：人民日报出版社，2018.

[21] 张文若，杜军海 . 煤炭制印工作发展历程与前景 [C]// 中国煤炭地质 60 年纪念文集 . 北京：煤炭工业出版社，2013.

[22] 张亚萍 . 煤田地质单位发展多种经营的策略 [J]. 企业改革与管理，2016（9）：87.

[23] 赵平，等 . 新时代煤炭地质勘查工作发展方向研究 [M]. 北京：科学出版社，2020.

[24] 中国煤田地质总局 . 中国煤田地质勘探史 [M]. 北京：煤炭工业出版社，1993.

3 煤炭地质勘查产业分述

3.1 煤系矿产资源勘查

煤系又称含煤地层、含煤建造，是一套含有煤层并有成因联系的沉积岩系。煤系矿产资源指含煤地层中有成因联系的所有矿产资源，包括煤和煤系共伴生矿产。

我国含煤地层分布广泛，不同时期的含煤地层中除赋存煤炭资源以外，近年来在煤炭地质勘查和研究中还不断发现在煤层中含有工业应用价值的锗、镓、铀、锂、铝、稀土等新兴战略性矿产资源，并在煤层中发现了规模巨大的煤层气、页岩气、油页岩、天然气水合物、砂岩型铀矿等能源矿产，以及高岭土、石墨、黏土矿等其他非金属矿产。由于受以往煤炭地质勘查理念和方式的制约，忽视了对共伴生矿的勘查评价与合理开发，因此造成了资源的巨大浪费。如何提高这部分矿产资源的综合勘查、综合利用，实现资源节约和循环利用，是目前煤炭资源勘查急需解决的问题。

根据矿产资源的特性和主要用途，参照矿产资源分类方案，可以将煤系矿产资源划分为煤系能源矿产、煤系金属矿产和煤系非金属矿产三类。煤系能源矿产主要包括煤炭、煤系气（煤层气、致密砂岩气、页岩气等）、铀矿、油页岩等；煤系金属矿产的勘查、开发、研究多集中在我国紧缺的铝、铁等大宗矿产以及新兴产业急需的锗、镓、锂等战略性资源上；煤系非金属矿产中常见的有高岭土、耐火黏土、硅藻土、膨润土、叶腊石、石墨等（孙升林等，2014）。

我国煤系共伴生矿产品种多、储量大、分布广，加强煤系共伴生矿产资源的研究与开发利用，具有重大意义。

3.1.1 煤系矿产协同勘查

3.1.1.1 市场形势及背景

煤炭工业在国民经济中占有极其重要的地位。我国煤炭资源丰富，煤炭产量居世界首位。在我国能源消费结构中，煤炭占 60% 以上。同样地，在时空分布极其广泛的煤系中也赋存着丰富的共伴生矿产资源。但是由于受到以往计划经济体制以及种种因素的制约，矿产开发往往只顾及主矿，而忽视了对副矿——共伴生矿的勘查、评价与合理开发，应该说这是一种资源浪费。近年来，随着科学技术的飞速发展和煤炭行业的改革进步，对煤系中蕴藏的共伴生矿的研究及利用日益引起主管部门及科研、生产单位的重视。

煤田地质勘查工作的发展是随着国民经济发展的需要不断发展的，由最初的煤田地质发展到今天的煤炭地质，不同时期赋予的时代含义有所不同。

中华人民共和国成立后，随着大规模的煤田地质勘查工作的展开，对煤系共伴生矿产的开发利用，已有或多或少的涉及。在煤田地质系统提交的地质报告中，对与煤共伴生的矿产均有不同程度的评价。然而，因缺乏深入的调查研究及论证，对合理开发共伴生矿产还远远不能满足需要。

煤田地质工作者对煤系共伴生矿产的研究，始于改革开放之后。科学技术的进步和工农业生产的发展，大幅增加了对各种矿产的需求，进而推动了研究进程。非金属矿产（煤系共伴生矿产绝大部分属于此类）在国民经济发展中占有更加显著的地位。对煤系中的煤成烃的研究和开发也方兴未艾。因此，加强对煤系共伴生有益矿产的研究，让煤田地质勘查从单一的模式中走出来，是历史发展的必由之路。

国内外对煤系共伴生矿产研究的重点主要集中在四个方面：一是煤系共伴生矿产在煤中的赋存状态；二是成矿物质来源；三是富集成矿的地质条件；四是煤系共伴生往往又有潜在有害元素，在开发利用时要注重有害元素对环境和人体健康的影响。

（1）含煤地层中含有以下共伴生矿藏

①煤系气。目前，煤层气和煤系致密砂岩气的勘查开发已经成熟，煤系页岩气、煤系天然气水合物尚处在起步阶段。

②煤系铀矿。我国的煤系铀矿有砂岩型铀矿和煤岩型铀矿两大类。煤系铀矿与世界两大巨型铀成矿带密切相关。东西向欧亚巨型成矿带横贯我国整个北方地区，自西向东分布有伊宁盆地、吐哈盆地、柴达木盆地、鄂尔多斯盆地、二连盆地、开鲁盆地、辽东盆地等铀矿点。南北向滨太平洋巨型成矿带自北向南分布有内蒙古二连盆地，陕西神府－东胜矿区、铜川矿区，四川大巴山、南桐矿区，贵州织金、晴隆矿区，云南砚山等地的铀矿点。煤岩型铀矿的勘查取得较大成果，云南帮卖盆地煤中铀含量为71.50μg/g，已查明属锗—铀—煤共生矿床类型；新疆伊犁盆地南缘ZK0161井中12号煤靠近顶板部位的富铀煤中铀含量为767μg/g。

③煤系油页岩。我国油页岩形成地质年代范围较宽，从石炭纪、二叠纪、三叠纪、侏罗纪、白垩纪到古近纪都有产出。主要分布在松辽、鄂尔多斯、准噶尔等三个大型含煤盆地，涉及22个省份48个含煤盆地。吉林、辽宁和广东三省的油页岩资源量占全国油页岩资源量的85%以上。煤与油页岩在盆地同时代地层中产出的地质现象，从古生代到新生代均有发现。例如，依兰盆地内下段为煤与油页岩互层，上段则

为发育比较稳定的油页岩层。

④煤系铝土矿。煤系铝土矿根据开发利用途径可进一步分为两大类：一类是作为矿物原生状态的铝土矿；另一类是煤炭燃烧后的富 Al_2O_3 粉煤灰，其原生状态为高铝煤。煤系原生铝土矿一般分布于含煤地层的中下部，属于沉积型铝土矿，常常与煤炭、耐火黏土、硫铁矿等共生。广西、河南、山西和贵州四省份的储量合计占全国总储量的 90% 左右。

（2）煤系伴生矿产的特点

煤系伴生矿产种类繁多、资源潜力巨大、矿产分布广泛、赋存形式多样、矿床类型复杂、矿产便于开发利用。因而，对其资源地质、开发应用等进行综合研究十分必要。

（3）煤系伴生矿产的研究与开发

煤系伴生矿的研究与开发意义有：一是煤系伴生矿产是经济发展所需的重要资源；二是对其开发利用具有显著的经济效益；三是对其加工利用不仅能够提高资源的利用率和经济价值，而且对环境及保护有着特殊意义。

煤炭地质工作对煤系伴生矿产的研究要充分利用煤炭系统特有的优势和有利条件，包括：数十年煤田找矿勘探和煤矿山开采及其研究所积累的极为丰富的煤系地质资料与成果；开展过一定程度评价的伴生矿产的信息和认识；大批生产矿井和露天矿所提供的矿山及其物质条件；煤系伴生矿产研究已取得的科研基础和经验等。这些都为煤系伴生矿产研究提供了便利。

煤系伴生矿产的研究是多方面的，既包括资源地质，又包括开发利用。以下几点需要予以重视：一是彻底改变单一的找矿模式，加强对煤系资源的综合找矿和综合评价；二是加强现有煤矿山对伴生矿产的综合开采和综合利用；三是加强对已知的有价值的伴生矿产的应用研究，提高矿产品的市场竞争力；四是加强对煤的综合利用及其开发过程中的环境保护研究；五是在资源地质方面，加强对煤系伴生矿产的分布规律、共生组合关系以及成矿系列和成矿规律的研究与总结（程守田、黄焱球，1994）。

3.1.1.2 技术体系与产业政策、行业规范

（1）技术体系

李增学等（2011）、王佟等（2013）论述了“协同勘查”的含义和多种能源矿产同盆共存、富集协同勘查的基本思路，提出了以煤炭资源为主的多种矿产“协同勘查体系”的概念，全面论述了该体系的构成框架（见图 3–1、图 3–2）。他们认为“协同勘查”应该涵盖多矿种勘探在物质基础、勘探部署的理论指导、技术方法上的运用，最大效益的获得以及之后的矿产开发等诸多领域的协作、联合、支持和利用。李增学等（2011）提出了“协同勘查”必须遵循的基本原则，即“协调有序、经济合理、优势互补、科学部署、最大收益”。

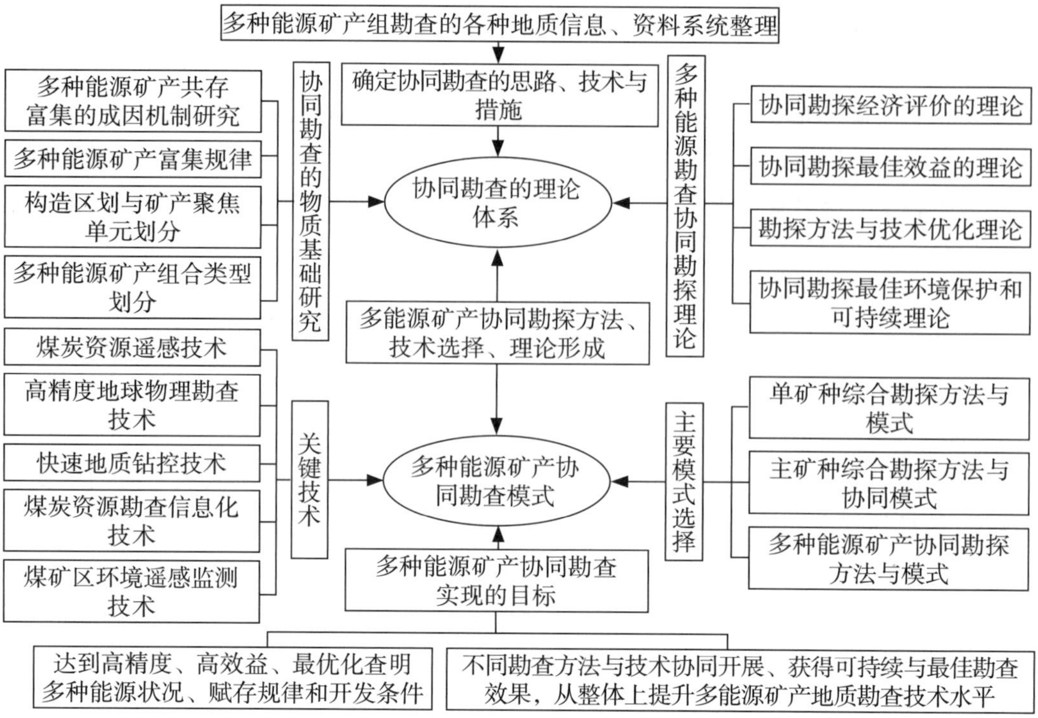

图 3-1　以煤炭资源为主的多种矿产协同勘查体系（李增学等，2011）

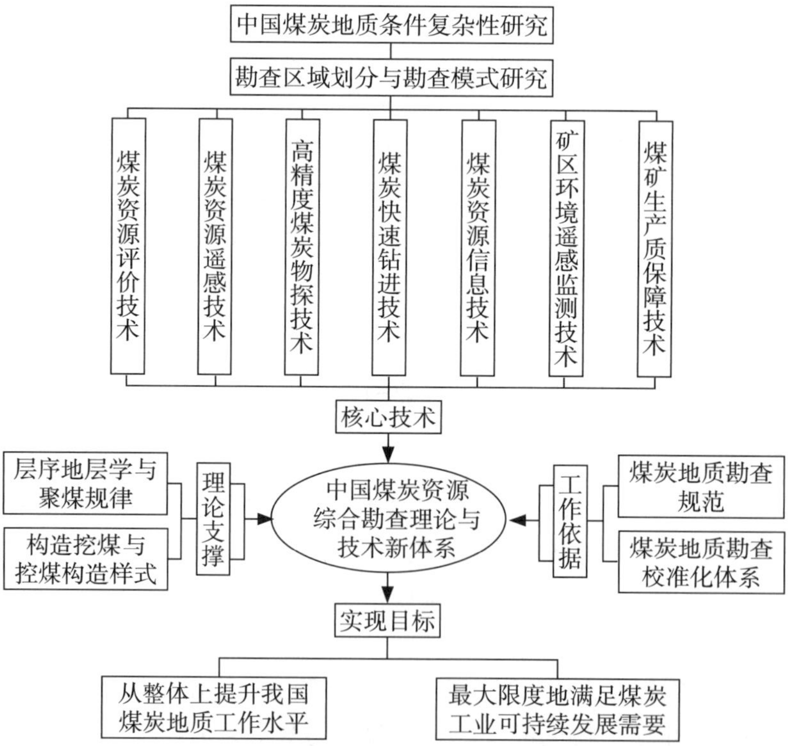

图 3-2　煤炭地质综合勘查理论体系（王佟等，2013）

（2）产业政策

目前，涉及煤系矿产的产业政策有《煤炭产业政策》《煤层气产业政策》《页岩气产业政策》。

①《煤炭产业政策》：根据《中华人民共和国煤炭法》《中华人民共和国矿产资源法》《国务院关于促进煤炭工业健康发展的若干意见》等法律和规范性文件，于2007年11月由国家发展改革委制定该政策，明确了我国煤炭产业发展目标、产业布局、产业准入、产业组织、产业技术、安全生产、贸易运输、节约保护和劳动保护等内容。

②《煤层气产业政策》：根据《中华人民共和国煤炭法》《中华人民共和国矿产资源法》《国务院办公厅关于加快煤层气（煤矿瓦斯）抽采利用的若干意见》等法律、法规，于2013年3月由国家能源局制定该政策，明确了我国煤层气产业发展目标、市场准入条件、勘探开发布局、技术装备研发、资源协调开发、安全节能环保等内容。

③《页岩气产业政策》：2013年10月，国家能源局发布我国首个页岩气产业政策，明确了页岩气产业监管、示范区建设、产业技术政策、市场与运输、节约利用与环境保护、支持政策等有关内容。

（3）行业规范

2010年，中华人民共和国国家市场监督管理总局、中国国家标准化管理委员会颁布了《矿产资源综合勘查评价规范》（GB/T 25283—2010），该标准规定了矿产资源勘查各阶段和矿山地质工作中，综合勘查评价的目的和任务、基本原则及工作要求、共伴生矿产资源储量类型的确定和估算等。该标准适用于矿产资源勘查各阶段和矿山地质工作的综合勘查评价，可作为评审、验收矿产资源勘查成果，估算、核实、评价共伴生矿产资源储量，以及矿产资源勘查开发监督的技术依据之一。

各有关主管部门和机构发布了各煤系矿产专业规范、规程，包括煤层气、页岩气、铀矿等。

①煤层气勘查：《煤层气储量估算规范》（DZ/T 0216—2020）、《煤层气田开发方案编制规范》（DZ/T 0249—2010）、《煤层气钻井作业规范》（DZ/T 0250—2010）、《煤层气探明储量报告编写规范》（DZ/T 0343—2020）、《煤层气（煤矿瓦斯）排放标准（暂行）》（GB 21522—2008）、《煤层气（煤矿瓦斯）利用导则》（GB/T 28754—2012）、《煤层气资源勘查技术规范》（GB/T 29119—2012）、《煤层气（煤矿瓦斯）术语》（GB/T 31537—2015）、《煤矿区煤层气地面抽采效果检测与评价》（GB/T 34547—2017）、《煤层气地震勘探规范》（NB/T 10002—2014）、《煤层气地质选区评价方法》（NB/T 10013—2014）、《煤层气地面工程方案编制规范》（NB/T 10027—2016）。

②页岩气勘查：《陆相页岩气储层评价方法》（DB61/T 1017—2016）、《陆相页岩气测井数据处理解释规范》（DB61/T 1179—2018）、《页岩气井固井技术规程》

（DB43/T 1084—2015）、《页岩气地震勘探技术规程》（DB43/T 1151—2016）、《页岩气钻井技术规程》（DB43/T 971—2014）、《页岩气资源量和储量估算规范》（DZ/T 0254—2020）、《页岩气地面时频电磁法规程》（DZ/T 0298—2017）、《页岩气调查地震资料采集与处理技术规程》（DZ/T 0299—2017）、《页岩气探明储量报告编写规范》（DZ/T 0333—2020）、《页岩气地质评价方法》（GB/T 31483—2015）、《页岩气技术要求和试验方法》（GB/T 33296—2016）、《页岩气开发方案编制技术规范》（GB/T 34163—2017）、《海相页岩气勘探目标优选方法》（GB/T 35110—2017）、《页岩气井取心及采样推荐作法》（NB/T 10118—2018）、《页岩气试采方案编制技术要求》（NB/T 10119—2018）、《页岩气水平井钻井作业技术规范》（NB/T 10252—2019）、《页岩气藏描述技术规范》（NB/T 14001—2015）、《页岩气资源评价技术规范》（NB/T 14007—2015）、《页岩气井产量预测技术规范》（NB/T 14024—2017）。

③油页岩勘查：《油页岩术语》（NB/T 51032—2015）、《矿产地质勘查规范　油页岩、石煤、泥炭》（DZ/T 0346—2020）、《煤基伴生油页岩油》（GB/T 35063—2018）、《油页岩的常规分析方法》（NB/T 10054—2018）、《油页岩含油率的测定　格金法》（NB/T 51011—2014）。

④铀矿勘查：《铀矿地质勘查规范》（DZ/T 0199—2015）。

⑤铝土矿勘查：《矿产地质勘查规范　铝土矿》（DZ/T 0202—2020）。

3.1.1.3　重大项目及取得成果

（1）煤系共伴生矿产资源开发利用

原煤炭工业部中国煤炭加工利用协会曾于1989年开展“煤系共伴生矿产资源开发利用”调查软科学课题研究，组织中国矿业大学、原中国煤田地质总局、煤炭科学总院西安分院等单位联合攻关。课题成果以《煤系中五种非金属矿产资源开发利用调查研究报告》为题，并在内部出版发行。该课题对煤系中高岭岩（土）、耐火黏土、膨润土、硅藻土和石墨等五种非金属矿产的资源分布、矿床类型、矿产储量和质量、矿石性质和用途、开发条件、开发现状、采选方法、加工利用、国内外产销贸易情况及其发展远景等方面，进行了详细系统的分析、论证和对比。

（2）煤矿区六种有益矿产资源开发利用调查研究

原煤炭工业部中国煤炭加工利用协会于1993年再次立项，组织完成了《煤矿区六种有益矿产资源开发利用调查研究报告》。课题调查了硫铁矿、油页岩、石膏和硬石膏、石英砂岩、花岗岩、大理岩等六种矿产资源，并对其进行了综合评述。该报告不仅首次对煤矿区的硫铁矿等六种有益矿产进行了系统调研与总结，也为国家有关部门决策提供了一份翔实的基础资料。上述工作对煤系共伴生矿产的开发和利用，必将发挥积极作用。煤系共伴生矿产的概念还可引申至“在勘探范围内，在含煤岩系垂向剖面上所遇见的各种有益矿产”。概念的引申，无疑对加强煤系共伴生矿产资源的合理开发，增加经济效益有极其重要的意义（袁国泰、黄凯芬，1998）。

（3）煤系矿产资源综合调查与评价

2014 年，中国煤炭地质总局开展的“煤系矿产资源综合调查与评价”项目，确定了以煤系大宗支柱矿产、战略性新兴产业矿产和优质稀缺煤为主攻矿种，围绕含煤盆地及重点成矿区带，开展重点地区煤系资源综合调查。将含煤岩系作为含矿载体，全面开展煤系能源矿产、金属矿产、非金属矿产综合调查，揭示煤系重要矿产的赋存状态，研究含煤岩系多矿种资源成矿机制和规律，划分出重要的煤系矿产资源成矿区带和远景工作区，新发现一批优质稀缺煤与煤系共伴生资源矿产地；促进煤炭合理洁净利用、煤系多能源多矿产的综合评价，实现煤系矿产资源找矿重大突破。

（4）陕西省黄陇地区铀矿资源潜力评价及找矿远景研究

2014 年 3 月至 2015 年 9 月，陕西省一九四煤田地质有限公司承担并完成了陕西省地质勘查基金项目“陕西省黄陇地区铀矿资源潜力评价及找矿远景研究”。主要研究内容为：根据以往煤田测井自然伽马曲线异常层和异常层的沉积相为研究重点，以陕西省侏罗纪煤田自然伽马曲线异常层为研究对象，评价铀矿资源的储存情况和成矿规律。研究成果圈出了具有成矿潜力的区域，对各类测井伽马曲线异常区进行了划分，为后期铀矿资源的开发与利用潜力进行了评价。

3.1.1.4 发展趋势和攻关方向

随着我国工业的发展，对矿产及其产品的需求量急剧增长，对种类和质量的要求不断提高，并且随着矿产加工技术的改善和革新，有些原先暂不能利用的矿物和岩石如今可能成为颇具经济价值的资源。将煤炭资源的概念扩大到煤系矿产资源，对煤炭资源的勘查、开发、利用的影响无疑是巨大的。煤系矿产资源概念的扩延，对加强煤系有用资源的开发，在煤炭开发的同时增加经济效益是十分有益的。近年来，随着多个部门对煤系矿产资源的愈加重视，大量的煤系共伴生矿产，如高岭土、硅藻土、膨润土等以不同形式开发并被应用于多个工业领域，而且煤层气作为独立的矿种也从煤炭资源中分离出来，显示出了较好的发展前景。

对煤中共伴生有益矿产资源的勘查与评价工作具有重要意义，其未来研究主要有三个方向。一是测试技术的选择与研究，需要优选最佳的有益元素测试方法，以确保测试成果的可靠性，确定所测试煤中有益元素是否富集。二是对煤中共伴生矿产富集成矿规律的研究，所采样品要具有代表性，因煤中共伴生有益元素往往富集在煤层的局部层位和特定空间，要合理布置采样点，以掌握其富集成矿的规律。三是对共伴生矿产开采有害元素的研究，需进行全面的技术经济和环境评估，以保障在开发中尽量减少潜在有害元素对环境和人体健康的影响（朱士飞、秦云虎，2013）。

主要攻关方向：煤系矿产资源评价；煤系矿产地质研究；煤系矿产开采技术；煤系矿产选矿加工工艺与产品利用。

3.1.2 煤矿生产勘探

3.1.2.1 市场形势及背景

煤矿地质工作是指在资源地质勘查工作基础上，从煤矿基本建设开始，直到闭坑为止的全部地质工作。主要任务包括：研究煤矿地层、地质构造、煤层、煤质、瓦斯、水文地质和其他开采地质条件等的地质特征及其变化规律，开展地质类型划分；查明影响煤矿安全生产的各种隐蔽致灾地质因素，做好相应的预测预报工作；进行地质补充调查与勘探、地质观测、资料编录和综合分析，提供煤矿建设和生产各个阶段所需的地质资料，解决煤矿安全生产中的各种地质问题。

煤矿地质保障技术工作，是以开发利用地质勘探成果为基础，以煤矿生产资料为补充，满足解决各种复杂地质问题需要，通过在采区、盘区、工作面实施综合精细勘查技术，为煤矿安全、高效开采提供地质技术服务。

早期的煤矿以小规模露采为主，采煤工艺以人工挖掘和炮采为主，对地质条件的要求不高。中华人民共和国成立后，煤炭工业驶入有序发展的快车道，国家对煤炭进行了开发规划，煤田勘查工作的重点是分阶段查明煤炭数量与质量，兼顾开采地质与技术条件，但矿井安全生产的地质保障匮乏。20 世纪 80 年代后期，以机械化采煤为标志的高产、高效煤矿对地质条件查明程度的要求大大提高。在综采面设计和布置前，需要查清区内的各种地质条件，在采掘过程中要求对前方的地质条件进行超前探测和预报。因此，煤矿生产对精细勘探技术的要求不断提高。进入 21 世纪，煤炭行业迎来最快发展时期，随着煤炭开采规模的扩大、开采强度和深度的加大，现代化矿井安全高效建设生产对开采地质条件的查明程度提出了更新、更高的要求。以采区地面三维地震、瞬变电磁法和矿井瑞利波、直流电法、音频电透视、坑透为主要手段，以威胁采空区、小构造及陷落柱等超前探测、超前治理为地质保障的主要技术。经过多年发展，一种地质与地球物理相结合、钻探与巷探相结合、“物探先行、钻探验证”、地面与井下立体式勘探的模式，已经成为地质保障的主要工作方式。

2011 年初，为了加强和规范煤矿地质工作，查明隐蔽致灾地质因素，及时处理煤矿地质灾害，有效预防煤矿事故，国家安全监管总局、国家煤矿安监局决定对原煤炭工业部分别于 1983 年 11 月颁布的《露天煤矿地质规程（试行）》和 1984 年 5 月颁布的《矿井地质规程（试行）》进行修订，将两规程合并制定为《煤矿地质工作规定》。2013 年 12 月 31 日，应急管理部、国家煤矿安全监察局印发新的《煤矿地质工作规定》。

3.1.2.2 技术要求

煤矿生产勘探工作依据的主要技术标准和规程有：《煤矿安全规程》（2016 年修

订）、《煤矿地质工作规定》（安监总煤调〔2013〕135 号）、《煤矿防治水规定》（应急管理部令第 28 号）、《煤、泥炭地质勘查规范》（DZ/T 0215—2002）、《矿区水文地质、工程地质勘探规范》（GB 12719—1991）、《煤炭资源勘查煤质评价规范》（MT/T 1090—2008）、《煤矿瓦斯等级鉴定暂行办法》（安监总煤装〔2011〕162 号）、《煤层气资源 / 储量规范》（DZ/T 0216—2010）、《煤矿床区水文地质、工程地质及环境地质勘查评价标准》（MT/T 1091—2008）、《冲击地压煤层安全开采暂行规定》（1987 年版）、《煤矿床水文地质勘查工程质量标准》（MT/T 1163—2011）、《建筑物、水体、铁路及主要井巷煤柱留设与压煤开采规范》（2017 年版）、《中国煤炭分类》（GB/T 5751—2009）、《煤矿矿井瓦斯地质图编制方法》（AQ/T 1086—2011）、《煤炭工业污染物排放标准》（GB 20426—2006）、《煤矿回采率计算方法及要求》（GB/T 31089—2014）、《煤炭质量分级》（GB/T 15224.1—2010，GB/T 15224.2—2004，GB/T 15224.3—2004，GB/T 20475.1—2006，GB/T 20475.2—2006，MT/T 966—2005，MT/T 852—2000，MT/T 803—1999，MT/T 849—2000，MT/T 560—2008，MT/T 853.1—2000，MT/T 583.2—2000，MT/T 596—1996）等。

3.1.2.3 工程案例

（1）煤矿整合

黄陇侏罗纪煤田旬耀矿区西川煤矿扩大补充勘探项目。根据陕发改能源〔2006〕917 号文件，黄陇侏罗纪煤田旬耀矿区西川煤矿和老庄子井田均属铜川西川矿业有限公司开发，为了合理开发利用资源，西川煤矿决定统一规划设计开采。由于西川煤矿和老庄子井田合并后结合部位勘探程度不足，所以需在收集两井田勘探成果的基础上，补充少量工作，提交一个全区勘探报告，为铜川西川矿业有限公司煤矿矿井设计和登记统计提供依据。为此，铜川西川矿业有限公司委托陕西省煤田地质局一九四队（现陕西省一九四煤田地质有限公司，以下简称“一九四队”）开展相关地质勘查工作。

项目于 2008 年 3 月开始进行野外施工，至 2008 年 5 月全部结束野外工作，共完成工作量：施工钻孔 6 个，钻探进尺 3106.07 米，综合验收特级孔 1 个，甲级孔 5 个；地球物理测井 6 孔，常规测井 3090.89 实测米，声波测井 571.15 实测米；采集各类样品 17 个。

2008 年 6 月，一九四队提交了《陕西省黄陇侏罗纪煤田旬耀矿区西川煤矿扩大补充勘探地质报告》，共获得资源储量 12059 万吨。4–1 号煤层获得资源储量 973 万吨，其中控制的内蕴经济的资源储量（332）202 万吨，推断的内蕴经济的资源储量（333）771 万吨。4–2 号煤层获得资源储量 11086 万吨，其中探明的内蕴经济的资源储量（331）6517 万吨，控制的内蕴经济的资源储量（332）1705 万吨，推断的内蕴经济的资源储量（333）2864 万吨。陕西省国土资源规划与评审中心以陕国土资储备

〔2008〕231 号文件对报告进行了评审和备案。

（2）提高资源储量、新增资源储量

陕西永陇能源开发建设有限责任公司崔木煤矿 22 盘区补充勘探。崔木煤矿位于永陇矿区东端，原属于太阳寺井田。行政区划隶属于麟游县管辖，距麟游县城 28.7 公里。地理坐标：东经 107° 48′ 00″ ~ 107° 55′ 00″，北纬 34° 51′ 00″ ~ 34° 55′ 30″。该矿于 2009 年开始建设，在试生产过程中对盘区进行重新布置。22 盘区位于崔木煤矿西南部，其西南边缘为原勘探报告 333 资源量分布区，工程控制程度明显偏低，不能满足煤层正常采掘和安全生产的需要。为了解决这些影响正常生产的问题，陕西永陇能源开发建设有限责任公司委托陕西省煤田地质局一八六队对崔木煤矿 22 盘区进行补充勘探工作。本次补充勘探的目的：为解决影响正常采掘和安全生产的技术问题提供地质依据。崔木煤矿矿权属于陕西永陇能源开发建设有限责任公司。本次补充勘探区为崔木煤矿 22 盘区，补勘范围根据矿方意见以及煤矿开拓方案最终确定。22 盘区为不规则的多边形，东西宽 2.73 公里，南北长 3.96 公里，面积 7.57 平方公里。

2013 年 11 月，陕西省煤田地质局一八六队编写了《崔木煤矿 22 盘区补充勘探设计》。项目组在结合以往地质勘查工作的基础上，于 2014 年 6—10 月进行了野外施工，同时充分收集了崔木煤矿以往的生产、地质、水文、瓦斯等相关资料，并转入报告提交阶段。陕西省煤田地质局一八六队、陕西省煤田地质局物探测量队组织编写了《陕西永陇能源开发建设有限责任公司崔木煤矿 22 盘区补充勘探报告》。提交 3 # 煤层煤炭总资源量估算为 9518×10^4 吨，其中探明的 + 控制的资源量（331+332）占总资源量的 87.55%，占比达到规范要求。

（3）控制煤层自燃边界线变化

活鸡兔矿井一盘区补充勘探项目。该项目为适应活鸡兔矿井高产、高效和安全生产需要，避免矿井生产过程中发生重大事故，进一步查明在资源勘探阶段不要求查明的某些地质及水文地质工程地质问题，并根据国家能源投资公司《关于基本建设矿井补做地震工作的通知》要求，华能精煤神府公司于 1992 年 10 月下旬，委托陕西省煤田地质局一八五队（现陕西省一八五煤田地质有限公司）施工，并提交了《活鸡兔矿井一盘区补充勘探报告》。得到的主要成果有：大巷 2–2 煤层的底板深度及其起伏变化形态，2–2 煤层的露头线、分叉复合线、火烧边界线，控制程度较高，成果可靠；控制了盘区内古冲沟及其小支沟的延伸距离，宽度和切割深度。为地下水分水岭的划分和地下径流范围的圈定提供了可靠的依据；控制了古冲沟在垂向上切割最深处与 2–2 煤层的距离，为圈定冒落溃沙地段提供了充分依据；查明了盘区为以火烧岩孔洞裂隙潜水为主的水文地质条件简单的矿井，火烧岩的底板深度及火烧岩潜水面的起伏变化形态和富水边界得到了控制，由此确定的火烧岩含水层的厚度是可靠的。为盘区火烧岩潜水含水层 1.305×10^6 立方米的储存量计算结果提供了可靠依据。同时，通过对火烧岩底板的控制，使 2–2 煤层上覆正常基岩厚度得以确定，为冒裂带范围的圈定及其稳定性评价提供了可靠依据。

（4）查明煤矿水文地质、工程地质等开采技术条件

盘龙煤矿水文地质补充勘探。盘龙煤矿是渭北煤田韩城矿区一处生产规模30万吨/年的矿井，主采上部的山西组3号煤层，采用斜井开拓系统，走向长壁采煤法，综采综掘。为了扩大矿井生产规模，下部太原组11号煤层的开采已被纳入计划。为此，2011年10月，韩城盘龙煤业有限公司委托陕西省煤田地质局一三一队进行盘龙煤矿水文地质补充勘探工作。

奥陶系灰岩承压含水层水压高、不均一，为区内11号煤层开采主要的直接充水水源。采用“大井法”矿井涌水量预测，得到平均矿井涌水量为941.87立方米/小时，最大矿井涌水量为1952.73立方米/小时。通过对奥灰岩富水性、矿井地质构造、奥灰岩突水系数、11号煤层开采顶板冒裂带高度、底板岩层破坏深度等进行综合分析后认为，构造引起的奥灰岩水突出对煤矿生产破坏性强，3号煤层采空区积水在局部地段将会对11号煤层的开采造成威胁，11号煤层底板隔水层足以承受奥灰岩溶水静水压力的破坏，矿井大部分区域能够安全开采，局部小范围不能开采。

本次工作的重点是11号煤层，根据补充勘探成果，结合对11号煤层开采水文地质条件的分析，矿井防治水的重点是围绕3号煤层采空区积水、11号煤层顶板含水层水、底板奥灰水和封闭不良钻孔等内容展开相关工作，制定防治水措施。

3.1.3 矿山资源保护与综合利用

3.1.3.1 宏观背景

党的十八大报告提出：“节约资源是保护生态环境的根本之策。要加强矿产资源勘查、保护、合理开发。”习近平总书记在2013年中共中央政治局第六次集体学习时强调：“坚持节约资源和保护环境基本国策。生态环境保护是功在当代、利在千秋的事业。要清醒认识保护生态环境、治理环境污染的紧迫性和艰巨性，清醒认识加强生态文明建设的重要性和必要性，以对人民群众、对子孙后代高度负责的态度和责任，真正下决心把环境污染治理好、把生态环境建设好，努力走向社会主义生态文明新时代，为人民创造良好生产生活环境。”在新的历史时期，必须节约、集约利用资源，推动资源利用方式的根本转变，加强全过程节约管理，提高利用效率和效益。发展循环经济，促进生产、流通、消费过程的减量化、再利用、资源化。“努力走向社会主义生态文明新时代”是摆在我们面前的全新课题。

矿产资源勘查开发本身就是对环境的重新改造，是一把“双刃剑”。一方面，为经济发展提供物质来源。另一方面，粗放的矿山采掘活动对环境形成了扰动，导致各种地质灾害发生，造成地下水系统被破坏、土地资源被破坏、“三废”污染等，引起一系列生态环境问题。因此，保护生态环境要从节约矿产资源做起，必须减少资源消

耗量，减少矿产资源开发量，降低开发强度，减少废弃物排放。

要树立底线思维，以资源节约、集约利用统领国土资源工作，在实践中不断实现保障科学发展、保护国土资源与维护群众权益的统一，全面促进资源节约必须转变资源利用方式。以资源利用方式转变促进经济发展方式的转变，进而降低资源消耗水平，推进产业结构优化升级，提高经济质量效益。

推进资源勘查利用方式向节约集约转变，既是生态文明建设的内在要求，也是转变经济发展方式的重要途径。具体来说，一是转变矿产资源勘查方式，加强勘查综合评价，转变资源勘查理念，增强“找大矿、找好矿”意识，优先勘查清洁资源，加强综合规划部署和调查评价。二是加强矿产资源调查评价中的环境影响评价。三是依靠科技进步，提高资源勘查开发效率，加强采矿技术和装备的改进创新，提高开采回采率；加大选矿技术攻关力度，提高选矿回收率和综合利用率。四是节约资源，加强清洁能源和新兴产业矿产的勘查开发。五是减少原生资源开发，提高再生资源利用效率。六是实施境外地质调查战略，利用好境外矿产资源。七是建立资源数量、质量、生态“三位一体”综合评价体系（王雪峰、薛亚洲、范继涛，2013）。

3.1.3.2 优惠政策

我国在资源综合利用方面出台了一系列优惠政策。经过梳理，除原国土资源部、国家发展改革委以及工业和信息化部“十二五”期间发布的规划、计划和实施的项目外，国家发展改革委、科技部、工业和信息化部、原国土资源部等为加强资源综合利用还推出了一些鼓励政策、意见，同时在鼓励综合利用方面给予了如下十项现行政策：《国务院批转国家经贸委等部门关于进一步开展资源综合利用意见的通知》，国家发展改革委、财政部税务总局关于印发《国家鼓励的资源综合利用认定管理办法的通知》，《财政部、国家税务总局关于加快煤层气抽采有关税收政策问题的通知》，《财政部、国家税务总局关于执行资源综合利用企业所得税优惠目录有关问题的通知》，《财政部、国家税务总局、国家发展改革委关于公布资源综合利用企业所得税优惠目录（2008年版）的通知》，《国家税务总局关于资源综合利用企业所得税优惠管理的通知》，国家税务总局印发的《企业所得税预缴问题的通知》，《财政部、国家税务总局关于资源综合利用及其他产品增值税政策的通知》，《财政部、国家税务总局关于资源综合利用及其他产品增值税政策的补充的通知》，《关于调整完善资源综合利用产品及劳务增值税政策的通知》。

从以上十项政策来看，我国从行政审批、所得税、增值税和资源补偿费等方面，对加强、鼓励和促进资源综合利用等进行了宏观部署，同时也明确了优惠范围（曹进成、郭威，2012）。

3.1.3.3 技术体系和途径

矿区各种资源的综合开发不仅是改善环境，提高矿山安全保障的需要，也是提高矿山效益的需要，是煤炭工业可持续性发展的重要措施。

一是大力开发煤层气资源。煤层气是宝贵的洁净能源，同时又是煤矿生产的不安全因素。我国煤层气资源虽丰富，但开发利用条件往往较差。单一的地面抽放开采方式尚未取得工业性成果，但从长远来看，应协调煤炭资源和煤层气资源开发间的关系，因地制宜地进行地面、采空区和采动影响区的联合开采。把煤开采区的生产地质勘探与煤层气的评价、开采结合起来，将是煤层气开发的重要方向。

二是矿区地下水的综合利用及矿井水资源化。我国是一个水资源比较缺乏的国家，而且水资源分布极不均衡，煤炭资源多的地区往往水资源较少，特别是我国西部地区，水资源条件常常是制约矿区发展的关键因素，也是环境改良的必要条件。

三是综合利用煤矸石采动地区的土地资源。利用煤矸石作为制砖及水泥材料已比较普遍，可以进一步推广。煤矿在布置采区的同时，应该做好土地还耕或利用规划，使采动影响区的土地尽快得以合理使用，把土地还耕作为煤炭开发的基本内容和环节。

四是对煤矿床共伴生矿产的综合开发利用，是增加矿山环境效益和经济效益的重要途径。除了煤层气和地下水之外，煤矿床还有许多共伴生矿产，如硅藻土、耐火黏土、高岭土、硫铁、铁、锗、镓、金以及石灰岩等，均具有很大的经济价值，其中云南先锋的硅藻土、川南的硫铁矿、准格尔的高岭土矿、胜利的锗矿，不仅品位高，而且储量大，具有重要的开发价值。例如，内蒙古胜利露天矿区，在 0.55 平方公里面积内获锗储量 1626 吨，占全国已探明总储量的 30%。合理规划和综合开发既是我国煤炭开发一条必不可少的原则，也是我国煤炭工业与国民经济、资源、环境协调发展的必由之路。

五是地质工作是煤炭开发利用和环境保护以及矿区综合开发的基础。过去煤田勘探中对煤资源之外的其他地下资源的勘探工作比较薄弱，对生态环境研究较为缺乏，因此要从区域性工作、基础性工作做起，服务于矿区的开发（高洪烈，2001）。

3.2 矿山生产地质

3.2.1 矿井水超前探测

3.2.1.1 市场形势及背景

我国的主体能源是煤炭，煤炭产量由 2000 年的年产 9.99 亿吨增长到 2019 年的年产 38.50 亿吨，占一次性能源生产和消费结构中的比重分别为 76.0% 和 57.7%。随着煤炭产量的大幅增加，受地质条件与开采方式的影响，煤矿水害威胁的面积、类型及程度越来越严重。2007 年 8 月，山东省华源煤矿发生特大透水事故，集中强降雨诱发河堤溃坝，地表水灌入矿井，造成矿井 4 个水平面全部被淹，172 人遇难。2010 年 3 月，内蒙古自治区骆驼山煤矿在采掘过程中煤矿底板奥灰高压岩溶水突出，32 人遇难。2010 年 3 月，山西省王家岭煤矿在采掘过程中老空区积水突入矿井造成淹井，38 人遇难。

2019 年，煤矿水害频发，给国家及人民的生命财产造成严重损失。2019 年 5 月，贵阳市金阳新区富宏煤矿发生 1 起重大透水事故，透水量约 3.3 万立方米，12 人遇难、1 人失踪。2019 年 6 月，湖南省衡阳市耒阳市都兴煤矿发生一起重大水害事故，13 人遇难。据统计，全国煤矿共发生水害事故 44 起、192 人遇难，占全国煤矿事故总起数的 3.7%、全国煤矿总死亡人数的 9.7%。

3.2.1.2 探测技术

近十年来，煤矿水害严重且处于高发态势，煤矿水害防治工作被提升到国家层面。国家煤矿安监局领导多次针对地下工程突水、突泥重大事故作出批示，要求对水害超前探测，坚决予以防治，确保煤矿安全生产。

当前，随着矿井机械化采煤的发展，开采深度的加大，以及满足煤矿安全工作的需要，对地质工作提出越来越高的要求。当采（掘）前方出现水害隐患时，传统的地质方法已显现出极大的局限性，如小构造、小断层、未知老巷、异常含水带、陷落柱等较复杂的地质条件，即使最先进的地面勘探技术，也难以可靠地查明水害隐患。为此，必须大力发展技术先进的物探手段，并从地面逐步移向煤矿井下（近距离探测，节省时间、资金），以解决更多、更精细的地质问题。

目前，世界各主要产煤国家所采用的探测技术手段与方法，主要有三个主攻方向，即井下物探、沿煤层钻进、断裂统计与应力研究。尤其是井下地球物理探查方法受到了普遍的重视，很多国家积极开展对井下地球物理勘探仪器和技术的研究。

井下物探在我国起源于 20 世纪 50 年代，该技术首先在金属矿山进行试验，并逐步取得成功。我国煤炭系统经过 70 多年的努力，科研与生产实践相结合，逐步探索出了一系列适合我国煤矿条件的井下物探方法，依其技术原理的不同可分为三大类：井下地震法、井下电法和其他地球物理方法。

其中，井下电法勘探对水体反应灵敏，且施工轻便、节省资金，具有其他物探方法不可比拟的优势。井下电法主要包括无线电波（坑道）透视法、井下瞬变电磁法、井下直流电法（顶板、底板电测深法）、直流超前探测法、音频电穿透法（直流电透视法）、地质雷达法。

3.2.1.3 工程案例

山西朔州元宝湾煤矿井下综合电法勘探项目。该矿建设规模为 90 万吨 / 年。陕西省煤田地质物探测绘公司（以下简称“陕西物探测绘公司”）承担元宝湾煤矿防治水井下物探工程，对其井下水进行超前探测。

该矿山西组 3–1 号煤层和太原组 4 号、6 号、9 号煤层已部分采空，导水裂隙带均已达 4 号及以上煤层。因此，采空区积水为煤层开采的主要充水因素。陕西物探测绘公司在 6 号煤层回风大巷 A20+41m 处进行超前物探，分析采用瞬变电磁判别矿井充水水源类型、空间位置及导水通道。矿方根据“预测预报，有掘必探，先探后掘，先治后采”的防治水原则，共施工井下钻孔 13 个进行验证，与物探解释断层情况基本吻合。

3.2.2 矿井水灾害防治

3.2.2.1 市场形势及背景

地下水灾害是指各种类型的地表水或地下水，通过一定的渗透通道涌入或突入采掘工作空间，影响矿井的正常生产，甚至造成淹井的重大事故。

煤矿水害频繁发生的主要原因有：不重视水文地质基础研究工作；水害事故防治措施落实不到位；越界开采深层煤炭；破坏防水隔水煤柱；防水设施不规范；对顶底板水、溶洞水未引起足够重视；防治水技术较差；对地表水体处置不当；等等。

我国是世界上煤矿水害最严重的国家之一。煤矿水害是与瓦斯爆炸、顶板崩塌等并列的矿山建设和生产过程中的主要安全事故灾害形式。我国煤矿重大、特大事故中，煤矿水害事故在死亡人数方面仅次于瓦斯事故，居于第二位；在发生次数方面，也仅次于煤矿瓦斯和顶板事故，居于第三位。据有关研究报道，在 20 世纪末的 20 多年里，有 250 多个矿井被水淹没，死亡 1700 多人，经济损失高达 350 多亿元。20 世纪 80 年代后，煤矿水害一度呈现出逐年减少的趋势。近年来，煤矿水害事故又频繁发生，危害程度甚至更加严重。特别是，2000 年以来，造成重特大人员伤亡的事故频繁发生，并引起全社会的广泛关注（高磊，2016）。

3.2.2.2 国家政策及规范

应急管理部对矿山地下水灾害治理工作非常重视，在《煤矿安全规程》中对防治水做了专门规定，指出煤矿防治水工作应当坚持“预测预报，有疑必探，先探后掘，先治后采”的基本原则，采取“防、堵、疏、排、截”综合防治措施，确保煤矿安全生产。2012 年 5 月，国家煤矿安监局召开煤矿水害防治专题视频会议。该会议对煤矿防治水工作提出“十个一律”工作要求：一是对没有按要求完成自查自纠，或没有将“煤矿防治水专项治理情况表”上报当地煤矿安全监管部门和驻地煤矿安全监察机构的煤矿，一律停产整顿；二是对发生较大以上水害事故矿区的小煤矿，一律停产整顿；三是对没有按规定建立防治水机构、配备专业人员和专用设备的煤矿，一律停产整顿；四是对探放水制度不落实的煤矿，一律停产整顿；五是对水文地质资料和老空水情况不清的煤矿，一律停产整顿；六是对超层越界、开采煤柱的煤矿，一律停产整顿并严格处罚；七是对未按规定进行防治水培训、职工不掌握透水预兆常识的煤矿，一律停产整顿；八是对没有制定水害应急预案和进行演练的煤矿，一律停产整顿；九是对雨季“三防”工作措施不落实的煤矿，一律停产整顿；十是对水害严重、限期整改不合格的煤矿，一律提请地方人民政府依法实施关闭。

国家煤矿安全管理部门在出台相关防治水政策的同时，先后出台《煤矿防治水规定》（国家安全监管总局令第 28 号）、《矿区水文地质工程地质勘探规范》（GB 12719—1991）、《地下水监测规范》（SL/T 183—2005）、《地下水动态监测规程》（DZ/T 0133—1994）、《煤矿防治水细则》（煤安监调查〔2018〕14 号）等标准规范，对地下水灾害治理工作进行指导。

3.2.2.3 治理技术

（1）我国矿山地下水害的主要表现形式

①矿井突水。矿井突水是因井巷、工作面与含水层溶洞、溶穴、陷落柱、构造破碎带等接近或沟通而突然发生的出水事故。

②地面塌陷。岩溶矿床疏干排水后，地表往往产生塌陷，塌陷对矿山建设及周围环境的危害极大。塌陷发展到水域区会增加矿井地下水的补给，影响采矿作业正常、安全进行。

③井下泥石流。矿床疏干或巷道揭露破碎带时，常伴有泥沙随水涌入矿井而发生泥石流事故，它不仅摧毁设备甚至可能造成人身事故。

④崩落。巷道、采场遇含水的松散岩体或有软弱结构面的岩体时，在地下水的动水压力作用下，巷道侧帮、顶板易发生片帮、崩落事故（黄邦杰、伍超、蒋慧超，2013）。

（2）我国目前矿井地下水防治前沿技术

①矿井地下水的排水疏干技术。在调查和探测到水源后，最安全的方法是预先将地下水水源全部或部分疏放出来。疏干方法有三种：地表疏干，井下疏干，井上、井下相结合疏干。

②矿井地下水探放技术。查明采掘工作面前方的水情，并将水有控制地安全排除，以保证采掘工作面安全生产。《煤矿防治水探放水规程》第二百八十五条规定：“矿井必须做好水害分析预报，坚持有疑必探，先探后掘的探放水原则。”

③矿井水的隔离与堵截。查到水源后，由于条件所限无法放水，或者能放水但不合理，需采取隔离水源和堵截水流的防水措施。

④矿山排水。工作泵应能在 20 小时内排出一昼夜的正常涌水量。

⑤矿井地表水治理。我国煤矿水害主要发生在矿井采掘巷道的迎头，由于掘进过程中遇到隐伏导水构造而造成不同水源的水突入矿井。其次是采煤工作面突水，主要是在回采过程中遇到工作面内部隐伏的点状导水构造（陷落柱、封闭不良钻孔等）和由顶底板采矿扰动诱发的导水破裂带导致不同水源水突入矿井。其他采掘活动所引起的矿井突水灾害较少。造成这种现象的主要原因是井下隐伏型导水构造精细探测技术落后，导致不能及时、准确地探测到采掘过程中遇到的未知隐伏导水构造。因此，加强隐伏导水通道的探测与治理技术研究势在必行。

通过电法、三维地震等物探手段预测突水威胁区，通过地面钻井设备施工水平井进行探查和封堵导水构造和隐伏导水通道，增加顶、底板隔水性能，有效阻止和减少顶板砂岩水、太灰水、奥灰水进入煤层。煤矿区对底板水害致灾隐患的高效探测与治理技术的应用和推广，减少了地下水资源浪费，保护了生态环境；降低了煤矿开采水灾威胁，提高了煤矿生产安全；解除了受地下水灾害的威胁，提高了回采率，降低了煤炭开采成本。上述措施，为解决我国煤矿生产过程中水资源、生态环境保护和煤炭资源集约化开采与煤矿安全生产的矛盾问题提供了新途径。

（3）技术内容

①基本原理。通过电法、三维地震等物探手段预测突水威胁区，利用非顶驱钻机水平钻井技术、复合钻进技术、裂隙发育区和破损带水平井眼轨迹控制和成孔等技术，在煤层顶、底板含水地层进行水平钻进，对异常区进行多方位控制和充分揭露，探测溶洞、断层、导水裂隙带等异常含水体，并采用充填浆液控制技术对异常区进行注浆加固改造，加固完成后进行水平取心和高压试验；通过试验研究并验证注浆堵漏煤层顶、底板加固效果，从而实现有效加固煤层顶、底板，隔离奥灰水等直接充水含水层的目的，提高煤层顶、底板的抗压能力和隔水性，提升煤矿的安全生产水平，提高煤炭资源的回采率，保护地下水资源不受损害、自然生产环境不受破坏。

②关键技术与设备。

一是致灾隐患区预测技术。采用地面三维地震与瞬变电磁法联合探测的手段，识别和预测致灾隐患区。地面电磁技术可被应用于探测含水地质体方面，如对含水陷落柱及采空区等的探测，当埋深较大时，瞬变电磁探测技术较适用；利用三维地震裂缝识别预测技术、地应力分析技术等提高隐伏地质构造、薄弱面识别与预测精度，为钻孔探查与治理奠定基础。

二是非顶驱钻机多分支水平井钻井技术。通过对钻机底座的改造和井底钻具组合的改造，实现了非顶驱钻机水平井定向钻进。通过改变井下钻具组合，实现利用井下钻具就可以产生扭矩提供动力，即在转盘静止的情况下，通过井下钻具提供的动力就可以实现井眼沿着某个方向进行水平段钻进。

三是灰岩、砂岩中分支水平井钻探技术。该技术是首次被应用在地面施工垂直孔，进入灰岩、砂岩后变向为水平多分支孔的施工技术，进行注浆孔施工。采用“PDC+螺杆+无磁钻杆”的钻具组合，达到井斜误差≤0.1°、方位误差≤1.0°、工具面误差≤2.0°的精度，实现了分支水平井施工。利用水平分支钻孔的可分支，钻孔轨迹可以设计为羽状等特点，灵活地对含水异常区进行多方位控制和充分揭露，不仅可以实现对异常区的直接探查，还可以在其他方向进行确认。

四是煤层顶、底板区域治理的判层技术。该技术首次应用伽马判层方法，对煤层顶、底板地层出现的地层缺失、奥灰陷落柱、砂岩裂隙异常发育带等复杂地质变化进行有效判断。可打捞式带伽马C型随钻测量仪能够实时绘制自然伽马、低边伽马、高边伽马三条曲线，有利于快速有效地判断地层顶板与底板。在判断层位的同时，根据井深、井斜及曲线分离状态，能够粗略地对地层视倾角进行计算。

五是含水层构造充填浆液控制技术。通过对钻进过程中冲洗液的漏失、掉钻等现象的分析，提出了不同情况的针对措施，最终形成一套有针对性的充填技术。掉钻时，采用注入沙子、石料进行铺底；钻井液漏失量虽大于1立方米/分钟，但未掉钻时，采用粉煤灰铺底；钻井液漏失量在0.5～1.0立方米/分钟时，注早强浆；钻机液漏失量小于0.5立方米/分钟时，注水灰比为1∶1的单液水泥浆。

六是注浆钻孔水平取芯。为验证、评价对异常区的改造加固效果，研制了新型的水平井取芯装置和水平取芯工艺，在奥灰地层的水平井中对改造加固区进行水平取芯，并通过试验研究验证注浆堵漏底板加固效果。

③工艺流程。采用地面三维地震与瞬变电磁法联合探测的手段，识别和预测致灾隐患区。采用地面钻探的方式，通过定向测量仪器、地质导向仪器的控制，井壁加固材料的运用，达到在奥灰地层及顶板砂岩、灰岩中水平钻进的目的。通过对注浆设备及注浆工艺的研究，从地面实施的水平井眼对奥灰地层及顶板砂岩、灰岩进行加固，并通过水平井取芯技术、分支孔验证等多种技术验证手段对地层顶、底板加固效果进行评价，实现区域治理，保证煤矿安全、高效、绿色开采。（见图3-3）

④解决的突出问题。

一是针对隐伏导水通道探测难度大、识别困难等问题，通过地面三维地震与瞬变电磁法联合探测的手段，开展了裂隙发育带等薄弱面预测技术研究，提高了致灾隐患的识别精度。

二是针对奥陶系、石炭系灰岩因岩石硬度大、溶蚀严重、裂隙发育等因素造成可钻性差，水平井眼轨迹控制难度大等问题，研发非顶驱钻机水平钻井技术、复合钻进技术、裂隙发育区和破损带水平井眼轨迹控制和成孔技术，实现快速、经济、高效、高精度的水平钻井。

三是针对煤层顶板砂岩厚度大，裂隙、孔隙发育和含水、导水性强，抗压强度

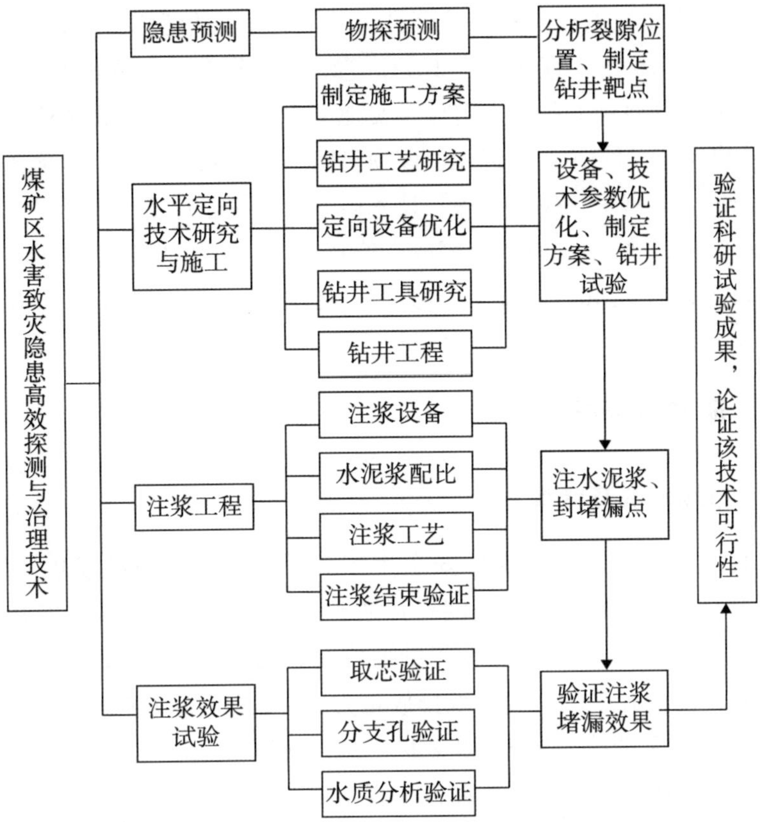

图 3-3 煤矿区水害致灾隐患高效探测与治理技术路线

低等特点，研究高效注浆材料和钻井注浆技术，实现快速、经济和高效堵漏的目标。

四是为解决奥陶系灰岩导水通道类型多样、非均质强等问题，研究高效注浆材料和水平井注浆技术，实现快速、经济和高效堵漏的目标。

五是针对堵漏效果评价的问题，研发水平井取芯和水平钻孔高压水试验检验技术，检验注浆堵漏效果，验证多分支水平注浆堵漏技术可行性和优越性。

（4）工程案例

煤田地质勘查单位熟悉煤矿矿区地质构造、地层情况以及地下水赋存情况，加之具有治理矿区地下水灾害的技术、设备及人员，使煤田地质勘查单位成为煤矿矿区治理地下水灾害的主力军。

冀中能源峰峰集团邯郸宝峰矿业有限公司九龙矿于 1991 年 4 月投产。截至 2015 年 1 月，矿井保有资源储量 22374.1 万吨，可采储量 7319.6 万吨，剩余服务年限 24.9 年。

该井田位于鼓山背斜东翼，平面呈菱形，行政区划分隶属邯郸市峰峰矿区及磁县管辖。矿井主采煤层为 2 号煤层和 4 号煤层，煤质为肥煤和焦煤。由于 4 号煤层埋深大，煤层底板隔水层承受奥灰水压力大。在矿压、水压共同影响下，当煤层底板存在隐伏导水构造或裂隙时，煤层底板奥灰水易发生突水，威胁矿井安全。

施工单位在地面施工分支水平注浆孔，对工作面底板奥灰含水层进行探查和注浆封堵。在九龙矿 1# 孔（直井深度 1071.6 米，5 个分支孔，总长度 3373.72 米）应用实施的煤层底板注浆加固技术，解放了受地下水灾害的煤炭资源 650 万吨。按吨煤价格 500 元 / 吨计算，价值 32.5 亿元。该项目防止了煤层底板突水，实现了奥灰水威胁煤炭带压开采，丰富了“保水采煤”技术体系，保护了地下水环境及水资源。

该项目自实施以来，仅 2015 年完成产值超 1 亿元。如能在冀中能源下属的邢台、邯郸、张家口等矿区近 40 个煤矿推广实施，将增加经营收入 30 亿 ~ 40 亿元，上缴国家税费达 4 亿元。

3.2.3 矿井瓦斯防治

3.2.3.1 市场形势及背景

煤炭是我国的主体能源，煤矿安全生产关系煤炭工业持续发展和国家能源安全，关系数百万矿工生命安全。我国高瓦斯矿井多，煤炭开采以井工开采为主，约占 90%。“十二五”以来，我国煤炭产量维持在 34 亿吨以上。2018 年，中国原煤产量为 36.8 亿吨，煤炭开采的平均甲烷排放量为 6 ~ 7 立方米 / 吨。根据煤炭开采量估算，我国 2018 年的瓦斯排放量为 220.8 亿 ~ 257.6 亿立方米（赵平等，2019）。

瓦斯虽与煤相伴相生，但瓦斯灾害一直是煤矿安全生产的“第一杀手”，瓦斯突出与瓦斯爆炸最容易造成群死群伤事故。瓦斯对矿井安全的威胁主要有爆炸、突出、窒息三种表现形式。

从每年国家煤矿安监局的事故统计来看，煤矿发生一次遇难 10 人以上的特大事故中，瓦斯爆炸约占总数的 70%。2019 年 10 月，陕西彬长大佛寺矿业有限公司发生瓦斯窒息事故，造成 4 名矿山救护队成员遇难、1 名成员受伤。2019 年 11 月，山西平遥峰岩集团二亩沟煤矿发生瓦斯爆炸事故，造成 15 人遇难、9 人受伤。瓦斯爆炸给人民生命财产造成重大损失，煤矿瓦斯防治形势严峻，做好瓦斯防治工作始终是煤矿安全生产工作的重中之重。

3.2.3.2 国家政策及规范

国家对做好瓦斯防治工作高度重视，全国人大通过了《中华人民共和国矿山安全法》，国务院办公厅印发了《关于进一步加强煤矿瓦斯防治工作若干意见》《关于进一步加快煤层气（煤矿瓦斯）抽采利用的意见》，国家相关管理部门发布了《煤层气产业政策》《煤层气勘探开发行动计划》《煤矿安全规程》《煤矿瓦斯抽采达标暂行规定》《防治煤与瓦斯突出规定》等文件，出台了煤矿瓦斯发电增值税即征即退等优惠政策。重点产煤省（区、市）结合本地区实际，制定实施配套扶持政策。山西、陕西等省份在中央财政补贴基础上对抽采利用煤层气（煤矿瓦斯）再补贴 0.1 元 / 立方米；

湖南每建一座瓦斯发电站奖励 80 万~ 100 万元；安徽、河南、贵州等省份安排专项财政资金支持煤矿瓦斯的抽采利用。

对于防治瓦斯突出事故，国家煤矿安监局于 2019 年 7 月印发《防治煤与瓦斯突出细则》，指出防突工作必须坚持“区域综合防突措施先行、局部综合防突措施补充”的原则，按照“一矿一策、一面一策”的要求，实现“先抽后建，先抽后掘，先抽后采，预抽达标”。突出煤层必须采取两个“四位一体”综合防突措施，做到多措并举、可保必保、应抽尽抽、效果达标，否则严禁开展采掘活动。

3.2.3.3 技术路线

矿井瓦斯抽采方法主要包括地面钻井采前抽采、被保护层采前抽采、井下煤层采前抽采、井上井下采中抽采、采后抽采、竖井揭煤前抽采、石门揭煤前抽采和煤矿瓦斯综合抽采等（程远平、付建华、俞启香，2009）。

（1）井下瓦斯抽采

井下瓦斯抽采主要采取开采本煤层瓦斯抽采技术、邻近层卸压瓦斯抽采技术、采空区瓦斯抽采技术、综合瓦斯抽采技术等技术手段，目的是降低瓦斯浓度，确保煤炭采掘安全（范晓光、董跃文，2014）。

①本煤层瓦斯抽采技术。本煤层瓦斯抽采的主要目的是消除开采煤层存在的瓦斯突出危险，保证采煤工作或者掘进工作的正常、平稳进行。本煤层瓦斯抽采的主要技术手段有顺层瓦斯抽采、顺层交叉瓦斯抽采、水力压裂、预裂爆破、CO_2 致裂增透或者顺层瓦斯抽采钻孔与穿层瓦斯抽采钻孔相结合。近几年，煤层瓦斯抽采增透技术的主要研究方向集中在 CO_2 致裂增透、深孔预裂爆破、水力割缝、水力增透等方面。

②邻近层卸压瓦斯抽采技术。邻近层卸压瓦斯抽采的主要方式是利用顶板瓦斯抽采巷道、顶板瓦斯抽采钻孔、高位瓦斯抽采钻场等单一或者多个形式组合的方式进行布置。

③采空区瓦斯抽采技术。根据采空区封闭形式可以分为半封闭式的瓦斯抽采和完全封闭式的瓦斯抽采。半封闭式的采空区瓦斯抽采技术可以分为预选埋管、地面或者煤层顶板瓦斯抽采钻孔；完全封闭式的瓦斯抽采技术主要有地面煤层气井瓦斯抽采及封闭预先插管瓦斯抽采（朱雄，2018）。

（2）煤矿瓦斯利用

煤矿低浓度瓦斯的利用。煤炭生产区井下抽采的瓦斯浓度普遍小于 30%，属于低浓度瓦斯，利用难度较大。近年来，低浓度瓦斯利用技术快速发展，主要有以下三种技术：低浓度瓦斯发电技术、低浓度瓦斯浓缩技术和乏风瓦斯利用技术。

低浓度瓦斯发电技术可利用浓度高于 6% 的低浓度瓦斯直接发电，且一次性投入低、建站周期短，适合大、中、小型煤矿。低浓度瓦斯浓缩技术发展迅速，在真空变压吸附技术和低温液化分离技术领域均已取得突破。小于 1% 的乏风瓦斯则可以通过与低浓度瓦斯混合，利用催化氧化汽轮机进行发电（龙伍见，2010；韩甲业、应中宝，2012；赵平等，2019）。

3.2.3.4 产业发展及布局

2012年，国家发展改革委、国家能源局发布的《煤层气（煤矿瓦斯）开发利用“十三五”规划》中指出：国家将煤层气（煤矿瓦斯）抽采利用作为防治煤矿瓦斯事故的治本之策，全面推进先抽后采、抽采达标和区域防突。煤矿瓦斯抽采利用量逐年大幅度上升，煤矿瓦斯灾害防治形势呈逐年稳定好转态势。2015年，煤矿瓦斯抽采量136亿立方米、利用量48亿立方米，分别比2010年增长78.9%、100.0%，年均分别增长12.3%、14.9%；煤矿瓦斯利用率35.3%，比2010年提高了3.7个百分点。全国大中型高瓦斯和煤与瓦斯突出矿井均按要求建立了瓦斯抽采系统，建成了30个年抽采量达到亿立方米级的煤矿瓦斯抽采矿区，分区域建设了80个煤矿瓦斯治理示范矿井，山西、贵州、安徽、河南、重庆等五省份煤矿瓦斯年抽采量超过5亿立方米。

“十三五”时期，我国实施能源供给侧结构性改革，着力建立多元供应体系，大力推进煤层气（煤矿瓦斯）的开发利用。2020年，煤层气（煤矿瓦斯）抽采量达到240亿立方米，其中地面煤层气产量100亿立方米，利用率90%以上；煤矿瓦斯抽采140亿立方米，利用率50%以上，煤矿瓦斯发电装机容量280万千瓦，民用超过168万户。煤矿瓦斯事故死亡人数比2015年下降15%以上。建成山西晋城、阳泉等2个10亿立方米级煤矿瓦斯抽采规模化矿区；建设山西焦煤、潞安，安徽淮南，贵州盘江、水城等5个5亿立方米级煤矿瓦斯抽采规模化矿区；并在重庆、四川、贵州、陕西等省份建设煤矿区瓦斯规模化利用示范工程，力争瓦斯利用率达到60%以上。在河北、山西、辽宁、安徽、湖南、新疆、云南等省份建设煤矿区瓦斯高效利用示范工程，力争瓦斯利用率达到45%以上。在江西、河南、甘肃等省份建设瓦斯年抽采量1000万立方米以上的煤矿区瓦斯利用示范工程，力争瓦斯利用率达到35%以上。

3.2.3.5 工程案例

2012年，陕西省一八六煤田地质有限公司承担陕西麟游崔木煤矿22307工作面瓦斯抽采项目。该工作面位于井田22盘区西翼，煤层为3煤，瓦斯含量为2.44立方米/吨，残存瓦斯含量1.24立方米/吨，相对瓦斯涌出量2.44立方米/吨。本区共计施工430个本煤层顺层钻孔，覆盖整个回采区域。钻孔完成后，22307工作面日产12000吨，工作面风巷回风1050立方米/分钟，回风瓦斯浓度0.3%；工作面高位巷抽放量为12.9立方米/分钟；机、风巷顺层孔抽放量为1.2立方米/分钟。工作面绝对瓦斯涌出量为17.25立方米/分钟，实际抽放率为82%。根据《煤矿瓦斯抽采达标暂行规定》，工作面瓦斯涌出量达到 10 ~ 20 立方米 / 分钟，抽放率不小于 30%，已满足工作面回采要求。

3.3 地理信息与数字矿山

地理信息是地理数据所蕴含和表达的地理含义，是对与地理环境要素有关物质的数量、质量、性质、分布特征、联系和规律的数字、文字、图像及图形等的总称。地理信息区别于常规定义的空间信息。

地理信息具有空间性、多维性、时序性特征。第一，地理信息属于空间信息，其对位置的识别是与数据联系在一起的，这是地理信息区别于其他类型信息最显著的标志。第二，地理信息具有多维结构的特点。第三，地理信息的时序特征很明显。

地理信息系统（Geographic Information System，GIS）是一门综合性学科，结合地理学与地图学以及遥感和计算机科学，已经被广泛应用在不同的领域，并用于输入、存储、查询、分析和显示地理数据的计算机系统。随着 GIS 的发展，有称 GIS 为“地理信息科学”（Geographic Information Science）。LBS（Locati on Based Service）是基于位置的服务，通过电信移动运营商的无线电通信网络（如 GSM、CDMA）或外部定位方式（如 GPS）获取移动终端用户的位置信息（地理坐标或大地坐标），在 GIS 平台的支持下，为用户提供相应服务的一种增值业务。

地理信息系统有时又称为“地学信息系统”。它是一种特定的、十分重要的空间信息系统，是在计算机硬、软件系统支持下，对整个或部分地球表层（包括大气层）空间中的有关地理分布数据进行采集、储存、管理、运算、分析、显示和描述的技术系统。

位置与地理信息既是 LBS 的核心，也是 LBS 的基础。一个单纯的经纬度坐标只有置于特定的地理信息中，代表为某个地点、标志、方位后，才会被用户认识和理解。用户在通过相关技术获取位置信息之后，还需要了解所处的地理环境，查询和分析环境信息，获得为用户活动提供信息的支持与服务。

地理信息产业主要从绿色智能开采系统、透明矿井系统、透明工作面系统、智慧矿山系统四个方面对地理信息和智慧矿山业务进行研究与归纳。

3.3.1 绿色智能开采系统

3.3.1.1 煤矿井下采掘信息化智能化控制技术

（1）采掘智能化装备研发与应用

①智能化掘进机研制。通过采用先进的信息感知技术、数据处理技术、PLC 编程

技术及电液控制技术等，研制一套巷道自动化智能掘进装备，使掘进机具备煤岩识别、定位导向、姿态调整、自适应截割开挖、支护自动化、远程控制、数据实时回传和基于监控数据的掘进过程动态调整等功能，实现自动化、少人化，引领智能化掘进。

第一，掘进机精确行走技术：自动定位、导向、姿态调整。包括矿井巷道空间测量机器人网络建立；掘锚机 / 锚杆台车实时跟踪与姿态快速测量技术；巷道空间行走路线规划技术；掘锚机 / 台车的自动行走控制技术。

第二，自适应掘进技术：掘进参数适应性调整、精准截割。根据实时感知的煤岩地质条件和力学性质，针对不同煤层和地质条件，通过适应性程序算法，快速搜索计算出最佳截割开挖巷道的方式，设置切割贯入度（进刀量）、截割平移速度等参数。

第三，自动协同支护控制技术：分步分区支护、高效协同作业。提出掘锚一体的自动协同控制技术。由掘锚机和锚杆（索）台车共同实现对巷道的分步分区支护和高效协同作业。在全断面掘进的同时在顶部挂网锚杆支护，防止空顶作业，确保掘进安全。锚杆（索）台车跟进加强支护，实现巷道的长期稳定。对配套辅助系统的改进和研发，确保了各部分工作高效衔接；对方案组织的协调优化及自动控制，形成了完善的协同支护操作规程和控制程序。

第四，智能化掘进集成控制系统：信息交互、优化决策、智能控制。基于掘进装备各环节的执行逻辑，配备气体传感器、温度传感器、角度传感器、电机综合保护器等多种智能化检测和保护装置，进行数据的集成分析、显示、报警，实现掘进装备的智能化集成控制。

②智能化开采装备研制。研制智能化采煤装备，使采煤机具备煤岩识别、定位导向、姿态调整、自适应切割、远程控制、数据实时回传和基于监控数据的采煤过程动态调整等功能。

第一，采煤机行走移动技术：自动定位、导向、姿态调整和移动。

第二，自适应开采技术：切割参数根据煤层条件适应性调整。

第三，采煤机与液压支架、运输设备的联动配合技术。

第四，智能化开采集成控制系统：人—机—岩信息交互、智能决策控制。

③采掘过程中煤岩识别、煤岩与采掘装备相互作用的信息感知。

第一，采掘过程中煤岩体地质条件、力学参数动态获取。包括：采掘过程煤岩识别，通过智能钻机钻进参数获取岩体强度、变形参数和完整性参数；通过安装应力、位移传感器监测采掘过程中围岩应力、破裂、变形和松动圈信息等。

第二，煤岩体与掘进机、煤岩体与采煤机相互作用过程的信息实时感知。包括：统计滚筒截齿磨损，实时监测机器振动、受力，滚筒推力、扭矩、转速、贯入度、切割速度，采掘装备机械电液信息（电流、电压、功率）等。

第三，研究上述信息的实时动态感知方法与技术系统，搭建试验矿井的信息感知系统及软件平台，包括传感器优化布设，信息的实时采集、传输和储存，远程控制和数据共享，无人值守自动运行技术。感知的信息为掘进状态识别、灾害预警和智能控制提供基础数据。

④岩—机状态信息融合与互馈分析，建立岩—机相互作用模型。

第一，基于历史工程案例数据的积累和当前矿井监测获取的海量岩—机作用信息，收集获取采掘装备设计参数、地质勘查数据、超前地质探测数据、采煤机和掘进机维护保养数据、支护参数、其他监测数据和灾害事故数据等，建立开采和掘进过程中海量信息获取分析的大数据云平台和数据仓库。

第二，对海量岩—机相互作用信息进行大数据挖掘和机器学习，研究煤岩体信息和采掘状态参数之间的融合、互馈机制，建立岩—机相互作用相关关系模型，为岩—机状态识别诊断和采掘优化决策提供基础。据此，可通过获取的采掘装备运行的机械电液信息和岩—机作用信息来反演煤岩体状态信息，基于实测的煤岩体信息推演出合适的开采、掘进参数。

⑤采掘过程岩—机状态识别与诊断。

第一，建立开采和掘进过程中滚筒截齿磨损破坏、振动、过载等机器损坏失效的临界判别准则，建立采煤机和掘进机姿态偏移、围岩失稳、动力灾害等灾害的临界判别准则。

第二，以监测获取的煤岩体信息和岩—机相互作用信息作为岩—机相互作用状态识别与灾害预警系统的输入参数，据此对矿井复杂地层条件下开采和掘进状态进行预测、识别和诊断（采煤效率、掘进性能预测、切割受力、截齿磨损破坏、滚筒振动、姿态偏移、围岩失稳和动力灾害等）及相应的灾害预警，为采掘状态优化决策与智能控制提供基础。

⑥采掘过程优化决策与智能控制。

第一，基于构建的数据仓库和岩—机关系融合互馈模型，通过获取的采煤机、掘进机运行的机械电液信息和岩—机作用信息反演前方地层结构变化信息，给出必要的探测和处理建议。

第二，提出采煤和掘进参数优化决策方法，使得开采切割和掘进参数适应地层变化，即基于勘查和探测的前方岩土体地质力学信息推演出应选用的开采切割和掘进参数（转速、进刀量、推力、扭矩等），从而精准调控推进油缸、滚筒切割驱动、输送机等机械液压系统运行控制；进一步指导巷道布置及支护方案决策，实现集采掘过程海量岩—机作用信息感知、岩—机状态识别与灾害预警、采掘参数优化决策与智能控制等功能于一体的智慧矿山安全高效开采。

（2）安控智能化装备研发与应用

通过采用先进的信息感知技术、物联网、PLC 控制技术及电液控制技术等，研发煤矿井下自动化、智能化安全监控装备。

①提出井下粉尘、瓦斯、通风、矿山压力（围岩变形、松动圈、顶板离层、扰动应力、锚杆 / 锚索受力、液压支架压力）和各机械电气设备机械电液数据的实时监测方法。

②针对各物理量的演化规律，提出各监控量预警值及风险等级划分方法。

③建立上述监控量的全矿井实时安全监控系统及大数据平台。

④实现无人值守自动监测、地表远程监控、数据远程交互和灾害预警，预警后采取相应的安全控制措施，杜绝灾害发生。

3.3.2 透明矿井系统

煤炭生产主要依靠采掘、通风、运输、排水、供电等系统，三维可视化技术不仅可以将大量的煤矿生产场景通过直观的三维仿真形式表现出来，让原本抽象的数据变得更具体、更直接，还能将事物之间的联系生动地展现出来，以此提高人们对数据信息的理解，做出更准确的判定，辅助安全生产决策。利用 GIS 及三维可视化技术能够将矿井地质、地形、生产要素等数据信息融入三维可视化空间，适时、准确地为矿山企业的设计、施工、生产、模拟分析以及对数据信息的查询、管理、维护等提供可行的技术途径，具有实践意义和生产价值。因此，智慧矿山三维管控系统已经是当前智慧矿山建设中的一项基础应用。

智慧矿山三维管控系统采用快速三维模型构建技术，融合煤矿多种动态作业数据，利用三维技术全面构建矿井采、掘、机、运、通各专业仿真模拟系统，实现全矿井“监测、控制、管理、保障”的一体化。三维可视化具有直观、空间位置关系清楚、信息量大的特点，加上信息查询功能可以对矿井的生产环境、生产过程、设备分布、设备状态以及地表工业广场等状况有较全面的了解。因此，应用三维管控系统对于提高矿井生产管理水平、生产效率，加快数字矿井、智慧矿井信息化建设具有十分重要的意义。

本次利用卫星数据和数字高程模型制作矿井地面三维模型、地面工业广场模型；利用二维矿图转换井下三维采掘工程模型；制作大型机电设备模型、各类分站传感器模型等。分析储量、生产调度、安全监控、人员定位、视频监控、通风、排水、运输、智能工作面、压风、供水、应急救援、通信等 20 余个子系统的井下设备布置及实时采集数据并在三维管控系统中展示和应用开发。

3.3.2.1 系统功能结构

综合利用虚拟现实与仿真、GIS、数据库、网络通信及硬件集成等技术实现矿山生产环境、生产系统、人员和设备状态的实时高仿真显示，为矿山的集中监控提供一种新的软件解决方案。

将采掘工程、通风、采掘、机电、运输、通信、安全监测、人员定位、给排水等 10 多个系统在模拟的三维立体采掘环境中直观展现，综合显示实时的安全与生产信息，使各级人员能通过系统平台了解矿井的安全生产实时状态，使生产矿井的信息化水平达到一流，大大提升企业形象。同时，最大限度地挖掘和发挥矿山数据的潜能和作用，并贯穿矿山规划、生产与安全管理等全过程，实现矿山的科学决策与现代管理，全面提高经济效益。（见图 3–4）

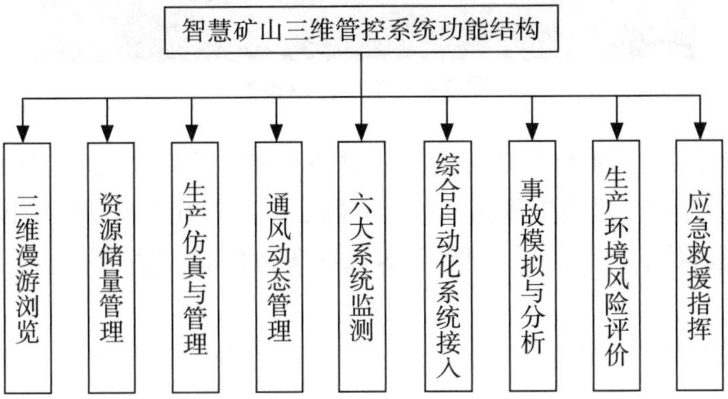

图 3–4 智慧矿山三维管控系统功能结构

（资料来源：中煤航测遥感局，2019）

以协同应用为目标，在三维仿真环境下，充分利用煤矿生产现场的自动化数据，实时监控井下瓦斯、水、火等自然环境安全隐患。通过综合自动化和信息化平台进行远程作业控制，对各类异常进行及时预警，同时通过三维数字调度系统进行现场生产调度指挥，指导企业及时采取应急解决措施，在灾害发生时辅助企业快速组织抢险救援工作。

3.3.2.2 三维管控系统

安全生产三维管控系统是基于矿井三维地理信息数据的集成应用，包括三维数据处理、三维漫游浏览、资源储量管理、生产仿真与管理、通风动态管理、六大系统监测、综合自动化系统接入、事故模拟与分析、生产环境风险评价、应急救援指挥等模块。

（1）三维数据处理

为三维管控系统进行数据管理与处理，构建煤矿三维可视化基础环境，即基于矿山基础地理信息、地测信息实现煤矿地面、地下，室内、室外，矿区、巷道、掘进面的一体化三维展示，达到直观显示、可准确定位的煤矿三维 GIS 场景。

①矿区环境三维可视化。建立矿区地形地貌、道路、办公建筑和设备设施外部建筑（包括供电设施、传输设施）的三维可视化。

利用卫星影像和现场照片制作地表建筑、设施、道路等虚拟工业广场和办公区三维场景（见图 3–5）。

图 3–5　工业广场模型

②井下环境三维可视化。建立巷道、井下硐室内空间、设备房间的三维可视化环境。构建可采煤层、采煤工作面等模型和断层、陷落柱等地质环境模型。

基于已有勘探钻孔资料、煤层底板等高线等数据制作钻孔模型和可采煤层模型。（见图 3–6）

以煤矿采掘工程平面图或井下巷道测量导线点数据为基础，通过转换构建井下三维采掘工程模型。（见图 3–7）

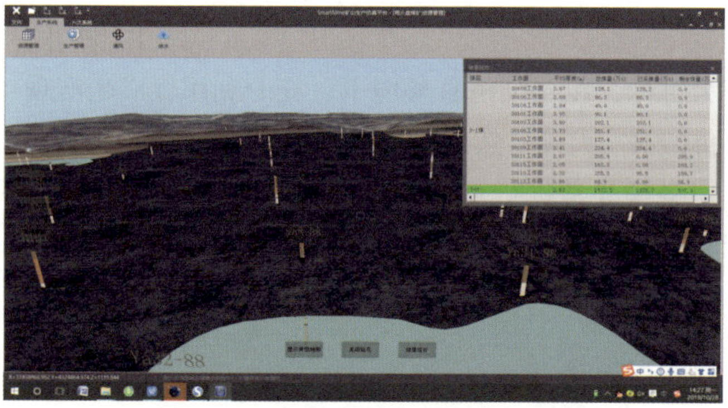

图 3–6　钻孔模型和可采煤层模型

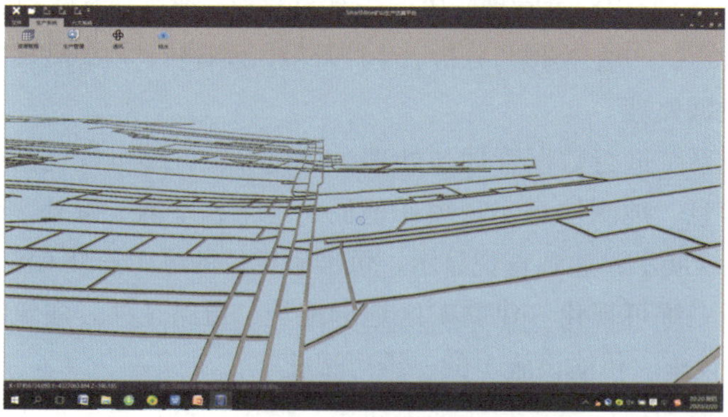

图 3–7　井下三维采掘工程模型

根据采掘工程图上的平面位置及形态，制作断层和陷落柱等特殊构造模型。（见图 3–8）

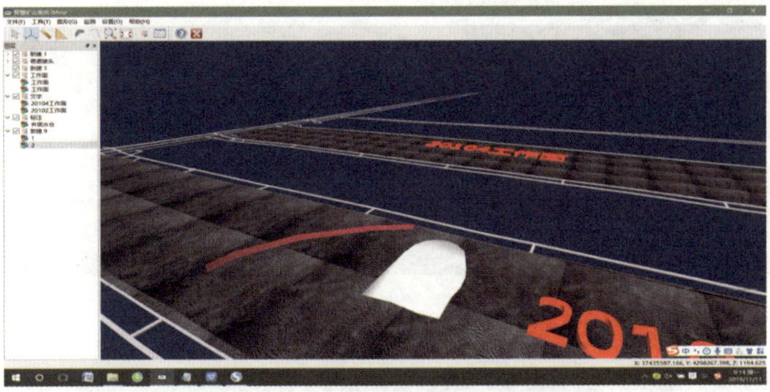

图 3–8　断层和陷落柱模型

根据采掘工程图及生产接续计划等制作工作面、采空区等三维模型。（见图 3–9）

根据采掘工程图及井下实际情况制作井下硐室等三维模型。（见图 3–10）

③设备设施三维可视化。包括井下、井上各类大型机电设备模型，地面风机模型，井下机电硐室、水泵房、井底车场、回采面、综采、皮带、各类管道管线模型等。（见图 3–11 至图 3–15）

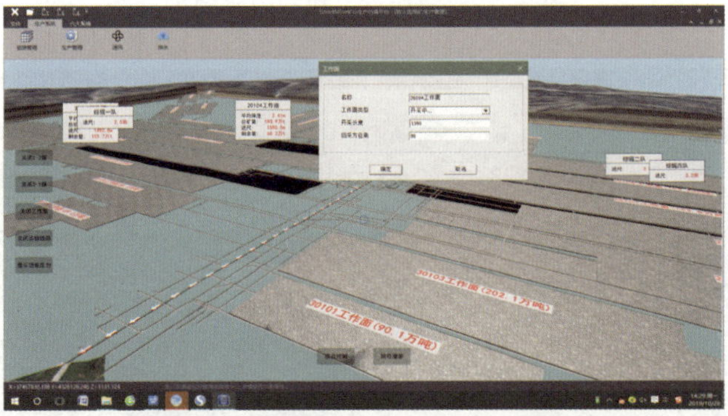

图 3–9　工作面、采空区三维模型

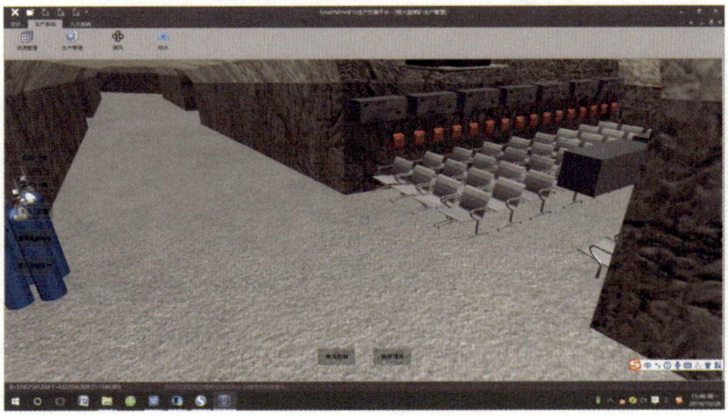

图 3–10　井下硐室三维模型

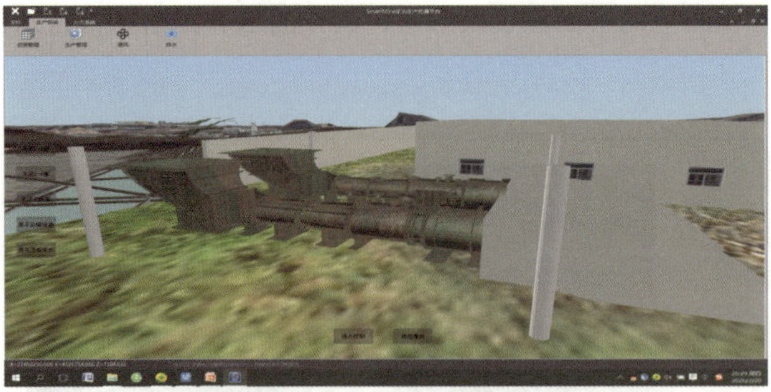

图 3-11　地面风机模型

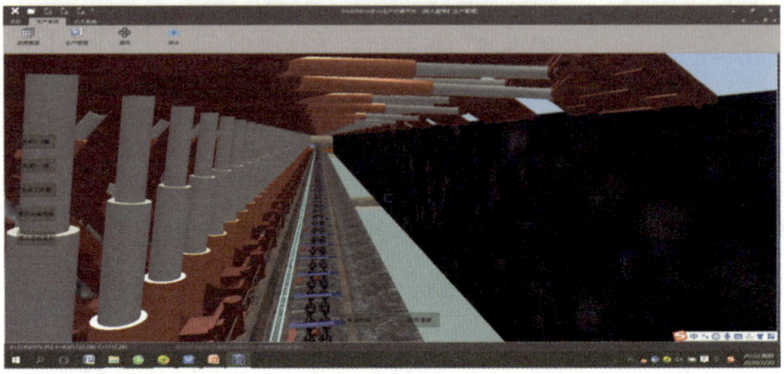

图 3-12　液压支架和刮板机模型

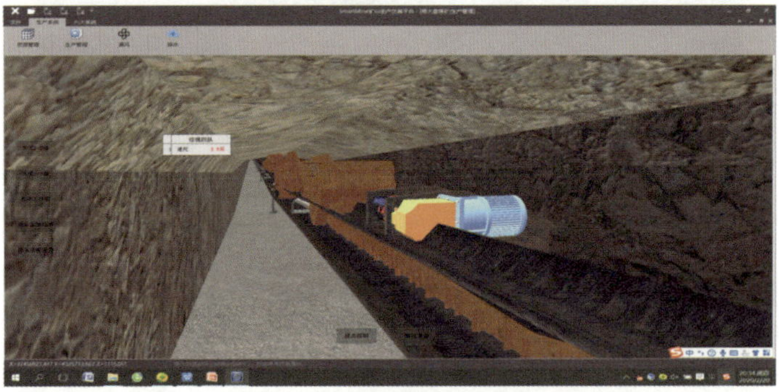

图 3-13　皮带运输机模型

图 3-14　掘进机模型

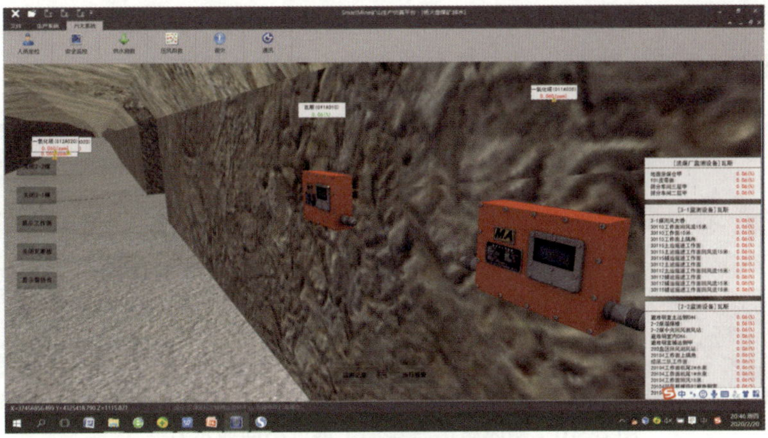

图 3–15　安全监测设备模型

（2）三维漫游浏览

①基本操作功能。

漫游浏览及常用的基本操作。

视图操作：行走、飞行、放大、缩小、平移。

视点操作：将三维场景视图状态保存为视点，可以直接通过视点定位到该场景位置。

指定路线飞行：按照编辑好的路径飞行浏览。

选择工具：提供空间对象的点选、框选、圆选工具。

编辑工具：空间对象的移动、旋转、缩放和微调操作。

标注：为空间对象增加文字和图标标注信息。

空间量测：实现对面积、距离、高度等的量测。

图层管理：对地理空间要素分层管理、开关图层、设置图层属性等。

空间查询：在地图上设定一个点位进行查询；在地图上的指定位置画一个圆，查询圆内的地物要素；在三维场景中指定的区域绘制一个矩形框，查询相关的地物要素。

热点定位：在三维场景点定位后，这个点就具备了鼠标操作的各种事件。例如，某个设备在图形上定位后，将鼠标移到这个设备上，点击热点图标就可以查询该设备的相关信息。

主要素检索：对用户所关心的信息如巷道、钻孔、工作面、监测点等进行查询搜索，查询的结果不仅可以在三维场景中定位，同时也可以展示相关的属性信息。

②信息查询功能。（见图 3–16）

实现各类设备、管路、设施静态信息查询。包括安全监测、人员定位、压风压力、注水压力、水仓仓位、电力开关参数、皮带参数状态、仓位等各类工业自动化实时状态参数查询。

由总体（综合）信息到细节（具体）信息分层次查询功能，以三维、二维图形与动画，图像，曲线，数据，报表等多种方式表现矿井状态。

图 3–16　测风站信息查询（远近不同显示方式）

在链接了各生产子系统实时工业数据库后，可查询各子系统动态变化信息，并可通过自动化子系统实现各类机电设备的远程控制。（见图 3–17、图 3–18）

图 3–17　排水系统

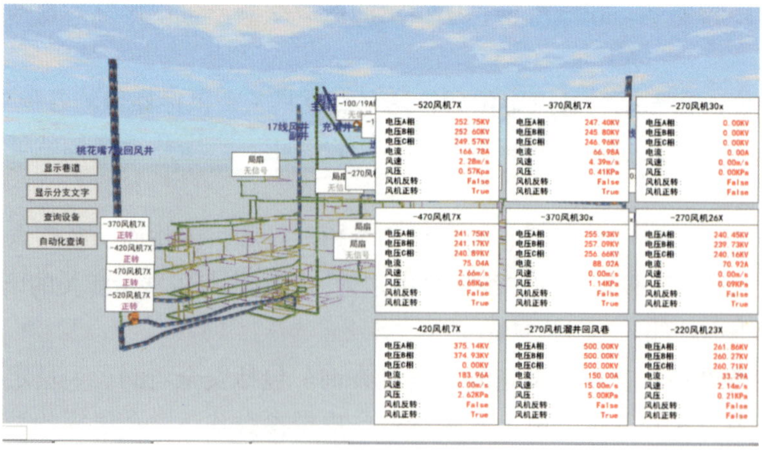

图 3–18　通风系统

（3）资源储量管理

管理矿区范围内各可采煤层资源储量、各采煤工作面资源量数据及统计数据、各工作面回采资源量及剩余资源量等，结合原煤产量自动计算工作面回采率。

管理可采煤层、工作面、断层、陷落柱等地质要素，各地质体可独立操作，便于空间分析计算和制图输出。（见图 3–19）

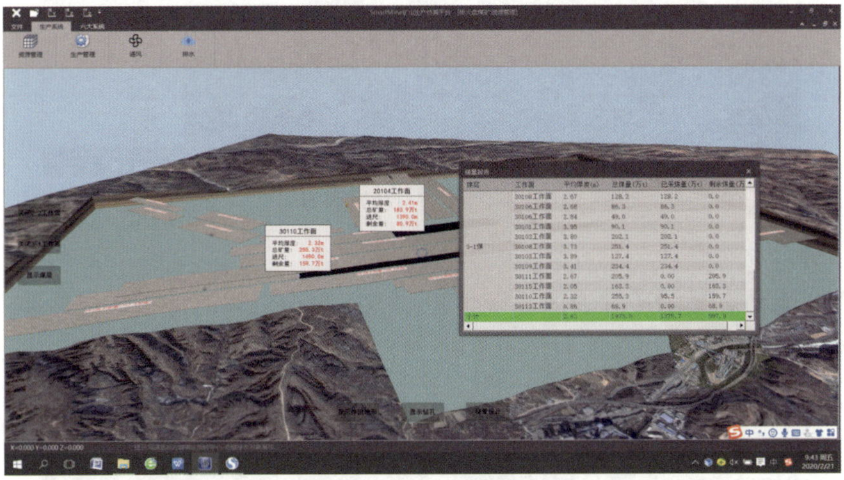

图 3–19 储量报告

（4）生产仿真与管理

直观展示矿井生产信息并可基于三维立体图进行实时管理，形成生产动态采掘工程三维立体图，直观展示回采工作面的动态位置、产量、进尺信息；井巷工程掘进头的动态位置、进尺、总进尺；具备矿井工况动态信息图形显示，日常生产数据的存储、处理、统计、生成报表等功能。（见图 3–20、图 3–21）

图 3–20 掘进管理

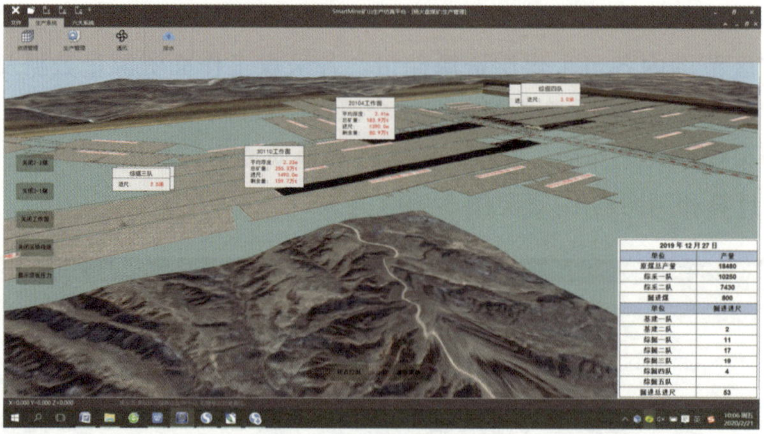

图 3-21　当日生产统计

（5）通风动态管理

具有三维动态显示矿井通风系统信息功能，用户可以查询进回风路线、通风构筑物及风机所在位置、风机实时运行参数等。（见图 3-22、图 3-23）

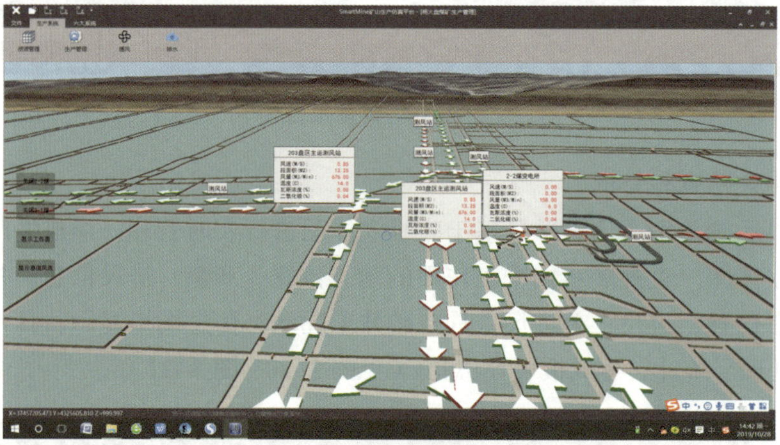

图 3-22　井下通风监控管理子系统

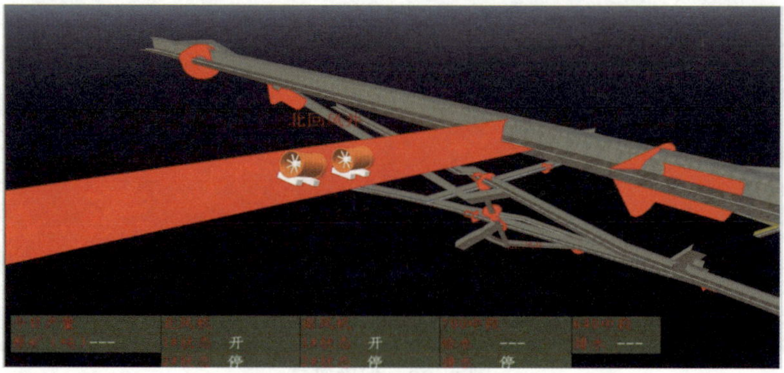

图 3-23　井下风机监控系统

矿井通风网络设计与优化：通过三维建模，将复杂的通风参数和通风过程以三维动态图形的方式简单、直观地展现出来，技术人员可以从任意角度观察和调整通风系统，采用数据库管理矿井通风系统的实体属性，通过对图形参数的录入及编辑，实现矿井通风系统的管理与优化、通风系统薄弱环节三维可视化展现与预警、通风系统调整方案制定及预先仿真模拟、应急预案制定及避灾线路动态分析、风机工况点分析、自然风压分析、井下岩温风温及火灾条件下非稳态通风系统模拟分析、反风演习模拟与分析、通风系统经济性分析以及以三维通风仿真为基础的通风管理决策支持，帮助矿山实现实时、动态、合理和科学的通风管理。（见图 3-24、图 3-25）

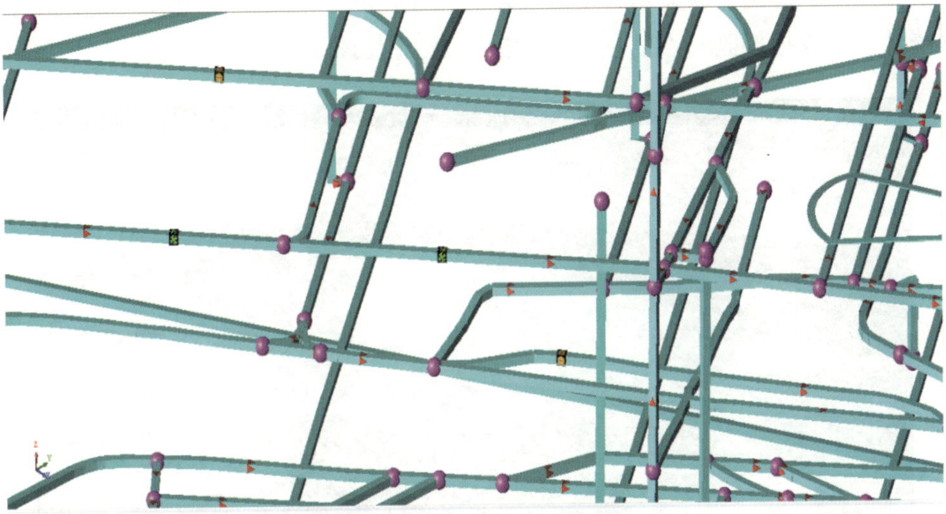

图 3-24　矿井通风网络模拟

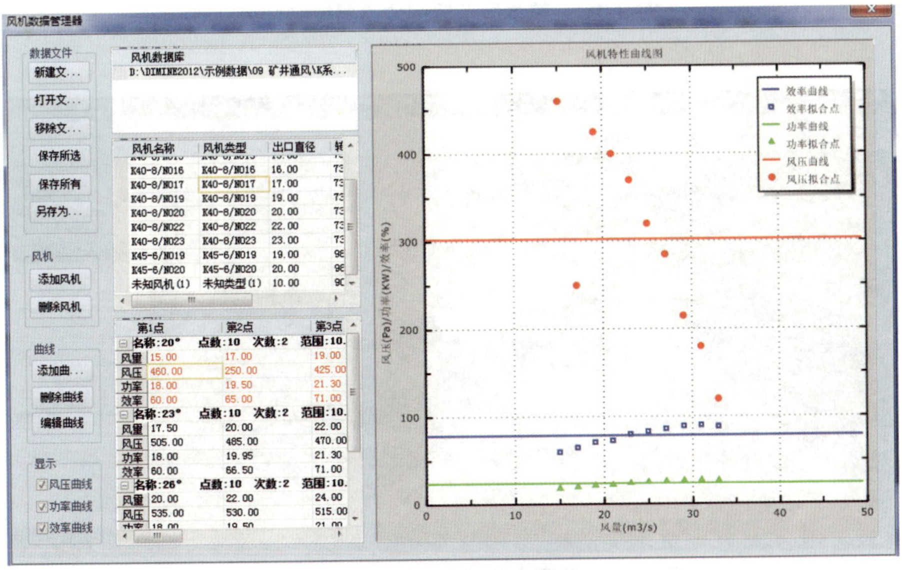

图 3-25　风机数据管理

（6）六大系统监测

实现安全监测监控、人员定位、紧急避险、通信联络、压风自救、供水施救等各系统依据巷道布设的井工生产网络数据的信息管理、动态模拟和实时查询，以及各系统监测指标的即时分析计算和预警分析等功能，为矿井安全生产提供技术保障。

①安全监测监控系统。

以采掘工程三维立体图为基础，按照实际安装位置布设传感器三维模型，接入瓦斯监测系统实时数据，实现矿井安全生产状态的可视化。（见图 3–26）

能进行矿井安全监测数据采集、联网与信息共享；通过设置，自动将安全监测点与矿井生产状态图关联显示；实时显示各种生产状态的安全监测信息自动报警。能自动统计、生成报警监测点信息的统计报告表。（见图 3–27）

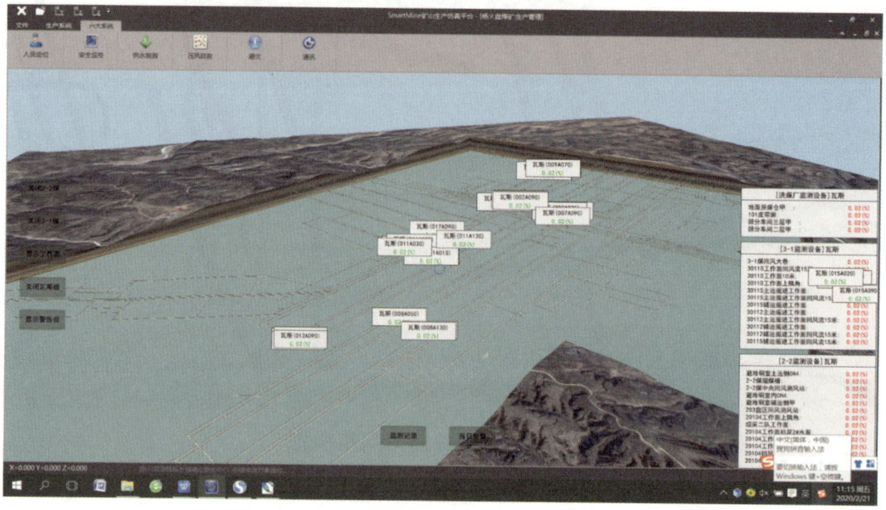

图 3–26　整体显示监测传感器安装位置

图 3–27　监测点传感器模型及实时监测监控

②人员定位系统。

在矿井实时动态工况图中实时显示全矿井井下人员总数、井下不同区域的人员分布。通过点击鼠标右键，查询任意分站地点的人员信息（名称、单位、岗位、卡号等）、人员下井累计时间、人员下井的轨迹、是否有超时现象等。

实现各部门下井人员的统计、人员信息查询及禁区人员查询等功能。

在三维采掘图形中，三维显示不同区域人员分布情况、区域人员详细信息查询、人员下井累计时间查询、人员轨迹查询及人员轨迹。（见图 3–28）

图 3–28 人员定位

③紧急避险系统。

可在三维矿井采掘图中显示安全出口、撤离方向和安全避灾逃生路线，永久避难硐室及救生舱位置，以及与各生产场所的空间关系；可在三维界面中显示避灾信息。（见图 3–29）

图 3–29 显示各类事故逃生路线

硐室内的各种监测信息实时显示：视频图像、人员数、瓦斯、CO 含量等；永久避难硐室的技术参数、设备信息等。（见图 3-30 至图 3-32）

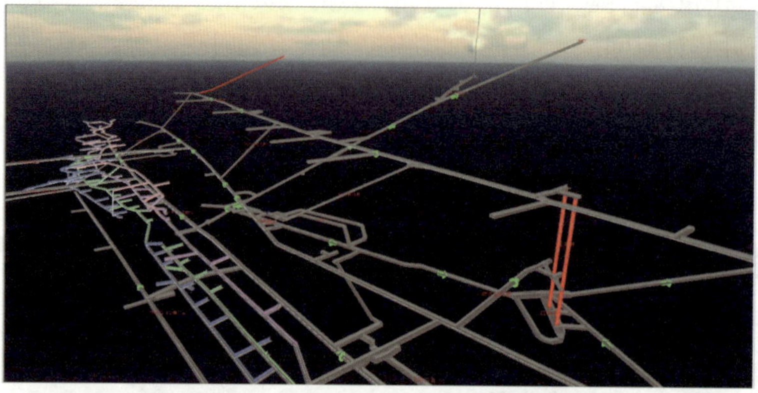

图 3-30　避灾系统三维空间关系展示

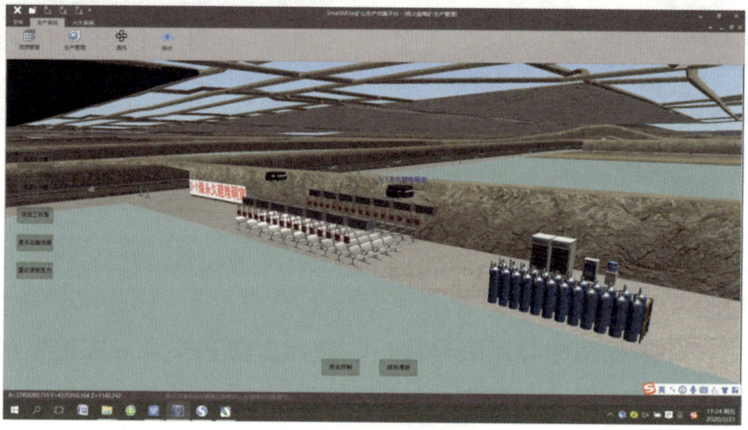

图 3-31　永久避难硐室仿真

图 3-32　沿逃生路线紧急撤离

④通信联络系统。具有显示矿山通信网络系统功能，支持有线电话网络路线、电话布置、电话信息以及移动通信设备、语音广播等设备仿真及属性信息查询。（见图 3–33）

图 3–33　通信联络系统

⑤压风自救系统。具有显示矿山压风自救系统功能，支持动态显示压风管路、自救设备位置、设备运行参数及属性查询。（见图 3–34）

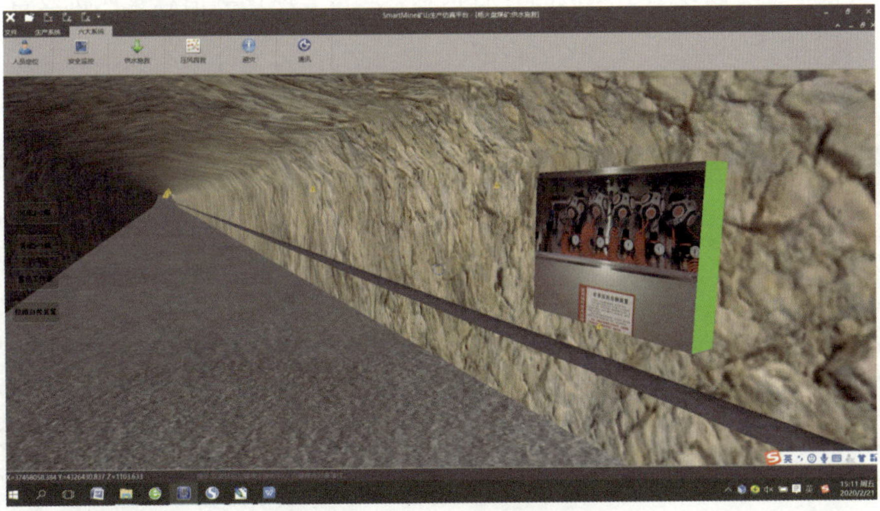

图 3–34　压风自救系统

⑥供水施救系统。具有显示矿山供水网络系统功能，支持动态显示供水路线、水泵等设备位置、设备运行参数及属性查询。（见图 3–35）

图 3–35　供水施救系统

（7）综合自动化系统接入

在系统平台上接入综合自动化系统的相关重要数据，在矿井三维采掘立体图以及矿井动态工况图中展现以下系统的实时信息：主风机监控系统、综采工作面监控系统、主运输皮带监控系统、供配电系统、排水系统监控系统、视频监视系统。

①主风机监控系统。在矿井三维地理信息平台添加风机房位置及主风机等模型，点击风机模型，可以显示主风机的开启状态、风量、风速等信息及风机设备各项指标参数。（见图 3–36）

图 3–36　主风机实时监控系统

②综采工作面监控系统。在矿井三维地理信息平台添加综采工作面液压支架、采煤机、刮板机等模型，点击模型可以显示工作面各种设备的各项参数。（见图 3–37）

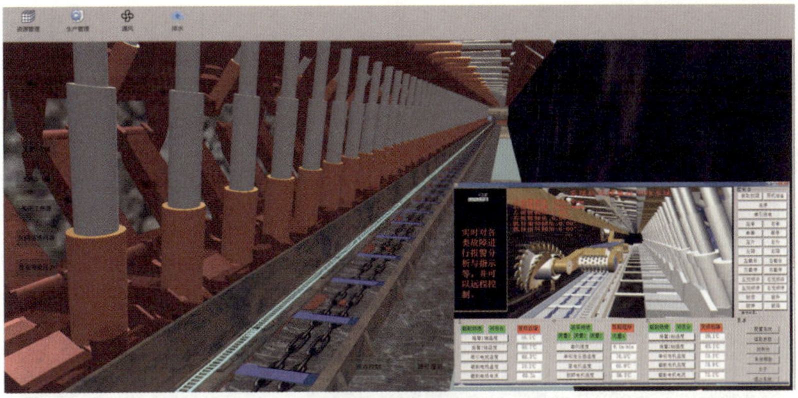

图 3-37 综采工作面监控系统

③主运输皮带监控系统。在矿井三维地理信息平台添加主运输皮带、机头电机等模型，点击模型可以显示该皮带的各种设备运行参数。（见图 3-38）

④供配电系统。在三维空间中显示供电系统网络，支持各供电设备空间的准确位置、设备信息、设备运行参数查询。（见图 3-39、图 3-40）

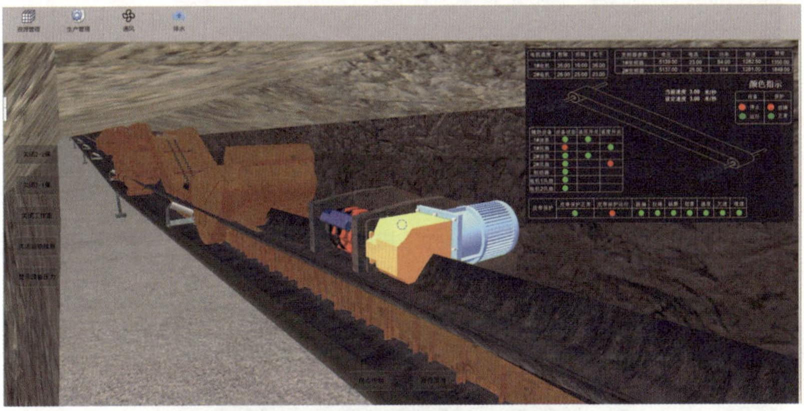

图 3-38 主运输皮带监控系统

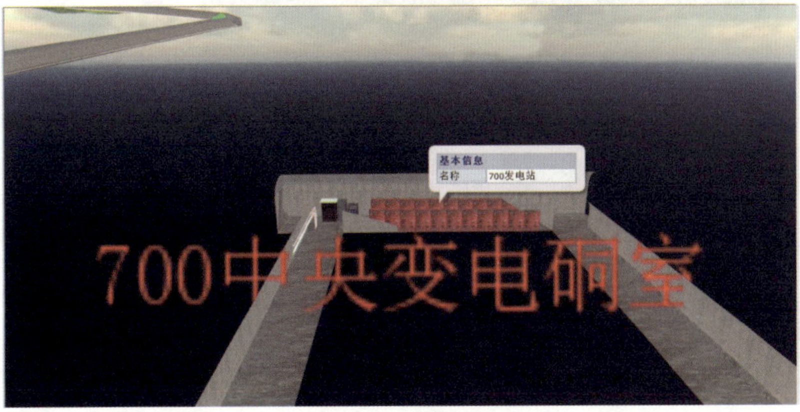

图 3-39 供配电系统

图 3-40　井下变电所仿真

⑤排水系统监控系统。能够三维动态显示矿井的排水系统，支持设备空间位置、排水路线、水泵等设备运行参数实时查询。（见图 3-41、图 3-42）

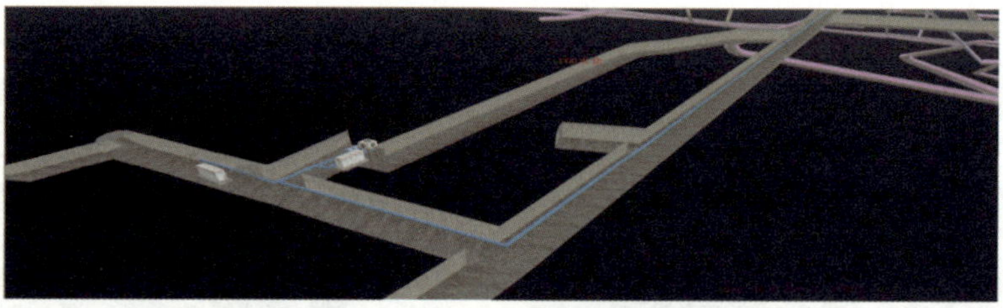

图 3-41　井下排水系统监控

图 3-42　水泵状态查询

⑥视频监视系统。

将工业电视监控系统的视频信号接入系统平台，可以在综合信息查询中调用相关视频图像。

在矿井三维地理信息平台中点击某一地点，直接显示该地点的视频监控图像。（见图 3–43）

图 3–43　工业视频监控系统接入

（8）事故模拟分析

结合三维采掘工程地图模拟事故现场的灾情影响范围，及时提供逃生路线和救援策略，辅助应急指挥。

①三维剖切分析。可以在三维立体图上进行任意剖切和制作有厚度的剖切体；可沿工程导线漫游，查看工程内部的三维结构和设备布置状况（见图 3–44）。

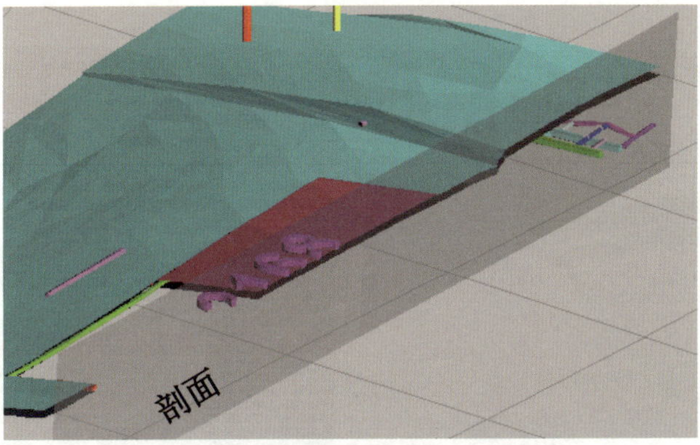

图 3–44　任意位置三维剖切查看

可在地表定义剖面线位置后，输出地形、煤层、巷道等剖切面到一个剖面图文件。（见图 3–45）

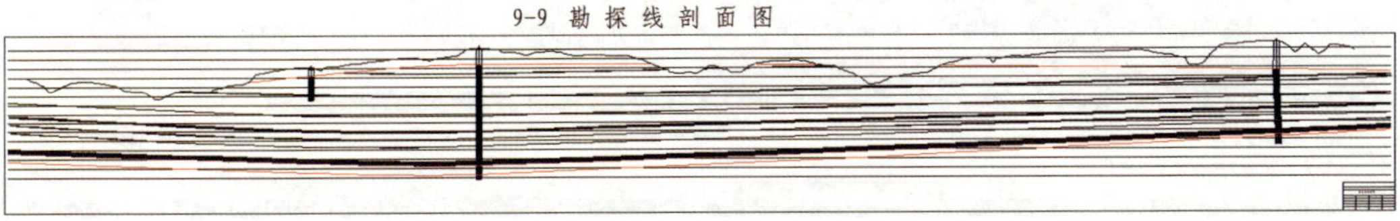

图 3–45　输出剖面图文件

②事故模拟与调查分析。具备井下水淹分析、爆炸模拟计算、应急救援指挥等系统功能。可以模拟井下发生透水事故时，根据涌水量快速计算井下淹没区域。可以模拟计算煤尘或瓦斯爆炸发生时对巷道的破坏区域及程度，统计区内影响的井下人员，及时通知相关人员快速撤离。

井下水淹分析：模拟井下某位置发生透水事故时，以出水点标高为基准，按照涌水量及时间模拟不同时间淹没的井下巷道区域，统计区内井下人员数量。

井下爆炸事故模拟分析：模拟井下煤尘或瓦斯浓度超标，发生爆炸时的破坏程度。根据划定的空间范围，计算范围内巷道内体积，结合该煤尘或瓦斯浓度，在此区域内爆炸产生破坏换算的 TNT 当量，预估该次爆炸对选定范围内巷道的破坏程度，统计该区域内的井下人数。

（9）生产环境风险评价

煤矿三维 GIS 可动态进行生产环境的风险分析。采矿设备周围的风险区域是动态的，如随着工作面的不断推进，上覆岩层的破坏、断裂、垮落是一个动态发展的过程，同时矿山压力的重新分配将会引发矿井水、瓦斯分布的变化等。系统依据当前时刻虚拟环境中所处的状态对回采工作的多个工序，如割煤、支架前移等进行风险评价。

实时监控井下水、火、瓦斯、顶板等重大危险源，如有异常报警则自动提醒在线处置。（见图 3–46 至图 3–48）

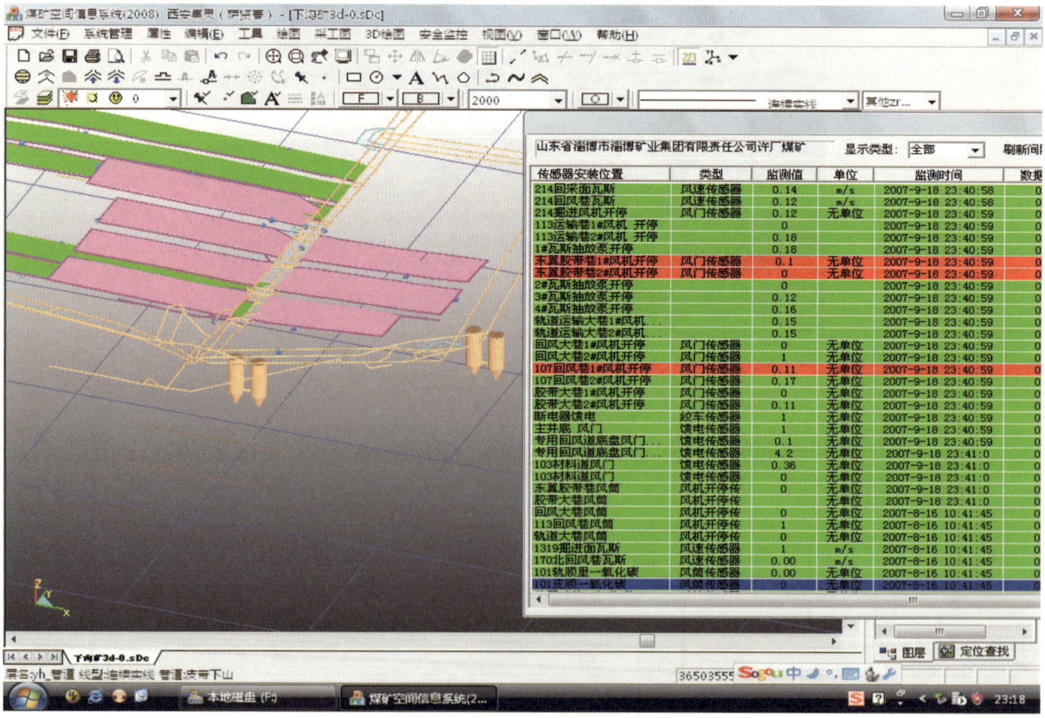

图 3–46　安全监测监控系统预警

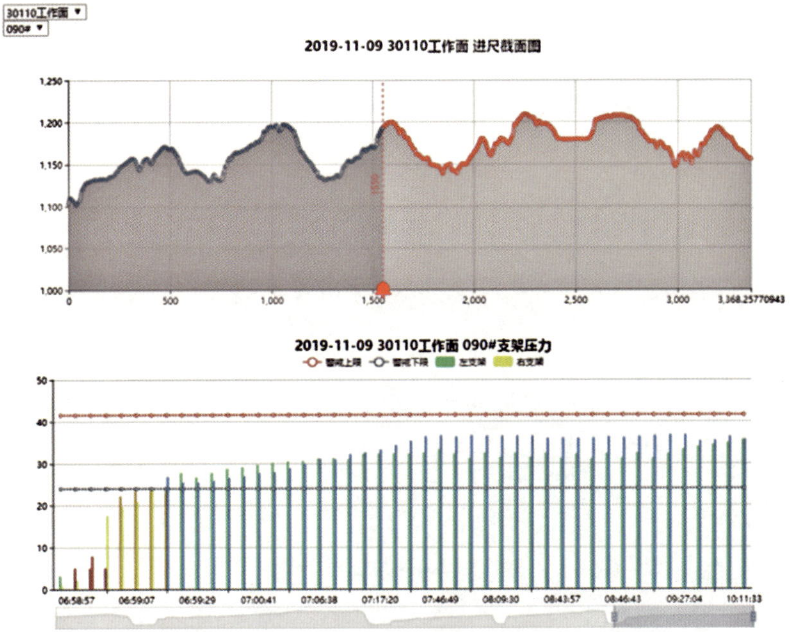

图 3–47 支架压力预警

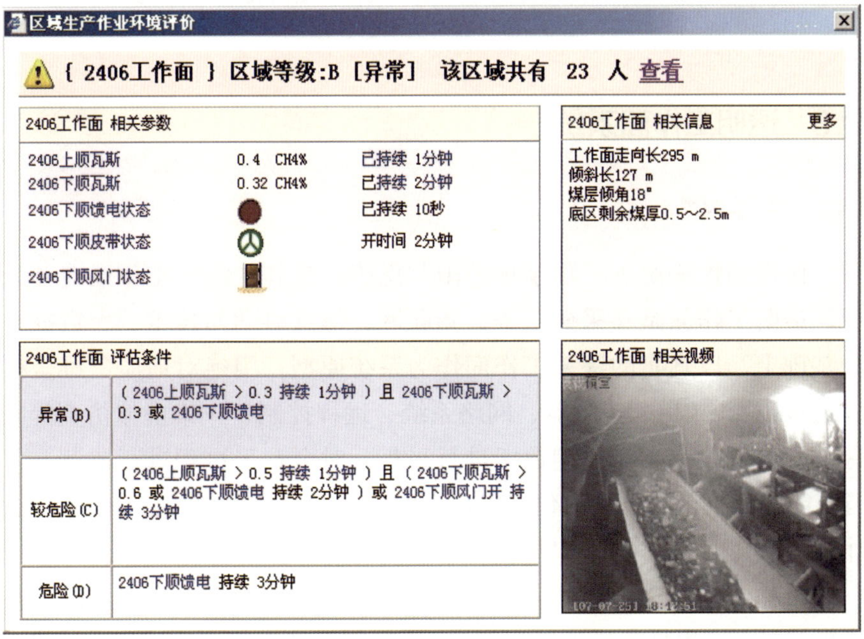

图 3–48 区域作业环境评价

（10）应急救援指挥

煤矿三维 GIS 可以快速有效地再现事故发生的过程，因而事故调查者可以从各种角度观测、分析事故发生过程，从而找出事故发生的原因并采取预防措施，防止类似事故的再次发生。

模拟事故发生后，根据矿井生产系统的现状，可以快速生成安全避灾路线图，标有路线运行方向，实现三维动画显示；同时，可通过应急广播、调度电话、无线通信、人员定位卡等多种方式，通知相关区域人员及时沿逃生路线撤离。（见图3–49）

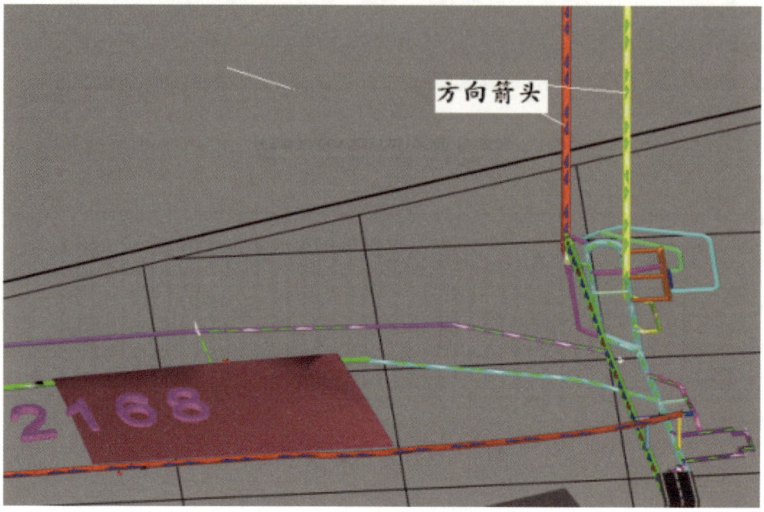

图 3–49　实时生成逃生路线

3.3.3　透明工作面系统

3.3.3.1　主要内容

透明工作面的提法源于“数字化矿山”思想，是其在综采工作面对开采过程的局部体现。透明工作面是在采矿工程、物联网、信息科学与技术、大数据与人工智能的理论基础上，以真实的综采工作面作为系统原型，用绝对地质三维坐标作为参考系，以地质勘探、GIS、传感器、网络系统、远程控制、三维虚拟仿真等技术为支撑，对综采工作面的全生命周期数据进行采集、对全开采过程进行监测，并对开采操作进行智能分析决策以及一体化集成自适应控制的技术系统。它是以数字化方式对整个工作面进行全面统一的认知与再现，最终目的是实现综采工作面开采全过程的科学化、数字化、网络化、模型化、集成化与可视化。透明工作面建设是在常规地质勘探成果基础上，以地质雷达、电磁波 CT 等新型精细工程物探传感器成果和巷道激光扫描数据构建初始地质模型，以煤岩识别等数据实时修正并形成动态地质模型，融合设备位置姿态和环境状态等实时数据形成动态透明工作面。在此基础上，通过对生产过程中各种环境与装备运行状态数据的分析，为生产过程提供科学合理的指导与决策依据，最终实现工作面的自动化、无人化开采，将采煤工人从危险的井下环境完全解放。

透明工作面主要由三部分重要内容组成：工作面的地理位置与地质信息，如通过钻孔、三维地震等手段，将煤层赋存与地理三维坐标联系起来，进而生成包含煤层空间位置信息的三维地理模型，为综采工作面的开采提供指导依据；对综采工作面的环境、装备与人员进行实时动态的感知及定位，时时刻刻全面掌握工作面状态，为自动化、智能化开采提供数据基础；通过三维物理仿真与智能分析决策技术，融合综采工作面地质地理数据、工作面实时状态数据等多源信息，对工作面生产过程进行三维物理重现。在此基础上进行智能化生产指导甚至是自动化自适应控制，最终实现自动化、智能化的无人开采。

3.3.3.2 全域模型的关键技术

进入21世纪以来，随着国家对煤矿企业安全生产要求的不断提高和满足企业自身发展的需要，我国各大、中、小型矿井陆续装备了矿井监测监控系统。这样大大提高了矿井安全生产水平和安全生产管理效率。

随着煤炭事业的日益发展，高产高效煤矿对生产过程监控、全矿井生产安全环境监测、生产过程信息综合利用等方面的网络化、自动化和智能化提出了更高的要求。在煤炭安全生产过程中，监测监控问题历来受到政府和企业的高度重视，目前市场上提供的监测监控技术多为磁卡、IC卡、射频卡等。

（1）三维激光扫描技术

三维激光扫描工作原理是扫描仪发射器发出激光脉冲信号，经物体表面漫反射后沿几乎相同的路径反向传回接收器，通过发射器偏转角度与激光行程时间即可计算出反射点的空间位置。

由于非接触性测量具有时效性高、误差低等特点，近年来激光扫描技术在地面测绘、无人驾驶、三维建模等领域都发挥着至关重要的作用。而在煤炭开采领域，激光扫描技术应用尚处于起步阶段，目前主要集中在井下采空区测量上。

在透明工作面领域，激光扫描技术主要用于开采前与开采过程中对工作面与巷道轮廓三维坐标数据的获取：在开采前，通过激光扫描技术获取开切眼与工作面的三维轮廓，然后与利用钻孔、三维地震等技术搜集的地质数据进行融合，生成具有概要地质信息的工作面初探三维模型，为开采过程提供指导；在开采过程中，可通过三维激光扫描技术获取新开采工作面空间轮廓，再结合随采地质探测技术、视频图像捕捉技术等手段，实现开采过程中工作面周围空间地质结构的透明化，为开采提供直接数据依据。

目前，制约激光扫描技术在井下应用的主要因素包括：开采过程中的煤尘干扰和井下缺乏有效的定位技术。煤尘会对激光扫描仪发射的激光造成遮挡，导致无法对工作面煤壁进行正常扫描，因此随采过程中对工作面的扫描只能在不同刀次开采间歇煤尘褪尽的时间进行，这会对采煤工艺造成影响；由于井下环境缺乏GPS的辅助定位，导致开采过程中无法准确地对工作面内的激光扫描仪进行定位，因而无法获取激光扫描点云中点的精确坐标，这会严重影响对激光扫描结果的应用。

（2）地质勘探技术

地质勘探是指通过各种方法和手段对地质体进行勘查、探测，以确定地层、构造、矿物赋存等信息。煤田地质勘探主要分为钻探与地球物理勘探：钻探，即利用深部钻探机械获取采样点的垂直地质样本，通过分析得知其垂直地质结构，是较成熟的勘探手段；地球物理勘探简称“物探”，是指通过观测与探究各种地球物理场的变化来探测地质构造，可分为遥感、重力、电磁、地震等方法。

地震勘探，即利用特定设备检测、记录地震波引发的反射波和折射波的传播周期、振幅、波形等数据，在此基础上分析判断目标地质结构的一种地球物理勘探方法。地震勘探分为二维勘探与三维勘探：二维勘探是探测一条线下面的地质构造；三维勘探是观测一块面积下面的情况，会得到一组立体空间的数据，对这些数据进行解释即能给出目标地层的三维立体图像。

瞬变电磁法的原理是电磁感应，该方法利用不接地回线或接地线极向周围环境发送一次电磁场，在电磁场间歇期间，对周围环境中的介质因电磁感应所产生的二次场进行测量。二次场信号表征与地质结构中不同介质的电磁感应特性相关，通过分析各物理场值的变化规律和空间分布关系，推断出目标范围内的地质构造信息与水文分布情况。

地质雷达，是一种通过辐射电磁波探测目标体的无损探测设备，一般包括雷达主机、发射接收天线、电缆线等。地质雷达发射天线向目标体发射特定频率的电磁波，电磁波在介质中行进，若遇到物体界面两侧的相对介电常数不同，如岩体软硬交界面、空洞界面等，电磁波就会发生反射并被接收天线接收到，对接收到的信号进行分析，从而达到对目标体的获知。

三维地震与瞬变电磁法虽然都可以在地面或井下实施，但是由于两者在实施过程中均需要根据勘探目标的特点进行信号源布点与方案的事先规划，因此只适用于开采前的地质初探环节。二者均可以被用于采集工作面地质概要信息，以形成地质初探三维模型，但是三维地震能够测得地质构造与断层结构，瞬变电磁法则多用于地质水文的测量。

地质雷达由于具有设备便携、高精度、探测距离有限的特征，适用于随采阶段工作面前方及顶底板的短程地质探测，为下一刀采割提供顶底板高度、工作面起伏等数据，为截割过程中滚筒的自动调高提供依据。尽管地质勘探技术多种多样，但每种手段都或多或少存在缺陷：钻探最为直观准确，但实施周期长、成本高，且结果精确度取决于采样点密度；地震勘探的结果精度与地震资料解释技术仍然有待提高，存在断层遗漏、解释不清、近距离断层不能有效分辨等问题；瞬变电磁法面对强电磁干扰环境无法取得良好效果；地质雷达则受限于对反射波的依赖，仅能在与煤、岩层垂直或成较大角度情况下测得理想结果，而对于工作面正前方待采区的测量效果不佳。为了克服上述地质勘探技术的缺陷，综合地质勘探技术应运而生。综合地质勘探方法是综合多种物理勘探、地面测绘及钻探技术的优点，将其有机融合形成的综合性勘探技术。该方法能够充分发挥各类勘探技术的长处，弥补各自的缺陷，正日渐成为主流勘探技术。

（3）惯性导航技术

惯性导航技术主要通过测量加速度和陀螺仪的角运动，根据牛顿力学原理计算出载体运动的速度和位置。惯性导航根据结构的不同，可以分为平台式惯性导航和捷联式惯性导航。平台式惯性导航是二轴陀螺仪稳定平台，加速度计被固定在平台上，其敏感轴与平台轴平行，平台的两根稳定轴模拟坐标轴的两个方向。捷联式惯性导航是将加速度计和陀螺都直接安装在运载体上，陀螺输出用来解算运载体相对导航坐标系的姿态变换矩阵，加速度计则输出经姿态阵变换至导航坐标系内，相当于建立起数学平台。

相较于平台式惯性导航，捷联式惯性导航具有结构简单、体积小、成本低、安装维护方便、对外界依赖性低等优点，能够广泛用于井下综采装备的定姿定位。但无论是多么高精度的惯性元器件，都会随着时间的增长导致陀螺仪与加速度计误差的积累，惯性导航长时间运行必将导致客观的累积误差。为了克服这个缺点，通常需要组合装备多种导航，用惯性导航作为主要定位部件，并辅助以其他种类的导航技术进行误差修正与纠偏。

（4）生产工况传感器技术

工作面综采设备传感器包括监测工作面安全生产主要设备工况的传感器，以及利用信息技术实现科学生产过程管理的传感器及系统。

设备工况监测系统一般侧重于监测综采工作面的机电设备。监测内容包括设备开停、电流电压、振动、流量、压力、转速、速差等参数，这些参数的获得都需要通过相应的传感器。

透明工作面是工作面的数字化、信息化、集成化和虚拟化，是数字化矿山中一个必不可少的重要环节，是跨物联网、虚拟现实、系统集成与控制等多学科的交叉应用的结晶。透明工作面全域模型中，在感知层通过地质勘探与各种传感器，准确、全面且实时地获取井下综采工作面的环境、装备与人员的状态信息；通过传输层准确、快速并安全地将信息传输；在信息层对所有数据进行汇总、分析、融合，完成从数据到信息的升华；在最终层，首先通过虚拟现实技术，基于所感知的信息，在计算机虚拟空间内实时重构一个与井下工作面一致的虚拟工作面，然后利用机器视觉与人工智能技术，对虚拟工作面展开智能分析并给出自动开采指令，最终与综采装备控制系统集成，以控制开采过程，形成“感知—传输—分析决策—控制”的闭环。

目前，制约透明工作面建设的瓶颈是感知层的传感器技术，尤其是在地质信息获取上，主流可靠的方法仍然停留在钻孔数据分析上；而对工作面开采过程中随采地质数据的采集分析技术、无 GPS 辅助的井下定位技术等仍然需要探索，各种装备工况采集传感器的可靠性仍然有待提高。随着透明工作面的技术发展与建设，将大幅促进煤矿企业工作面开采的自动化与智能化。

3.3.4 智慧矿山系统

3.3.4.1 宏观背景

近年来，国家对现代化煤矿安全生产、管理决策提出了更新、更高的要求，加强信息化、智能化建设已经逐步成为煤炭企业发展的必然趋势，智慧矿山建设已经在我国煤炭工业得到高度共识，它是基于空间信息、计算机网络、大数据、分布式协同一张图等技术，建立一体化管控的新型安全生产管理体系。

通过将煤矿的数据标准化、业务流程标准化，实现煤矿基础地测、生产技术、监测监控、综合自动化、安全管理等业务数据在煤矿内部的横向、纵向流通，形成煤矿的智慧化数据平台。同时，建立基于大数据的煤矿安全生产智能诊断、危险源预警、安全生产综合分析等模型，实现煤矿安全生产管理的协同调度、集中管控，为企业领导层做出正确决策提供科学依据，彻底改变煤矿安全生产现有的管理模式，最终为煤矿的安全生产保驾护航。

3.3.4.2 系统架构与主要技术

（1）智慧矿山平台系统架构

智慧矿山平台的整体架构主要包括监测监控、网络传输、大数据中心、业务应用和终端用户五个层面。（见图 3–50）

①监测监控：主要为采掘生产一线的自动化系统和监测监控系统，包括各类控制系统、传感器和分站等，要求协议开放，便于集成，主要承担末端数据采集与控制。

②网络传输：工业环网、通信网、无线网、音视频传输网、安全监测网等，主要承担数据传输与网络应用。

③大数据中心：主要在建设的数据仓库基础上提供信息存储和数据融合服务。确保数据一致，建立关联度高的资源、生产、安全等领域信息的完整检索机制，形成标准一致的主流信息，保证各专业领域信息服务的完整性；融合结构化数据和非结构化数据，以不同级别的索引建立标准化数据间的关联；在时间的深度和业务的宽度与跨业务的广度三个维度上，建立具备相当厚度的数据体，以地理分析和数理分析为工具，提取共性信息和关联信息。

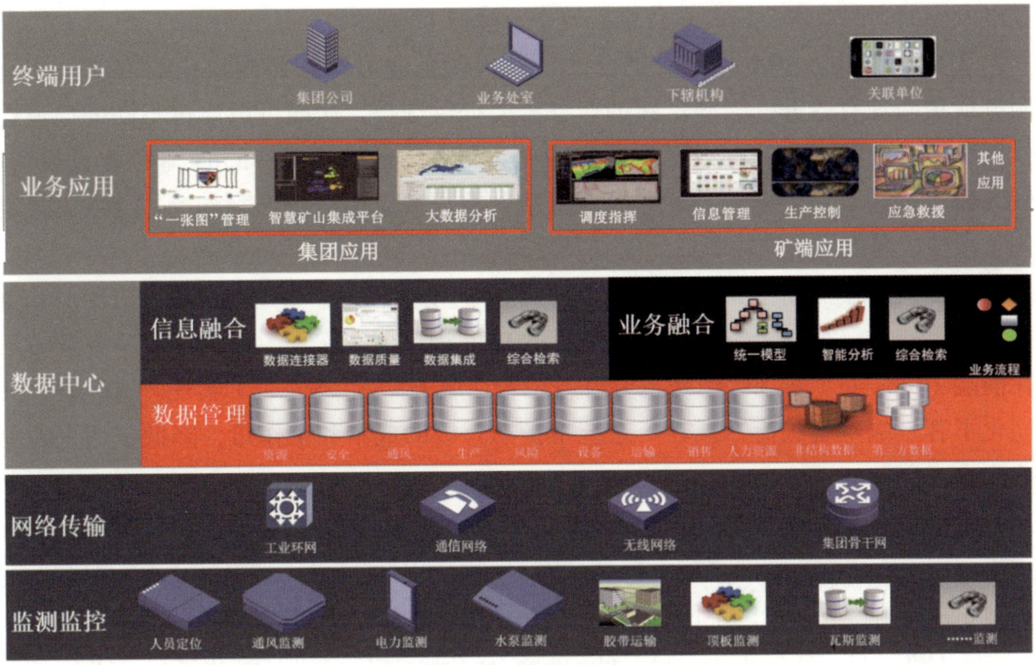

图 3–50　系统整体架构

④业务应用：在智慧矿山标准规范及信息交换共享的基础上依赖一张图管理、GIS 应用、三维管控系统、综合集成系统、大数据分析系统、移动端 App 等构建煤矿业务应用，实现协同管理。二维图形协同及 GIS 应用提供基本绘图、地图编辑、专业地图处理、空间处理分析等组成，为矿井提供空间基础数据支撑，提供生产技术综合管理业务服务；三维 GIS 平台集成安全监测监控、人员定位、视频监控与自动化控制等系统以实现数据展示、数据分析与位置服务，并实现场景的三维可视化、综合集成、智能管控与报警联动，提供综合监测、安全管理等业务应用；"一张图"平台实现"统一数据库""'一张图'管理""分布式协同工作"，实现地质、测量、通风、机电、生产、调度、安全等部门的信息一体化与同步更新，提供生产经营调度综合管理、综合信息服务等业务应用；在大数据服务的基础上提供安全生产动态评估和重大危险预警，同时提供基于网络的安全生产综合门户和移动端应用等。

⑤终端用户：在信息融合、业务融合与业务应用的基础上提供管理人员及各部门应用服务，可运行在调度中心、煤矿各部门、职能处室和集团总部。

（2）智慧矿山平台采用的主要技术

①云计算架构。采用云操作系统管理配备的服务器和存储资源，集虚拟化平台和云管理特性于一身，让云计算平台建设和使用更加简捷，专门满足企业和运营商客户云计算的需求。云操作系统专门为云设计和优化，提供强大的虚拟化功能和资源池管理、丰富的云基础服务组件和工具、开放的 API 接口等，全面支撑传统和新型的企业服务。云计算架构包括虚拟化引擎和云管理等组件，能够为客户大大提高 IT

基础设施的利用效率，提高运营维护效率，降低 IT 成本。

② SOA 架构。SOA 具有松耦合的特性，使企业可以按照模块化的方式添加新服务或更新现有服务，为满足新的业务需要提供选择，从而可以通过不同的渠道提供服务，并可以把现有的或已有的应用作为服务，保护了现有的 IT 基础建设投资。SOA 通过描述了一套完善的开发模式来帮助客户端应用链接到服务上。这些模式定制了系列机制被用于描述服务、通知及发现服务、与服务进行通信等。

③ B/S 架构。采用 B/S 模式，选用跨平台的技术规范，构建客户端、应用层和数据库三层架构，客户端用户工作界面通过 Web 浏览器来实现，极少部分事务逻辑虽在前端（Browser）实现，但是主要事务逻辑在服务器端（Server）实现。这样就大大简化了客户端电脑载荷，减轻了系统维护与升级的成本和工作量，降低了用户的总体成本。

对于多层级的联网架构，监管用户必定是多层级分布式的，而且客户数量较大，如果使用 C/S 结构，则部署成本较高，客户端维护困难较大；如果使用 B/S 架构，则扩展非常容易，只要可以上网，分配一个用户名和密码，就可以使用了。

④ OPC（Object Linking and Embedding for Process Control）标准接口。OPC 是微软公司的对象链接和嵌入技术在过程控制方面的应用。OPC 以 OLE/COM/DCOM 技术为基础，采用客户 / 服务器模式，为工业自动化软件面向对象的开发提供了统一的标准，这个标准定义了应用 Microsoft 操作系统在基于 PC 的客户机之间交换自动化实时数据的方法。

自动化系统平台使用 OPC 技术标准实现对实时数据的采集，开发了支持 OPCDA V2.05A 协议的基于 Visual C# 自定义接口的客户端程序。客户端程序采用异步通信模式，当 OPC 客户程序对服务器进行读写操作时，OPC 客户程序操作后可立刻返回，不用等待 OPC 服务器的操作，便可以进行其他操作。当 OPC 服务器完成操作后再通知 OPC 客户程序，这样既提高了数据访问的效率，同时又支持了更大的数据量采集。

⑤实时 / 历史库、关系库混合模式。以关系型数据库为代表的传统数据库旨在处理永久、稳定的数据，强调维护数据的完整性和一致性，其目标是追求高的数据量和低的系统代价，而不会考虑数据及事务的时间限制。但面对煤矿采掘生产过程对数据库的应用提出以下要求。

第一，数据库系统要维护大量的共享数据。实时数据库能解决大的数据存储量，这在工业生产过程中至关重要。

第二，对数据的处理有很强的时间限制，要求在规定时间内完成数据操作。

第三，要求数据库能够使尽量多的事务在其期限内完成，数据占用空间小并常驻内存，保证数据读取速度快，存取灵活。

第四，数据库保存实时数据的历史记录，要求能够实现高压缩比的算法，数据查询和生成报表速度要快，并且数据量大，能用于大时间周期历史数据的综合分析。

第五，数据结构化、最低冗余度、较高的程式和数据独立性、易于扩充、易于编制应用程式。

因此，如果要实现基于监测监控的生产管理平台，单一的实时 / 历史数据库或者关系数据库均无法满足功能和性能上的要求，两种数据库的结合使用是合理的选择。

⑥信息融合。信息融合作为生产安全管理数据统计、展示和上报的统一平台，对业务信息的展示、应用系统的集成提出以下要求。

第一，统一的信息访问渠道。通过将内部和外部各种相对分散独立的信息组成统一的整体，使用户能够从统一的渠道访问其所需要的信息。

第二，不间断的服务。通过网络和安全可靠的机制使用户在任何时间、任何地点都可以访问企业的信息及应用，保证企业综合调度平台的稳定运行。

第三，强大的内容管理能力。对企业各种类型信息的处理能力，支持非结构化的数据及多种数据库格式数据，并可以搜索和处理各种格式的文档。

第四，个性化的应用服务。信息门户的数据和应用可以根据用户的要求设置和提供，定制出个性化的应用门户，符合不同使用者的个人习惯以提高工作效率。

第五，与现有系统的集成。能将企业现有的数据和应用无缝地集成到一起，无须重新开发，保护了原有的投资。

第六，高度的可扩展性。能适应企业新的人员和部门的调整与变化，满足企业业务调整和扩展的要求，以及企业与 IT 部门短时间内无法满足的技术需求。

第七，安全可靠的保障。通过安全机制保证数据的机密性及完整性，保障各项业务应用的正常运转。

⑦三维 GIS。根据煤矿的地质数据、采掘工程信息生成的三维 GIS 地图，从三维可视化角度观察煤矿的生产过程。将煤矿的井下生产场景、人员位置信息、矿井的出煤量以及井下各个监控点的瓦斯浓度信息在立体矿井图上清楚地展现出来。

三维 GIS 平台的另一个重要功能就是对矿井下的设备进行在线状态监测，采用组态技术（SCADA）对井下所连接的各类子系统控制设备，通常是可编程控制器（PLC），也可以是智能分站、传感器等进行数据连接和实时报警等。使用三维 GIS 技术对地面工业广场、井下生产环境、机电设备等建模，使其更加直观和更加真实，令使用人员身临其境。同时，连接设备监测控制系统，实现在三维仿真环境下的可视化管控。

⑧协同管理。在统一工作平台、统一网络环境中，以煤矿生产安全管理为主线，以各部门业务流程及需求为对象，通过权限管理、资源状态管理、历史版本管理、用户数据冲突处理、数据审核等功能解决了数据统一、协同工作、资源共享的问题，保证了数据安全，可使多人同时在线处理各类图件及数据信息，提升了专业配合水平，大大提高了工作效率。参考有关国家标准和企业应用状况，考虑信息融合需求，建立成果数据标准，确定存储结构。

3.3.4.3 相关标准规范

《智慧矿山信息系统通用技术规范》（GB/T 34679—2017）、《国家中长期科技和技术发展设计纲要（2006—2020年）》《煤矿安全规程》（2016年版）、《煤炭工业矿井设计规范》（GB 50215—2015）、《煤矿安全生产智能监控系统设计规范》（GB 51024—2014）、《工业和信息化部、国务院国有资产监督管理委员会、国家标准化管理委员会关于深入推进信息化、工业化融合管理体系的指导意见》（工信部联信软〔2017〕155号）、《煤矿井下安全避险“六大系统”建设完善基本规范（试行）》《矿井通风及安全装备标准》（GB/T 50518—2010）、《煤矿综采采区设计规范》（GB 50536—2009）、《煤炭矿井防治水设计规范》（GB 51070—2014）、《煤矿井下排水泵站及排水管理设计规范》（GB 50451—2008）、《煤矿主要通风机站设计规范》（GB 50450—2008）、《矿山电力设计规范》（GB 50070—2009）、《带式输送机工程设计规范》（GB 50431—2008）、《煤矿提升系统工程设计规范》（GB/T 51065—2014）、《煤矿瓦斯抽采工程设计规范》（GB 50471—2008）、《煤矿安全监控系统及检测仪器使用管理规范》（AQ 1029—2007）、《煤矿安全与生产监控系统通用技术条件》（MT/T 1004—2006）、《煤炭工业矿井监测监控系统装备配置标注》（GB 50581—2011）、《煤矿安全监控系统通用技术要求》（AQ 6201—2006）、《煤矿用信息传输装置》（MT/T 899—2000）、《矿用分站》（MT/T 1005—2006）、《矿用信号转换器》（MT/T 1006—2006）、《矿用信息传输接口》（MT/T 1007—2006）、《煤矿安全与生产监控系统软件通用技术要求》（MT/T 1008—2006）、《煤矿监控系统主要性能测试方法》（MT/T 772—1998）、《煤矿信号设备通用技术条件》（MT 287—1992）、《煤矿用信息传输装置》（MT/T 899—2000）、《煤矿通信、检测、控制用电工电子产品通用技术要求》（MT 209—1990）、《电子信息系统机房设计规范》（GB 50174—2008）、《爆炸性环境用防爆电气设备通用要求》（GB 3836.1—2000）、《爆炸性环境用防爆电气设备隔爆型》（GB 3836.2—2000）、《爆炸性环境用防爆电气设备本质安全型电路和电气设备要求》（GB 3836.4—2000）、《电气装置安装工程接地装置施工及验收规范》（GB/T 50169）、《计算机软件开发规范》（GB 8566—1988）、《计算机软件产品开发文件编制指南》（GB 8567—1988）、《计算机软件需求说明编制指南》（GB 9385—1988）、《民用建筑电气设计规范》（JGJ/T 16—2008）、《工业过程测量和控制装置的电磁兼容性》（GB/T 13926—1992）、《电气装置安装工程接线施工及验收规范》（GB/T 50712—1992）、《工业企业信息化集成系统规范》（GB/T 26335—2010）、《工业电视系统工程设计规范》（GB 50115—2009）、《企业供配电系统节能监测方法》（GB/T 16664—1996）、《通用用电设备配电设计规范》（GB 50055—1993）、《煤炭产量远程监测系统使用与管理规范》（MT 1080—2008）、《煤炭产量远程监测系统通用技术要求》（MT 1082—2008）、《煤矿安全监控系统通用技术要求》（AQ 6201—2006）、《煤矿安全监控系统及监测仪器使用管理规范》（AQ 1029—2007）、《煤矿井下作业人员管理系统通用技术条件》（AQ 6210—2007）、《煤矿井下作业人员管理系统使用与管理规范》（AQ 1048—2007）、《煤矿安全生产在线监测联网备查系统通用技术要求和数据采集标准（试行）》（安监总厅规划〔2016〕138 号）、《煤矿安全生产标准化基本要求及评分方法》（2017 年版）、《智慧矿山信息系统通用技术规范》（GB/T 34679—2017）、《煤炭工业智能化矿井设计标准》（GB/T 51272—2018）。

3.3.4.4 工程案例

青海能源鱼卡有限责任公司一井田智慧矿山建设项目在智慧矿山标准规范体系的基础上，通过主动感知、网络通信、信息集成、数据挖掘分析、预测预警、自适应控制、管控协同、多维展示、应急联动、跨平台二三维一体化、物联网、虚拟化等先进技术，实现煤炭开采自动化与智能化，直至少人化、运营管理全面信息化、生产安全可靠化、决策支持高效化，以践行行业倡导的煤炭资源开采的“安全、高效、智能、绿色”理念。

在该集团公司智慧管控平台建设的整体框架下，采用国内一流和世界先进的技术和装备，建成一个能用、实用、管用、高效运行的智能化矿井，实现矿井运营“管、控、营”一体化。

在“两化”深度融合的框架下，基于“智慧矿山”“云计算”“大数据”“互联网 +”等概念，最终目标是建设一体化的智慧矿山综合管控平台。

鱼卡一井田智慧矿山管控平台的用户包括煤矿用户和集团用户。煤矿各部室分别负责维护和使用与自己相关的系统功能。煤矿领导、集团相关部门及集团公司领导在授权后可通过网络访问智慧化信息平台的内容。

（1）具体目标

通过建设基于工业互联网的智慧矿山管控平台，实现鱼卡一井田的集成监测、生产调度、设备管理、移动 App 管理、三维展示、大数据分析，接入煤矿现有的 13 个子系统，并预留其他子系统接口。

①进行智慧矿山综合集成，实现煤矿现有 13 个子系统及其他生产辅助系统的集成。在煤矿调度室可实现各子系统的二三维一体化集中监测，具备远程控制功能的可实现调度室集中控制。各级用户通过网络能直观地了解到煤矿生产调度信息，查看监测监控及自动化子系统的运行过程和状态、显示监测到的实时数据。可在办公计算机、手机或平板电脑上同步掌握各类设备的状态、报警信息等，不受时间、空间限制。

②实现基于真实三维空间模型的矿山安全生产综合管理。采用快速三维模型构建技术，全面构建矿井采、掘、机、运、通各专业仿真模拟系统，融合煤矿多种动态作业数据，实现全矿井“监测、控制、管理、保障”的三维一体化。

③开发智慧矿山信息化平台，基于 Web 浏览器实现煤矿信息总览、“一张图”

展示、煤矿地测、一通三防、生产技术、双重预防管控、安全生产标准化、生产调度、机电管理、应急救援等专业数据的管理，各类文档的上传、下载，进行煤矿 GIS 应用。

④建设基于协同工作的“一张图”管理平台，实现地测、一通三防、生产技术、机电运输、安全管理等各部门基于网络的数据与图形一体化管理，可在线编辑、打印，实现煤矿各部门数据与图纸的在线应用与快速交换。

⑤构建 Web GIS 服务，开发基于 Web 应用的煤矿图形网络浏览、查询系统，支持二维图形在手机终端的查询和展示。可基于安全监测、人员定位、设备布置、风险点、隐患点等 GIS 图层进行井下安全分区评价、动态预警等。

⑥建设矿山数据仓库，开发生产调度、机电管理、安全监管等大数据分析及安全动态打分、经营状况智能评级等功能，达到“规范管理，责任到人，足不出户，统揽全局”目标，进行大数据分析并提供改进建议，从而保障煤矿安全生产。

⑦开发移动端 App。各级用户可在手机或平板电脑上进行各类煤矿安全生产数据查询、统计，查看各子系统状态以及井下监控视频，应用 GIS 进行移动办公。

（2）建设内容

本次建设目标是全新建设二三维一体化的智慧矿山综合管控平台。建设内容包含：私有云平台数据中心、智慧矿山管控平台（包含统一数据编码、统一运维平台、辅助生产管理系统、二三维一体化平台）、综合移动监管平台、智慧矿山信息化平台、大数据分析平台、13 个子系统接入等。（见表 3–1）

表 3–1　二三维一体化的智慧矿山综合管控平台建设内容

序号	建设项目	功能	备注
1	私有云平台数据中心	采用虚拟化技术，配置 3 台高性能服务器。云平台虚拟化资源池配置 12 个 CPU 许可 +1 个管理中心许可。至少支持 100 台虚拟机运行	为管理平台及大数据中心提供硬件支持
2	智慧矿山管控平台	二三维一体化的监控平台，具有全矿井自动化系统总图及各子系统设计分图。各子系统设计分图由组态动画、数据流程、采集数据、详细参数等构成，可实时查看各子系统设备的运行状态、监测参数、开停统计、故障统计等信息。具有远程控制功能，通过接口和通信协议的设备，获得授权的人员可对设备实现远程开停操作	调度室部署
3	综合移动监管平台	基于移动端 App 和 W 页面实现各级用户在手机或平板电脑上进行各类煤矿安全生产数据查询、统计，查看各子系统状态，查看井下监控视频，应用 GIS 进行移动办公	移动端应用
4	智慧矿山信息化平台（生产管理系统）	基于 Web 技术实现对煤矿生产技术、一通三防、双重预防管控、安全生产标准化、生产调度、机电管理、应急救援等专业数据的管理，各类文档的上传、下载，基于 Web　GIS 实现矿山各类图件的查询、量测和分析等功能	Web 应用

续表

序号	建设项目	功能	备注
5	大数据分析平台	建设统一的数据中心，实现煤矿生产安全数据共享服务，实现生产技术、调度信息及各类设备状态、生产数据的智能分析、自动决策，提高煤矿安全生产管理水平、提升生产效率，节约生产成本	Web 应用
6	13 个子系统接入	实现集中监测，具体接入的子系统如下：一采区压风房压风机监测；一采区大倾角皮带监测；一采区中央主通风机监测；地面生产集控监测；二采区 6kV 配电站监测；二采区主通风机监测；中央水泵房监测；人员定位系统监测；安全监测系统监测；采煤机监测；视频监控系统；1# 副井提升系统；2# 副井提升系统	矿方协调子系统建设厂家向平台厂家提供通信协议和接口以及对应点表

将综合自动化集成平台、3D GIS 一体化、MES、大数据分析决策进行深度融合，采用功能化、模块化设计，采用统一的数据中心，将过程数据、空间数据、业务数据、流媒体数据整合为统一接口网关，各个应用通过统一的数据中心进行数据的读取和存储。

（3）平台功能结构

鱼卡一井田智慧矿山管控平台建设的主要功能包括智慧矿山管控平台、智慧矿山信息化平台、大数据分析平台和综合移动监管平台。（见图 3–51）

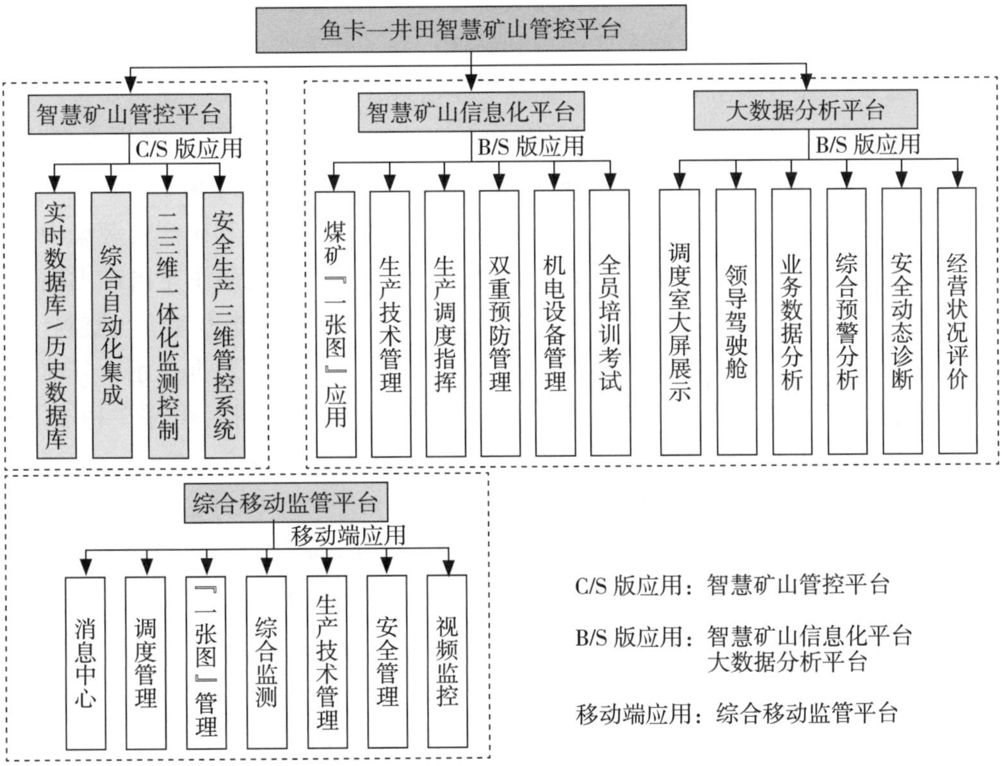

图 3–51 鱼卡一井田智慧矿山管控平台功能结构

（资料来源：中煤航测遥感局，2019）

3.4 矿山修复与治理

3.4.1 矿山环境保护与恢复治理

3.4.1.1 市场形势及背景

我国是世界上矿产资源较为丰富的国家之一，也是矿产资源开发利用速度增长较快的国家之一。尤其是在改革开放以后，随着工业的快速发展，对矿产资源的需求量和消耗量也随之增加，加大了对有限的矿产资源开发的力度、广度及深度。同时，矿产资源的开发利用在国民经济建设中的基础保障地位日益重要。目前，对矿产资源赋存条件好、工业指标高、埋深较浅、交通条件好的矿床已进行了大规模的开采。但是，矿山开发规范化管理力度跟不上矿产资源开发利用的增长速度，大规模的矿产资源开发活动引发的矿山地质环境问题日益突出，尤其是中小型矿山开采方法和选矿工艺落后，加剧了矿区地质灾害、生态破坏和环境污染事件的发生。由于矿产资源的开发强烈影响和改变了矿区原有的地质环境条件，诱发了大量的地质灾害，给国家和人民造成了巨大的损失。地表开挖、压占、毁损，造成土地资源破坏与地表景观改变，破坏地表植被，加剧水土流失，导致河床升高，河道淤积、损坏，改变野生动植物栖息环境，使生物多样性遭到破坏；井下开采造成矿井水外排，破坏地下水系；采矿地表发生沉降、塌陷、崩塌甚至滑坡、泥石流等次生地质灾害；采矿过程中引起大气、水环境、土壤环境、噪声和固体废弃物污染等；大规模矿产勘探、采矿和选矿等活动破坏了生态系统结构，导致矿区生态服务功能下降。

中国地质调查局开展的第二轮全国矿山地质环境摸底调查和矿产资源集中开采区矿山地质环境调查工作，基本摸清了我国矿山环境状况，更新了全国矿山地质环境数据库。根据本次地质调查工作中“全国地质资源环境承载能力评价与监测预警”项目下设的“全国地质环境图系编制”子项目（2016—2018）数据显示：目前，全国共有非油气矿山约 11 万个，矿山总面积约 10.4 × 104 平方千米，开采矿种 187 种，年采出矿石总量超过 136 × 108 吨。按矿山规模划分，大型矿山约 4800 个，主要为煤矿、水泥用石灰岩矿、铁矿、金矿；中型矿山约 6800 个，主要为煤矿、建材矿和铁矿；小型矿山近 99500 个，多为建材非金属矿山。按开采矿类划分，煤炭等能源矿山约 16500 个，集中开采区域 90 片；金属矿山约 10900 个，集中开采区域 120 片；建材和化工原料等非金属矿山约 83700 个，集中开采区域 125 片。按矿山生产状态划分，生产矿山约 77700 个，在建矿山约 11300 个，关闭矿山约 22200 个。

以上矿山在开采及关闭后，都存在不同程度的地质环境污染问题。煤炭类矿山最突出的地质环境问题是地面塌陷、土地毁损和水资源的破坏；金属类矿山最突出的地质环境问题是水土环境污染和泥石流地质灾害；非金属类矿山多以露采为主，最突出的地质环境问题是山体破损、景观破坏和崩塌滑坡等地质灾害，而以地下开采为主的石膏、石墨矿山，易造成地面塌陷。

矿山环境保护与恢复治理，就是要最大限度地避免或减轻因采矿活动对矿山地质环境的影响和破坏，闭坑后实现矿山地质环境的有效恢复，即矿山关闭后地表应基本恢复到采矿前的状态，对存在的地质灾害隐患应采取永久性防治措施，使矿山地质环境问题得到有效治理，保证矿区经济社会发展和周围居民生命财产安全。

矿山地质环境恢复治理的原则是：坚持“预防为主，防治结合”“在保护中开发，在开发中保护”“科学规划、因地制宜、综合治理、经济可行、合理利用”。主要任务是：对矿山开发建设的生态环境保护、矿山开发利用的“三废”处理、矿山土地复垦、矿山环境污染和生态破坏的治理及矿山次生地质灾害的监测与防治等；对矿山开采所造成的地面塌陷、地裂缝等矿山地质环境问题与地质灾害及时有效地进行治理；对开采活动造成的道路、输电线路损毁及时进行修复，确保当地群众出行和农业生产正常进行；对开采活动造成的耕地损毁及时进行有效治理，对塌陷坑、田间地裂缝及时进行回填、平整；待矿山闭坑后，对被破坏的林地进行修复；对被破坏的土地资源，在矿山闭坑后进行复垦，按照“宜耕则耕、宜林则林、宜荒则荒”的原则进行植被及生态恢复；减轻开采活动对地下水含水层的破坏程度，使受影响的地下水环境得到恢复；对地形地貌景观造成的破坏，力争恢复原地形地貌景观；制定矿山地质环境问题监测方案，建立矿山地质环境监测系统，对矿山地质环境问题实施动态监测和及时预警等。

当前，较为盛行的是“开发式治理”模式，主要涉及安全、生态和资源利用三个标准，治理后要再利用，将废弃矿山开发为休闲公园、果园、林地或建设用地等，以充分发挥其资源效能。大力推进尾矿和废石综合利用，提取有价成分，生产高附加值建筑材料，提高资源、经济和生态效益，促进矿产资源开发与生态环境保护协调发展。

3.4.1.2 国家政策及规范

为加快建立矿山环境恢复治理责任机制，促进矿区生态环境改善，2005 年国务院印发了《关于全面整顿和规范矿产资源开发秩序的通知》，探索建立矿山生态环境恢复补偿制度，明确治理责任。同年，原国家环保总局印发了《矿山生态环境保护与污染防治技术政策》。2006 年，财政部、原国土资源部、原国家环保总局印发了《关于逐步建立矿山环境治理和生态恢复责任机制的指导意见》，提出制定矿山生态环境保护和综合治理方案，并提出达到矿山环境治理及生态恢复目标的具体措施。

2009 年，原国土资源部印发了《矿山地质环境保护规定》，要求编制矿山地质环境保护与恢复治理方案，开展矿区地面塌陷、地裂缝、崩塌、滑坡，含水层地形地貌景观被破坏等的预防和治理恢复。

2011 年，原环境保护部印发《国家环境保护“十二五”规划》，指出要加强对矿产、水电、旅游资源开发和交通基础设施建设中的生态监管，落实相关企业在生态保护与恢复中的责任。

2013 年 7 月，为贯彻《中华人民共和国环境保护法》《中华人民共和国环境影响评价法》《国务院关于加强环境保护重点工作的意见》，加强矿山生态环境管理，规范矿产资源开发过程中的生态环境保护与恢复治理工作，原环境保护部印发了《矿山生态环境保护与恢复治理方案（规划）编制规范（试行）》（HJ 652—2013）和《矿山生态环境保护与恢复治理技术规范（试行）》（HJ 651—2013）。《矿山生态环境保护与恢复治理方案（规划）编制规范（试行）》（HJ 652—2013）主要包含编制的基本原则和工作程序、编制背景资料收集与现状调查、生态环境影响分析与预测、编制要点、报告编制、报告大纲等内容，规定了矿山生态环境保护与恢复治理方案（规划）编制的原则、程序、内容和技术要求，为新建、改（扩）建矿山及生产和关闭矿山编制矿山生态环境保护与恢复治理方案（规划）提供了规范指引。《矿山生态环境保护与恢复治理技术规范（试行）》（HJ 651—2013）规定了在矿产资源勘查与采选过程中，排土场、露天采场、尾矿库专用道路、矿山工业场地、沉陷区、矸石场、矿山污染场地等矿区生态环境保护与恢复治理的指导性技术要求。技术规范的出台，为煤矿、金属矿、非金属矿、油气矿、煤层气、砂石矿等陆地矿产资源采选过程和闭矿后生态环境保护与恢复治理提供了技术指引。

2016 年 7 月，原国土资源部、工业和信息化部、财政部、原环境保护部、国家能源局联合发布《关于加强矿山地质环境恢复和综合治理的指导意见》，明确了加强矿山地质环境恢复和综合治理的总体要求、主要任务和保障措施，提出我国矿山地质环境保护要贯彻“创新、协调、绿色、开放、共享”的新发展理念，坚持节约资源和保护环境的基本国策，坚持地方政府矿山地质环境监管主体责任，坚持“谁开发、谁保护，谁破坏、谁治理”，坚持深化改革，创新工作机制；进一步完善开发补偿保护机制，构建政府、企业、社会共同参与的保护与治理新机制，尽快形成生产矿山和历史遗留“新老问题”统筹解决的保护与治理新格局。

2017 年 5 月，原国土资源部、财政部等六部委再次出台《关于加快建设绿色矿山的实施意见》，将绿色发展理念贯穿矿产资源规划、勘查、开发利用与保护的全过程，引领和带动传统矿业转型升级。

2018 年 12 月，国家发展改革委等九部委联合印发《建立市场化、多元化生态保护补偿机制行动计划》，指出要合理界定资源开发边界和总量，确保生态系统功能不受影响。

2019 年 9 月，自然资源部修订了《矿山地质环境保护规定》等部门规章，要求计提矿山地质环境治理恢复基金，统筹用于开展矿山地质环境治理恢复和土地复垦，突出矿山环境治理的系统性、整体性、科学性。

2019 年 12 月，自然资源部印发《关于探索利用市场化方式推进矿山生态修复的意见》，提出仍然坚持“谁破坏、谁治理”“谁修复、谁受益”原则，通过政策激励吸引各方投入，推行市场化运作、科学化治理的模式，统筹考虑矿山生态系统修复和后续资源开发利用、产业发展等，建立相应的激励政策，鼓励和吸引社会资金投入，促进生态效益、社会效益和经济效益相统一。

3.4.1.3 产业发展及布局

根据统计，我国现存矿山数量 10 余万座，矿山及开发用地占国土面积的约 1.5‰。长期以来，在矿业活动中存在资源浪费、环境污染、效率低下等问题。当前，在生态文明建设已经上升为国策的新时代背景下，我国矿业全面走向绿色发展之路，已成为全行业迫在眉睫的攻坚之战。2007 年 11 月，中国国际矿业大会在北京召开，会上首次提出了“绿色矿业”理念。自此，我国矿山企业开始踏上绿色发展的新征程。2010 年 9 月，原国土资源部印发了《关于贯彻落实全国矿产资源规划发展绿色矿业建设绿色矿山工作的指导意见》，确定了我国绿色矿山建设的总体目标和基本途径，涵盖了依法办矿、规范管理、综合利用、技术创新、节能减排、环境保护、土地复垦、社区和谐、企业文化等九个方面。截至 2014 年，原国土资源部正式公告了 4 批 661 家“国家级绿色矿山试点单位”，初步奠定了我国绿色矿山建设的基本格局。然而，在从试点成功到全面铺开的进程中，至少需要化解以下矛盾：一是我国矿山存量巨大，按照绿色矿山建设的标准实现全面覆盖任重而道远；二是所需资金缺口巨大，向谁融资、如何融资的难题有待解决；三是矿山企业技术实力有限，缺乏可以担当绿色矿山建设的专业人才；四是废弃矿山及尾矿资源缺失责任主体，急需国家政策支持以导入商业运营模式。

对在产矿山和废弃矿山利用有如下方式。

第一，在产矿山。一是通过技术手段推进储量管理精细化。矿产资源资产化管理不断给矿山储量监管工作提出更新、更高的要求，物联网、云计算等现代科技手段已为矿产资源资产数据即时化报送提供前提条件。二是通过技术创新推进生产技术现代化。技术创新不但是矿山企业生产力水平提升的客观要求，也是满足节能减排、环境保护等绿色矿山建设基本需求的重要保障。

第二，废弃矿山。一是推进废弃用地产业化。对完成开采使命的矿业用地，不仅需要简单、机械的恢复性治理，更需要开发性应用，从而实现经济效益和社会效益的最大化。二是推进废弃尾矿资源化。在技术上一旦实现尾矿资源开发利用的突破，就可以提供巨额的物质资源，释放巨大的空间资源。三是推进封闭空间开放化。矿山开采所遗留的地下空间无疑是潜在的地灾隐患，但同时也是弥足珍贵的空间资源，科学、有序地开发地下空间必将是矿山企业重要的经济增长点。

地质勘查单位参与绿色矿山建设具有显著的优势。其一，技术优势。地质勘查单位长期从事基础地质、矿产地质、环境地质工作，全面掌握矿产地的过去、现在和将来，更在岩矿测试、岩土工程、地理信息等领域处在行业领先地位。其二，经济优势。地质勘查单位在体制转轨期间能够得到政府部门的多方面政策支持，单位的可持续发展得以充分保障。其三，人才优势。地质勘查单位拥有大量的各类地质、钻探、物探、测绘、环境等专业高端技术队伍，具有矿山环境保护与恢复治理的规划、设计、施工、监理等业务实力。

矿山环境保护与恢复治理工程已成为生态环境治理的重要组成部分，全国地质勘查单位纷纷在这个领域大显身手，成为矿山环境保护的主力军。根据《中国矿产资源报告 2019》统计数据，2018 年全国新增矿山恢复治理面积约 6.52 万公顷，新增损毁土地面积约 4.80 万公顷，净增矿山恢复治理面积约 1.72 万公顷。新增恢复治理面积中，在建和生产矿山恢复治理面积约 3.22 万公顷，占 49.4%；废弃矿山治理面积约 3.30 万公顷，占 50.6%。累计治理矿山 7298 个，主要集中在内蒙古、山西、陕西、安徽、山东、新疆、河北、河南等省份。2001 年至今，累计恢复治理面积约 100.46 万公顷。

根据《中国矿产资源报告 2020》统计数据，2019 年全国新增矿山恢复治理面积约 4.80 万公顷。其中，在建和生产矿山新增恢复治理面积约 1.92 万公顷，占 40%；废弃矿山新增恢复治理面积约 2.88 万公顷，占 60%。

3.4.1.4 工程案例

华阴市大敷峪片麻岩矿一点、二点矿山地质环境治理恢复工程位于陕西省华阴市西南部的大敷峪内。该矿山从 2010 年开始开采，多年开采导致区内环境问题突出，造成较为严重的地质灾害。该矿山于 2015 年被依法关闭，2017 年被列入《华阴市矿山地质环境保护与治理规划（2016—2025 年）》，为重点治理矿山。

该矿实行自上而下台阶式开采，采用机械锯切和人工凿岩劈裂法开采，开采共形成 2 个露天采矿平台，11 处开采矿渣堆，矿渣由平台向两侧坡面倾倒，形成大面积的矿渣堆积，致使原地质环境遭到严重破坏，土地资源损毁共计 273.15 亩，影响了秦岭北麓的整体地形地貌景观。

陕西省煤田地质集团下属的陕西天地地质有限公司承担了大敷峪采矿一点、二点矿山地质环境治理恢复工程的施工工作。对于矿渣堆的环境治理，陕西天地地质有限公司采取不同类型的格宾笼挡墙、修筑鱼鳞坑、覆土绿化等治理措施，因地制宜地恢复矿区生态环境。

施工主要措施：在渣堆斜坡坡脚设置Ⅱ型格宾笼挡墙，墙高 1.5 米，宽 2 米，总长度为 295 米，总体积为 885 立方米，格宾笼内采用碎石填充。墙体砌筑完成后，在渣堆坡面自上而下修筑鱼鳞坑，并安置植生袋，植生袋内栽植三年生爬山虎苗。渣堆治理完成后进行覆土绿化，播撒厚度约 20 厘米。采矿一点矿渣治理共覆土 10431 立方米，播撒植物黑麦草 23 千克、高羊茅 31 千克、沙打阳 23 千克。后期进行养护，适当进行补种。

该工程完工后，既消除了地质灾害隐患，又防止了水土流失，恢复了植被，美化了环境，为秦岭北麓生态治理做出了贡献。

3.4.2 有害气体综合治理

3.4.2.1 市场形势及背景

矿井有害气体是指矿井内对人体有害的气体，主要有一氧化碳、二氧化碳、硫化氢、二氧化硫、氨等及爆炸性气体，如沼气（甲烷）、氢气和甲烷同系物（乙烷、丙烷等）。矿井瓦斯是对井下以甲烷为主的有毒、有害气体的总称，是各种气体的混合物，它含有甲烷、二氧化碳和数量不等的烃以及微量的稀有气体，但主要成分是甲烷。因此，习惯上说的矿井瓦斯就是指甲烷。煤矿瓦斯的主要危害形式有瓦斯窒息、瓦斯燃烧、瓦斯爆炸、瓦斯爆炸引起的煤尘爆炸或火灾等。在我国，瓦斯爆炸事故是当前煤矿安全生产中威胁最大、最突出的一个问题。煤矿发生一次死亡 10 人以上的重特大事故中，绝大多数是由于瓦斯爆炸，约占特大事故总数的 70%，尤其是高瓦斯矿井或由于煤层瓦斯压力较高、地质构造较复杂、地应力较大、煤层破坏严重，在此区域作业的采掘工作面极易发生煤与瓦斯突出，导致瓦斯事故的发生。

随着国家强化对煤矿安全的管理，许多中小型企业也不断增加在瓦斯治理方面的投入。但是，对瓦斯治理工作却没有足够的重视，往往出现为了追求煤炭产量和经济效益，而忽略安全生产问题的情况。尤其在市场不景气的情况下，煤矿企业会采用节约支出的方式来提高效益，忽视瓦斯治理工作。例如，2016 年的重庆金山沟煤矿瓦斯爆炸事故即因企业不重视，违规越界开采，而且在没有瓦斯抽采设备的情况下进行，开采期间矿井安全监测监控系统、人员定位系统不能正常运行，导致 33 人遇难的特大事故。

近年来，随着开采技术和瓦斯防治技术的进步，我国煤矿安全生产事故呈现稳步下降的趋势，瓦斯导致的安全事故也在不断减少。可见，强化瓦斯管理与防治措施，有利于提高煤矿安全生产成效，为煤矿顺利生产提供保障。

3.4.2.2 国家政策及相关规范

2008 年，为提高煤矿瓦斯治理水平，有效防范和遏制重特大瓦斯事故，实现煤矿安全生产形势的明显好转，国务院安委会办公室印发了《关于进一步加强煤矿瓦斯治理工作的指导意见》，对瓦斯治理工作任务提出了系统要求。

2018 年 3 月，原国家煤矿安监局办公室转发了《河北省煤矿瓦斯综合治理办法》的通知，要求各地参考借鉴。该办法提出，煤矿企业、矿井应坚持“先抽后建、先抽后掘、先抽后采”，以瓦斯地质和通风系统为基础，以瓦斯抽采为重点，以安全监控系统为保障，强化制度措施落实，推进综合治理，构建“通风可靠、抽采达标、监控有效、管理到位”的瓦斯综合治理工作体系。煤矿企业、矿井应坚持“科技、投入、管理、素质”并重，保证瓦斯治理措施的落实，把瓦斯综合治理纳入日常安全生产工作。该办法明确，煤矿企业、矿井主要负责人（含法定代表人、实际控制人）是本单位瓦斯治理工作的第一责任人，全面负责落实瓦斯治理的人员、资金、制度、责任及隐患整改。矿井应健全以总工程师（技术负责人）为核心的技术管理体系，总工程师是瓦斯治理工作的第一技术责任人。高瓦斯矿井和煤与瓦斯突出矿井（以下简称“突出矿井”）的总工程师为第一行政副职。突出矿井须设置专门瓦斯防治机构，建立通风、防突、抽采、监控专业队伍，各配备不少于 1 名专业技术人员。煤矿企业、矿井应建立健全“一通三防”（通风，防尘、防瓦斯、防火）日常管理制度和瓦斯超限事故分级追查制度，加强井下作业人员“一通三防”专业技术知识和操作技能的教育培训。煤矿企业、矿井应规范安全生产费用的提取和使用，建立瓦斯综合治理专项资金，专款专用；合理确定瓦斯治理科研费用使用比例，保证瓦斯治理科研投入。

2020 年 5 月，国家发改委发布《关于推进关闭煤矿瓦斯综合治理与利用的指导意见（征求意见稿）》，对关闭煤矿瓦斯综合治理与利用的总体要求、重点任务、保障措施等进行了系统性规定。

3.4.3 水环境治理与修复

3.4.3.1 市场形势及背景

矿井水是伴随煤炭开采产生的地下涌水。我国煤炭以井工开采为主，约占整个煤炭产量的 97%，由于含煤地层一般在地下含水层之下，在采煤过程中为确保煤矿井下安全生产，必须排出大量矿井涌水。受井下采矿和人为活动的影响，矿井水极易受到污染，含有大量矿粉、岩石粉尘等杂质，悬浮物浓度较高，并含有少量有机物和微生物，如不经处理就直接排放，既污染矿区水源，又破坏矿区生态环境（郭雷等，2014）。

进入 21 世纪，安全和绿色成为煤炭开采的主题，而煤炭开采过程中水资源保护与利用是煤炭绿色开采面临的重大难题。习近平总书记于 2014 年 6 月在有关能源革命的讲话中指出，煤炭开采对地下水资源和地表生态的破坏是煤炭开发面临的主要问题。

据统计，我国开采 1 吨煤炭约产生 2 吨矿井水，但矿井水利用率仅 25% 左右。矿井水既是造成煤矿安全事故的主要因素之一，也是煤炭资源开发的第一大伴生资源。有数据显示，我国煤矿井年排水量约 71.7 亿立方米，意味着每开采 1 亿吨煤，约产生 2 亿立方米水资源。因此，矿井水防治和利用工作十分重要。

我国煤炭资源与水资源呈现逆向分布，特别是北方地区富煤贫水的格局，造成了矿区能源开发与水资源紧张的矛盾尤为突出。为解决煤炭产业发展与水资源短缺的矛盾，必须解决煤矿井水污水处理与资源化问题。对煤矿井污水进行治理并加以重复利用，降低水资源污染与浪费，可有效缓解煤矿区供水不足的问题，改善煤矿区的生态环境，促进绿色矿山建设，保障煤炭产业“绿水青山”建设工作，具有显著的环境、经济效益。

3.4.3.2　国家政策及规范

矿井水保护利用一直是煤炭开发的难点和热点问题，受到全社会的关注。国家对利用矿井水资源十分重视，先后颁布了一系列煤炭开发水资源保护利用的政策、法规。国家发改委于 2007 年发布了《矿井水利用专项规划》，提出了对矿井水利用采取区域布局和重点建设的方针，不同矿区因地制宜地选择矿井水利用发展方向，以最大限度地提高矿井水利用率。2012 年 3 月，国家发改委在《煤炭工业发展“十二五”规划》中对矿井水利用率和地表生态修复提出了明确的指标要求。2013 年 2 月，国务院印发《循环经济发展战略及近期行动计划》，明确提出“鼓励采用保水开采”“推动矿井水用于矿区补充水源和周边地区生产、生活和生态用水”，并要求到 2015 年“矿井水综合利用率达到 75%”。2015 年 1 月，国家能源局等部委印发的《促进煤炭安全绿色开发和清洁高效利用的意见》中指出，“统筹煤炭资源条件、矿山地质环境、水资源承载力和生态环境容量，确定合理的科学产能”，将水资源作为煤炭科学产能的约束条件。2015 年 4 月，国家能源局在《煤炭清洁高效利用行动计划（2015—2020 年）》中提出，“加大煤矸石、煤泥、煤矿瓦斯、矿井水等资源化利用的力度”，“有条件的矿区实施保水开采或煤水共采，实现矿井突水控制与水资源保护一体化”。2015 年 4 月，国务院下发的《水污染防治行动计划》指出，“推进矿井水综合利用，煤炭矿区的补充用水、周边地区生产和生态用水应优先使用矿井水，加强洗煤废水循环利用”。2015 年 5 月，中共中央、国务院在《关于加快推进生态文明建设的意见》中指出，“积极开发利用再生水、矿井水、空中云水、海水等非常规水源，严控无序调水和人造水景工程，提高水资源安全保障水平”。

上述政策、法规对矿井水保护与利用提出了严格要求，特别是西部煤炭主产区必须研发相适应的技术，实现煤炭开采与水资源保护利用相互协调发展。

3.4.3.3　治理技术

（1）矿井水的开采

目前，形成了两类技术途径：一是以“堵截法”为特征的保水开采技术；二是以

“疏导法”为特征的矿井水储存利用技术。

“堵截法”保水开采技术的核心是保护煤层上方隔水层完整性，避免形成导水裂隙，从而堵截地下水向下渗流，实现保护含水层地下水的目的。采用的主要技术手段包括充填开采、限高开采、房柱式开采、保水区域划分等。

“疏导法”矿井水储存利用技术是采用疏导手段，在掌握并利用煤炭开采地下水运移规律基础上，将矿井水转移至采空区进行储存，并建设相应的抽采利用工程，确保矿井水不外排地表，实现矿井水资源的保护利用（顾大钊等，2016）。

（2）矿井水的处理

矿井水的处理分为洁净矿井水的处理、含悬浮物质的矿井水处理、高度矿物化的矿井水处理、酸性矿井水的处理、碱性矿井水的处理等方面（张洁，2016）。

洁净矿井水主要分布在我国东北、华北等地区的煤矿，水质较好，只需进行简单的消毒处理后，即可作为生活饮用水。

含悬浮物矿井水主要是地下水受开采影响而带入的煤尘和岩粉，除悬浮物、细菌外，其他物理与化学指标均符合生活饮用水的卫生标准。此类矿井水经井下初次沉淀后被抽排至地面，运用常规水的处理工艺，即可达到生活和生产用水标准。

高矿化度矿井水一般含有较多的 $Ca^{(2+)}$、$Mg^{(2+)}$、CO_3^{2-}、$HCO^{(3-)}$、SO_4^{2-} 等成分，一般采用蒸馏法、电渗析法和反渗透法三种处理工艺。蒸馏法耗能大，为了节约成本，一般采用矸石燃烧，或是与煤电厂联营，使用电厂废热。以煤矸石作为沸腾炉燃料生产蒸汽来淡化高矿化度水，淡化水与原水按照一定比例混合后成为符合国家标准的生活饮用水。以热电厂废热为能源的电－淡水联产工艺加热高矿化度水，产水成本较低。

电渗析法对 Ca^{2+}、Mg^{2+}、Cl^- 等可溶性无机盐类去除率可达 75% 至 93%，可以满足普通高矿化度水淡化的需求。电渗析法对 SO_4^{2-} 去除率较低，也不能去除水中的有机物和细菌，设备运行能耗大，使其在高矿化度水淡化工程中的应用受到限制。反渗透法工艺较为成熟，卤素盐的脱盐能力高于 99%，硅酸盐、硫酸盐去除率为 96% 至 100%，氟化物去除率达 96%，反渗透膜对水中悬浮有机物、微生物、细菌等去除率为 93%，可满足生活用水的需求。反渗透法能耗少、成本低、无污染，出水水质、脱盐效率、占地面积、自动化程度都较为优越，是实现“绿色地球”的重要水处理工艺方法。

酸性矿井水是危害程度最大的矿井水种类，必须进行处理才能排放或使用，其处理方法有中和法，即投加碱性药剂或以石灰石、白云石为滤料，利用中和反应池、中和滚筒和升流式膨胀中和塔等进行过滤中和（高亮，2007）。此外，还可以采用生物化学处理法，如使用氧化亚铁硫杆菌将 Fe^{2+} 氧化为 Fe^{3+}，以达到去除酸性矿井水中铁元素的目的（赵记微、卢国斌，2008）。

含微量元素或放射性元素矿井水属于特殊污染物的矿井水，一般产量较少。此外，含放射性物质的煤矿开采受到严格限制，其矿井排水也受严格控制。

由于矿山所处的区域不同，水资源的丰富程度不一，可对破坏的水系统资源进行合理化利用。无利用条件的，可通过技术手段进行保护和修复，如建设地下水库等（顾大钊，2015；赵平等，2019）。

（3）矿井水的利用

矿井水的利用应采取“优质水优用、差质水差用”的原则，对不同类型矿井水分别采取适当措施进行处理，然后根据水质分别进行分配利用。一是应用到矿区的防火、灌浆等环节中，实现矿井水的二次利用；二是处理后的矿井水可直接回灌到地下，起到支撑等作用，降低因采煤导致的地面沉降发生概率；三是经过必要的沉淀等处理之后的矿井水，可以作为选煤厂的补充水，运用到选煤厂的生产中；四是处理后的矿井水可与雨水一起应用到煤矿绿化等方面；五是煤层开采过程中，如果遇到洁净水层，则可通过适宜的管道将水直接导出，经过必要的检测，且检测合格之后，可直接作为煤矿生活用水（梁永生，2018）。

3.4.4 固废危废处理

3.4.4.1 市场形势及背景

党的十九大以来，随着“绿水青山就是金山银山”和“美丽中国”建设的提出，党中央、国务院高度重视生态环境保护，为大力推进大气、水、土壤污染防治，我国相继出台了一系列生态环保法律、法规。2018 年，环保税正式开征，《中华人民共和国环境保护税法》（修订版）正式实施。2019 年 6 月，国务院通过的《中华人民共和国固体废物污染环境防治法（修订草案）》，明确提出“废物产生者为固废责任主体，不随固废转移而转让，固体废物的产生者对其产生的固体废物依法承担固体废物污染环境防治责任”，环保政策对污染源头的管控愈加严格。

在煤矿开采、加工和利用过程中，不可避免会产生各种固体废物和危险废物。近年来，随着相关环保政策的实施，煤矿固废、危废处理的工作量急剧增加，各大煤矿鼓励发展各种固体废弃物处理技术，同时也加大了对固体废弃物处理设备、生产工艺的研发投入。煤矿对固废、危废的处理在很大程度上关系到煤矿的经济效益与可持续发展，是无法回避且亟待解决的核心环保问题，这也带来固废、危废处理产业的蓬勃发展。

煤炭固体废物主要有煤矸石、露天矿剥离物、煤泥、粉煤灰等，其中排出量最大、最集中的固废是燃煤电厂的粉煤灰和煤矸石，在全部煤炭工业固体废物中占很大比例。

粉煤灰是经电厂锅炉对煤粉燃烧后产生的固体颗粒，是一种有着潜在价值的人工火山灰，它的直接长期堆放不仅会占用大量的土地，而且会破坏土壤的酸碱平衡，影响到动物、植物的生存空间，给环境造成了巨大的压力。

煤矸石是一种在煤层形成过程中与煤共伴生的岩石，是一种煤炭生产和加工利用过程中排放的固体废弃物，已成为我国排放量最大的工业固体废弃物。目前，我国存有矸石山 1600 多座，煤矸石堆存量超过 50 亿吨，占地面积 2 万公顷以上，而且仍在以每年 2 亿吨左右的速度递增，每年新增煤矸石占地超过 800 公顷。煤矸石堆占用大量土地资源，造成大量耕地、林地损失；影响周边地表水、地下水、大气和环境；同时，煤矸石的大量堆放和不当管理会产生次生灾害，威胁矿区人民生命财产安全。

煤矿开采中产生的危废主要有废矿物油、废电池等危险废物，如果不规范化储存、处置这些危废，则会对矿区生态环境造成威胁，直接影响矿区及周边居民的身体健康和生命安全。

3.4.4.2 国家政策及规范

2006 年实施的《国家鼓励的资源综合利用认定管理办法》，明确提出了煤矸石综合利用认定办法。2014 年，国家发改委等十部委联合印发的《煤矸石综合利用管理办法》（修订版）指出，“对符合国家或行业标准的煤矸石及其制品，设计、施工单位应在设计、建筑施工中优先选用”，“国家鼓励煤矸石大宗利用和高附加值利用：煤矸石循环流化床发电和热电联产、煤矸石生产建筑材料、从煤矸石中回收矿产品”。2015 年，财政部、国家税务总局联合印发《资源综合利用产品和劳务增值税优惠目录》，明确了煤矸石综合利用产品的增值税优惠政策。《产业结构调整指导目录（2019 年）》，明确鼓励“煤矸石、煤泥、洗中煤等低热值燃料综合利用”。国家相关法规的发布实施，对推动固废、危废处置及其资源化利用产业的发展具有重要的促进作用。

3.4.4.3 产业发展及布局

（1）煤矿固废危废主要处置方式

目前，对粉煤灰的处理主要有建立贮灰场储灰，并进行综合利用。国外早已对粉煤灰的利用进行了大量研究，其中法国对粉煤灰的利用率高达 75%，德国的利用率为 65%，而我国的利用率相对较低，且产生的附加值也较差（张金山、李彦鑫、曹永丹，2017）。在建材领域，粉煤灰被广泛地运用于工程回填，路基混凝土，配制不同比例的水泥、砂浆和各种砌块等的建材材料中。在精细利用方面，粉煤灰可用于回收炭和铁资源，提取氧化铝、制纸、分子筛、泡沫玻璃的制备等。在农业方面，将粉煤灰加入土壤中，可以改善土壤质地以及土壤结构，从而大大增加土壤的蓄水能力和透光性能。

近年来，我国每年投入大量人力和财力进行矸石山治理。从20世纪中期开始，我国就开始利用煤矸石，但在当时并没有将其作为一种资源。从70年代后期才逐渐兴起综合利用开发，主要用于生产建筑材料、制造轻骨料和陶瓷、制取化工产品、煤矸石发电、肥料基质、改良土壤、复垦及回填矿井采空区，并陆续兴办起煤矸石电厂、水泥厂、陶瓷厂、砖瓦厂等综合利用项目及工程，已经有了比较成熟的经验。

固废、危废处置产业离不开地质技术的保障，如固废制成浆液向离层区、采空区地下注浆充填等处置方法与钻探、测井、测量、测试等地质手段息息相关，每一项都可能发展成为专门的地质勘查新产业。

（2）地质勘查技术在固废危废处置中的应用

固废及危废的预处置技术涉及物理学、化学、生物学等多种学科，最终处理的方法主要有焚烧法、填埋法等。在煤矿绿色开采中，煤基固废充填主要采取采空区固废充填技术及固废液离层注浆充填技术。在工程实施过程中，作为关键环节，钻探工程等施工技术为煤基固废充填工程提供可靠的技术保障，既可以解决厚煤层采空塌陷和“三下”（建筑物下、铁路下、水体下）采煤问题，又可以解决矿区煤基固废处理问题和环境问题，实现环境与经济效益的双赢。

①采空区固废充填技术。在煤矿开采过程中，开采厚煤层或在“三下”采煤时，为了控制地表沉降，一般采用充填法处理采空区。目前，我国常采用的充填采煤技术大致可以分为膏体充填采煤技术、矸石充填采煤技术以及高水材料充填采煤技术等。

膏体充填采煤技术的主要材料是由煤矿矿井附近的煤矸石、粉煤灰等固体废弃物等配比形成的牙膏状膏体。矸石充填采煤技术的主要充填材料为煤炭开采过程中产生的固体废物煤矸石。高水材料充填采煤技术是在煤矸石等充填材料中加入高水速凝固结材料的一种充填采煤技术。以上充填采煤技术以煤矸石、粉煤灰等煤基固废物作为充填骨料，在全自动化搅拌厂制备成充填材料，被运至采场顶部，通过钻孔注入采空区，完成充填作业。其中，充填钻孔的施工是该技术实施过程中的关键环节。充填钻孔多为大口径，施工过程中需对防斜、泥浆配比方案、成井工艺进行严格控制，降低钻孔磨损率，提高钻孔使用寿命。

②固废浆液离层注浆充填技术。固废浆液离层注浆充填技术属于固废填埋法中的充填技术，是利用煤层开采后在上覆岩层形成的离层空间，在回采后一定时间范围内，使用压力泵将煤矸石粉末、粉煤灰、水泥或者混合物浆液，通过地面注浆钻孔注入关键层下的离层空间内，浆液沉淀后形成饱和压实体，保证上部岩层及地面不发生破坏与变形。该技术主要被应用于采空区地面减沉控制以及固体废物处理，同

时向含水层保护、减少矿井涌水量、防治冲击地压、增强地基承载力等方面拓展运用。目前，通过已实施的项目表明，该项技术经济效益、环境效益和社会效益显著。覆岩离层注浆充填技术由于成本低、煤炭回采率与生产效率高等特点，符合国家产业政策而日益受到重视。

覆岩离层注浆技术为煤矿固废的处理提供了新途径，达到了控制地面沉降和有效处理固废的双重目标。覆岩离层注浆技术的关键之处在于控制关键层，对关键层的判定及注浆过程离不开探查孔以及注浆钻孔的施工。通过前期探查孔，查明主关键层及亚关键层所处位置，确定离层空间可能发生的位置。在离层注浆过程中，注浆孔和验证孔需钻探技术、固井施工技术支撑，通常配套常规测井，保证注浆孔及验证孔质量。

3.4.4.4 工程案例

近年来，中国煤炭地质总局实施了多项固废浆液离层注浆充填工程项目，主要应用于采空区地面减沉控制以及固体废物处理，同时向含水层保护、减少矿井涌水量、防治冲击地压、增强地基承载力等方面拓展运用。通过已实施的典型项目“内蒙古门克庆煤矿 3101 工作面固废浆液离层注浆充填工程项目”表明，在固废处理方面应用固废浆液离层注浆充填技术，具有显著的经济效益、环境效益和社会效益。

该项目从 2018 年 4 月开始至今，设计治理总费用 4164.96 万元，其中钻探工程费用 2239.67 万元。本项目前期施工探查钻孔 2 个，注浆孔 13 个，已处理粉煤灰 2389.0 吨、矸石 232887.4 吨，注浆量 552463 立方米。该项目通过离层注浆技术实现将试验段上方铁路环岛炸药库及水库减沉控制在设计范围内，达到地表减沉、固废处理双重目的。

固废浆液离层注浆充填技术利用煤基固废物对煤炭开采所产生的地下空间进行充填，对固废实施注浆充填，取之予之，回归本位，科学合理地利用煤矿地下空间来解决矿井固废处理难题。该技术不仅降低了矿井固废处理成本，解决了矸石占地、环境污染、浪费土地资源等问题，还能有效缓解采煤引起的地面沉降问题，为解决我国煤矿开采存在的固废排放问题、“三下”压煤问题和土地资源问题提供绿色规模化、无害化处理的新渠道、新技术、新方法。

3.4.5 土壤地球化学调查

3.4.5.1 市场形势及背景

土壤地球化学调查是为全面了解土壤情况开展的、以地球化学为手段的地质调查工作，主要调查土壤中的养分元素（如氮、磷、钾、钙、铁、铜、锌等）、生命健康元素（如硒、锶、氟、碘等）、重金属污染元素（如汞、镉、铅、铬、砷等）和有机污染物含量等54种化学指标及其生态效应，进而对土地质量级别进行评定。土壤地球化学调查在保障国家粮食安全、耕地保护、生态文明建设、发展特色农业等诸多方面都发挥了重要作用。

2000年以前，我国对土壤污染的研究一直停留在基础科学层面，全国甚至没有一个专门的机构来管理土壤污染问题。2003年，中国地质调查局根据1999—2001年在广州、武汉、成都三个地区的调查结果形成专报，引起党和国家领导人的高度重视，促使“全国土壤现状调查与污染防治”专项的提出和批准实施。依据十几年的调查成果，同年，原环境保护部和原国土资源部联合发布了《全国土壤污染调查公报》；2014年，中国地质调查局调整业务布局，提出九大计划50项工程，其中“国土开发与保护基础地质支撑计划”中专门设置了“土地地球化学调查工程”。2016年，中国地质调查局发布了《中国地球化学调查报告（2016）》。2016年5月，国务院发布《土壤污染防治行动计划》（以下简称“土十条”）。2017年以来，我国逐步开展了大规模的土壤污染调查、防治和修复工作。2018年1月，国务院批准发布《第三次全国土地调查总体方案》，这又是一项与土壤地球化学调查密切相关的国家级大规模重点工作（武春林等，2018）。

我国是个人口众多的大国，解决好吃饭问题始终是治国理政的头等大事。党的十八大以来，党和国家领导人高度重视我国粮食安全问题，习近平总书记指出“中国人的饭碗任何时候都要牢牢地端在自己手上，我们的饭碗应该主要装中国粮”。

根据《中国土地矿产海洋资源统计公报（2017）》统计数据，截至2017年末，全国耕地面积为13486.32万公顷，全国因建设占用、灾毁、生态退耕、农业结构调整等减少耕地面积32.04万公顷，通过土地整治、农业结构调整等增加耕地面积25.95万公顷，年内净减少耕地面积6.09万公顷。随着工业化和城镇化进程的加快，土地需求持续扩大。在相当长一段时期内，我国都将面临土地供需矛盾尖锐的现实挑战。因此，我国实行了最严格的耕地保护制度和节约用地制度，严格保护耕地和基本农田，控制各类建设占用耕地。

土壤地球化学调查主要流程包括：采集土壤样品、样品加工处理、实验室化验分析、评价土地等级。广泛服务于国土资源管理，包括耕地分等定级、土地规划、基本农田划定、土地整理、土地剥离、耕地占补平衡等；亦服务于农业产业结构调整，优质土地资源开发利用，助力地方经济发展。查明富硒、富锶、富锌等特色土地资源的面积和分布，促进生态农业和特色农产品开发。

3.4.5.2　国家政策及规范

2017年5月，中国地质调查局物化探所组织修订的《土壤地球化学测量规程》

（DZ/T 0145—2017）作为行业标准正式实施。该规程重新修订的内容主要包括：土壤地球化学测量工作的目的任务、设计编写、野外工作方法技术、质量检查、样品加工、样品分析及质量监控、数据处理与图件编制、异常查证与评价、成果报告编写、资料汇交等。重点着眼于解决野外工作方法技术的难题与难点，并对特殊景观区的地球化学测量方法技术进行了必要补充，引入目前已经过各省份地质勘查单位生产实践证实的各种景观区土壤地球化学测量、分析测试和制图等方法技术，使修订后的规范更具有代表性、先进性和可操作性，充分发挥其指导与规范作用，以适应当前地球化学勘查工作的发展和地质找矿需求。

3.4.5.3 产业发展及布局

我国是农业大国，农业发展是国之根本。各级政府对土壤地球化学调查工作的高度重视，促进了该产业的快速发展。根据《中国地球化学调查报告（2016 年）》数据，地球化学调查有效服务于矿产、土地和地下水资源的开发与管理，并取得了三项突出成就。一是从 1978 年始，实施了以找矿为目的的地球化学调查计划。完成了调查面积 700 万平方公里，完全覆盖中国山区和丘陵地带，新发现各类矿床 2570 处，新发现金资源储量 4000 余吨，为国家矿产资源基地规划建设提供了重要支撑。二是从 1999 年开始，实施了土地质量地球化学调查计划，完成平原区土地调查面积 196 万平方公里，依据土壤所含有益元素和有害元素含量，对耕地的地球化学状况进行了评价。调查发现，12.72 亿亩无重金属污染耕地，占已调查耕地面积的 91.8%，发现富硒耕地资源 5244 万亩，为耕地管理和保护提供了重要支撑。三是从 2005 年始，实施了全国地下水水质调查计划，调查总面积 440 万平方公里，发现 30.2% 的地下水可直接饮用，34.7% 的地下水经适当处理后可饮用，2418 处地下水点具有天然矿泉水潜质，为地下水资源开发利用与保护提供了重要依据。

3.4.5.4 工程案例

土地质量地球化学调查计划是我国继“区域化探全国扫面计划”之后一个新的国家地球化学填图计划。该计划实施以来，在支撑土壤环境污染防控、土地资源管理、国家重大立法、精准扶贫等方面做出了重大贡献，显著拓展了地质工作服务链。

土地质量是土地相对于特定用途所表现（或可能表现）出的效果的优良程度。通过土地质量调查，对土地的自然属性和经济属性进行综合鉴定，并对鉴定结果进行等级划分。

浙江煤炭地质局承担的“金华市金东区土地质量地质调查”项目合同金额 220.45 万元，工作周期为 2018 年 6 月至 2020 年 12 月。

该项目在土地质量调查、评价、研究的基础上，建立了基本农田质量档案 24.33

万亩，建立了土地质量地质信息管理系统和土地质量数据库，完成了与土地管理“一张图”平台对接。通过土壤地球化学调查、灌溉水质调查、河道底泥调查、大气干湿沉降物调查和农产品安全性等调查工作，查明了多介质多元素含量特征，全面总结了调查区土壤养分和土壤环境元素地球化学特征，并进行了土地质量地球化学等级评价，较全面地掌握了调查区耕地土壤的肥力质量、环境质量和健康质量状况，为金东区土地资源管护、土壤环境保护及农业产业化发展提供了重要的基础资料和科学依据［浙江煤炭地质局（中煤浙江地质集团有限公司），2020］。

3.4.6 土壤污染修复

3.4.6.1 市场形势及背景

土壤污染物大致可分为无机污染物和有机污染物两大类。无机污染物主要包括酸，碱，重金属，盐类，放射性元素铯、锶的化合物，及含砷、硒、氟的化合物等。有机污染物主要包括有机农药、酚类、氰化物、石油、合成洗涤剂以及由城市污水、污泥及厩肥带来的有害微生物等。

伴随我国经济的飞速发展、产业结构升级以及城镇化建设步伐的加快，土地性质的变更越来越频繁，一些重污染企业遗留场地的土壤和地下水受到污染，环境隐患日益突出，土壤污染问题日益成为继水污染、空气污染之后广大民众密切关注的问题。当前，我国土壤环境总体状况堪忧，部分地区污染较为严重。

土壤是经济社会可持续发展的物质基础，关系人民群众身体健康，关系“美丽中国”建设，保护好土壤环境是推进生态文明建设和维护国家生态安全的重要内容。

我国土壤修复根据污染类型划分为三种形式：工业场地修复、农田修复和矿山修复。其中，工业场地修复的污染主体为重工业和医药化工业，主要污染物为化合物与重金属；农田修复的污染主体为企业排放、居民生活及农业生产中的化肥使用；矿山修复的污染主体为采选矿企业，主要是各种重金属尾矿带来的污染。

土壤修复是指利用物理、化学和生物的方法转移、吸收、降解和转化土壤中的污染物，使其浓度降低到可接受水平，或将有毒有害的污染物转化为无毒无害的物质。

土壤污染修复常用技术也有十多种，大致可分为物理、化学和生物三类。其中，物理方法又分为蒸汽浸提技术、固化修复技术、物理分离修复、玻璃化修复、热力学修复、热解吸修复、电动力学修复、换土法等；化学方法又分为原位化学淋洗、异位化学淋洗、溶剂浸提技术、原位化学氧化、原位化学还原与还原脱氯、土壤性能改良等；生物方法又分为植物修复、原位生物修复、异位生物修复等。

我国 2014 年发布的《全国土壤污染状况调查公报》数据显示（此次调查面积约

630万平方公里，覆盖除港、澳、台地区以外陆地国土的全部耕地，部分林地、草地、未利用地和建设用地），全国土壤环境状况总体不容乐观，部分地区土壤污染较重，耕地土壤环境质量堪忧，工矿业废弃地土壤环境问题突出。全国土壤总超标率达16.1%，其中轻微、轻度、中度和重度污染点位比例分别为11.2%、2.3%、1.5%和1.1%；污染类型以无机型为主，有机型次之，复合型污染比重较小，无机污染物超标点位数占全部超标点位数的82.8%。从土地利用类型来看，耕地、林地、草地、未利用地土壤点位超标率分别为19.4%、10.0%、10.4%、11.4%。重污染企业及其周边土壤点位超标率达36.3%，固体废物集中处理处置场地土壤点位超标率达21.3%，采矿区土壤点位超标率达33.4%；从污染物构成看，无机污染物镉、汞、砷、铜、铅、铬、锌、镍8种点位超标率分别为7.0%、1.6%、2.7%、2.1%、1.5%、1.1%、0.9%、4.8%。有机污染物六六六、滴滴涕、多环芳烃三类点位超标率分别为0.5%、1.9%、1.4%。

重污染企业用地和工业废弃地是超标“重灾区”。当前，我国场地污染主要集中在重污染企业用地、工业废弃地、工业园区、固体废物集中处理处置场地、采油区、采矿区、污水灌溉区和干线公路两侧等几类地区。其中，重污染企业用地和工业废弃地超标率超过1/3。

我国土壤修复行业仍处在起步成长阶段。当前我国土壤修复产业的产值尚不及环保产业总产值的2%，然而这一指标在发达国家的土壤修复产业中已经达到30%以上。随着国家宏观政策和行业政策对土壤修复重视度的提高，以及相对完善的土壤修复管理体系逐步构建，未来将会有更多的土壤修复项目需求，市场上升空间巨大。

3.4.6.2 国家政策及规范

为切实加强土壤污染防治，逐步改善土壤环境质量，国家陆续出台了多项与土壤污染相关的政策文件。1995年10月，第八届全国人民代表大会常务委员会第十六次会议通过《中华人民共和国固体废物环境污染防治法》；原环境保护部于2008年6月出台《关于加强土壤污染防治工作的意见》，要求“充分认识加强土壤污染防治的重要性和紧迫性”，“到2015年，基本建立土壤污染防治监督管理体系，污染土壤修复与综合治理示范项目取得明显成效”。2011年6月，原环境保护部出台的《国家环境保护“十二五”科技发展规划》等也对土壤、地下水的修复进行了规划部署。2011年12月，国务院印发《国家环境保护“十二五”规划》，将土壤与地下水污染列为迫切需要解决的危害群众健康的突出环境问题。

2016年5月，国务院印发“土十条”，要求“立足我国国情和发展阶段，着眼经济社会发展全局，以改善土壤环境质量为核心，以保障农产品质量和人居环境安全为出发点，坚持预防为主、保护优先、风险管控，突出重点区域、行业和污染物，实施分类别、分用途、分阶段治理，严控新增污染、逐步减少存量，形成政府主导、企业担责、公众参与、社会监督的土壤污染防治体系，促进土壤资源永续利用”。提出“到2030年，全国土壤环境质量稳中向好，农用地和建设用地土壤环境安全得到有效保障，土壤环境风险得到全面管控。到21世纪中叶，土壤环境质量全面改善，生态系统实现良性循环”。确定的土壤污染修复主要指标：到2030年，受污染耕地安全利用率达到95%以上，污染地块安全利用率达到95%以上。

2016年8月，财政部、原环境保护部联合印发《土壤污染防治专项资金管理办法》，要求国家专项资金重点支持土壤污染状况调查及相关监测评估、土壤污染风险管控、污染土壤修复与治理，以及关系我国生态安全格局的重大生态工程中的土壤生态修复与治理等重大项目。2016—2018年，原环境保护部先后印发了《污染地块土壤环境管理办法》《农用地土壤环境管理办法》。2018年，生态环境部印发了《工矿用地土壤环境管理办法》。

2018年6月，国务院发布了《关于全面加强生态环境保护　坚决打好污染防治攻坚战的意见》，提出坚决打赢蓝天保卫战，着力打好碧水保卫战，扎实推进净土保卫战。

2018年8月，第十三届全国人民代表大会第五次会议通过了《中华人民共和国土壤污染防治法》，自2019年1月起正式实施。该法提出土壤污染防治应当坚持预防为主、保护优先、分类管理、风险管控、污染担责、公众参与的原则，并对土壤污染防治规划、标准、普查、监测、预防与保护、风险管控、修复、保障监督以及法律责任等进行明确规定，突出污染者责任。

在制定政策的同时，我国也十分重视土壤污染修复标准及规范建设，在1995年首次发布了《土壤环境质量标准》（GB 15618—1995），这是土壤环境保护的第一个标准，已于2018年8月废止。生态环境部的2018年13号公告发布替代标准《土壤环境质量　农用地土壤污染风险管控标准（试行）》（GB 15618—2018）和《土壤环境质量　建设用地土壤污染风险管控标准（试行）》（GB 36600—2018）。2014年2月，原环境保护部颁布《场地环境调查技术导则》（HJ 25.1—2014）、《场地环境监测技术导则》（HJ 25.2—2014）、《污染场地风险评估技术导则》（HJ 25.3—2014）、《污染场地土壤修复技术导则》（HJ 5.4—2014）、《污染场地术语》（HJ 682—2014）等标准；于2016年6月颁布《土壤电导率的测定电极法》（HJ 802—2016）、《土壤和沉积物　12种金属元素的测定　王水提取－电感耦合等离子体质谱法》（HJ 803—2016）、《土壤 8种有效态元素的测定　二乙烯三胺五乙酸浸提－电感耦合等离子体发射光谱法》（HJ 804—2016）、《土壤和沉积物　多环芳烃的测定　气相色谱－质谱法》（HJ 805—2016）等 6 项标准。至此，已颁布实施的土壤环境保护相关标准达 50 项，已初步形成了完整的体系。这些导则、办法和规划为开展土壤修复业务提供了详细的指导。

3.4.6.3 产业发展及布局

进入 21 世纪后，保护环境、减轻环境污染、遏制生态恶化趋势等已成为我国政府管理的重要任务，党的十八大更是将环境保护、资源节约、能源节约、发展可再生能源和污染（水、大气、土壤）治理等统一为“生态文明”的概念，并且将其上升到空前的高度。在这种大背景下，全国生态环境保护工作持续加强，土壤污染修复产业得到极大发展。

根据中国环境产业协会土壤与地下水修复专业委员会数据，2007—2018 年的 10 余年中，我国工业污染场地修复项目的数量从 2008 年的 4 个提升至 2018 年的 200 个，项目资金额从 0.4 亿元提升至 60.6 亿元。资料显示，近两年来，我国从事土壤修复产业的企业的数量出现了较大幅度的增长，2017 年我国土壤修复相关产业的企业数量达到 2800 家。

土壤修复产业市场广阔，潜力巨大。根据土壤修复行业的分析调查统计，目前全国污染场地数量在 100 万 ~ 200 万块，国内土壤修复市场总容量约为 204729.2 亿元，其中矿区的修复比例为 5%。未来几年，我国土壤修复产业将呈指数级增长，到 2023 年，我国土壤修复产业规模将超过 15000 亿元，其中矿区土壤修复市场将有望超过 768 亿元（中国报告大厅，2019）。

3.4.6.4 工程案例

污染场地被称为“棕色地块”，是指因生产、经营、处理、储存有毒有害物质，处理处置危险废弃物，以及从事矿山开采等活动造成污染，且对人体健康或生态环境产生危害的场地。

中国煤炭地质总局下属中煤浙江检测技术有限公司（以下简称“中煤检测”）长期从事相关检验检测工作，从最初仅能开展单一检测，到目前已具备煤质、工程、岩矿、固废、土壤、生活饮用水、废水、生活垃圾、水尺计重、噪声和气体检测等 11 个门类的综合检测能力。截至 2020 年 3 月，中煤检测通过认证的单项检测指标共 1041 项，其中生态环境相关检测指标达 800 余项。

污染场地生态环境调查评估以中煤检测强大的检测服务体系为支撑，其“一站式”服务主要分为走访调查、设计编写、全面调查、采样化验、综合研究和成果提交等 6 个阶段。（见图 3-52 至图 3-56）

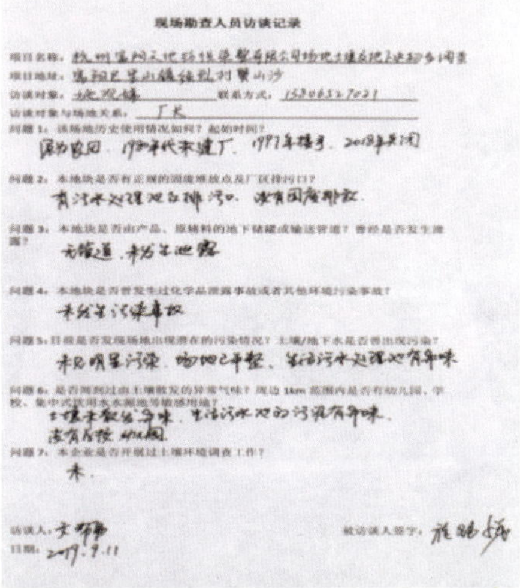

现场勘查人员访谈记录

项目名称：

项目地址：

访谈对象：　　联系方式：

访谈对象与场地关系：

问题1：该场地历史使用情况如何？起始时间？

问题2：本地块是否有正规的固废堆放点及厂区排污口？

问题3：本地块是否有产品、原辅料的地下储罐或输送管道？曾经是否发生泄漏？

问题4：本地块是否曾发生过化学品泄露事故或者其他环境污染事故？

问题5：目前是否发现场地出现潜在的污染情况？土壤/地下水是否曾出现污染？

问题6：是否闻到过由土壤散发的异常气味？周边1km范围内是否有幼儿园、学校、集中式饮用水水源地等敏感用地？

问题7：本企业是否开展过土壤环境调查工作？

访谈人：

日期：2017.9.11

被访谈人签字：

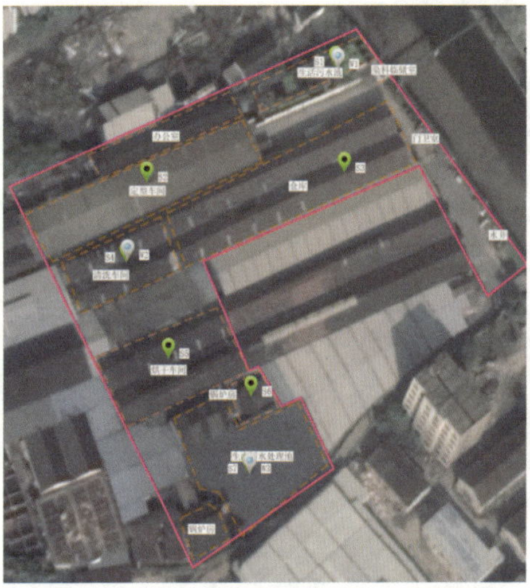

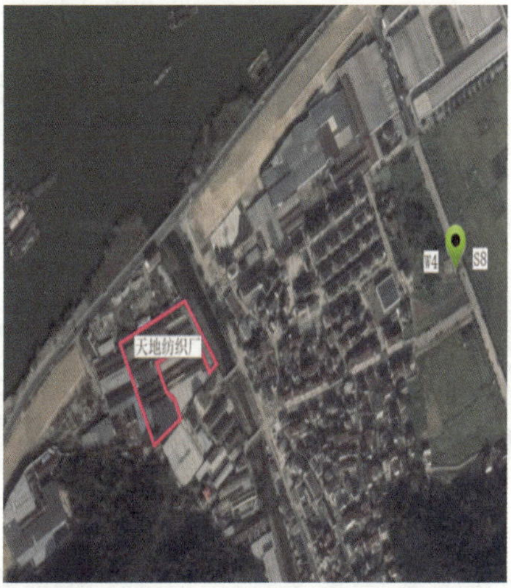

图 3–52　场地内外对比点布置

图 3–53　现场采样与现场快速测定

图 3-54　样品现场装箱保存

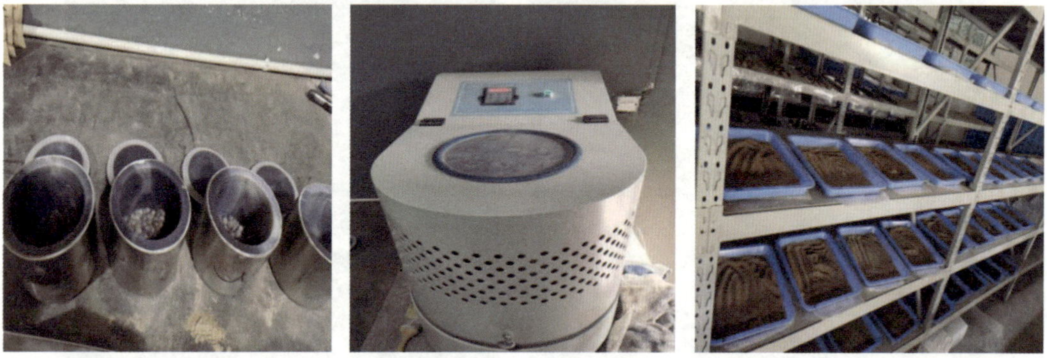

图 3-55　样品制备和晾晒

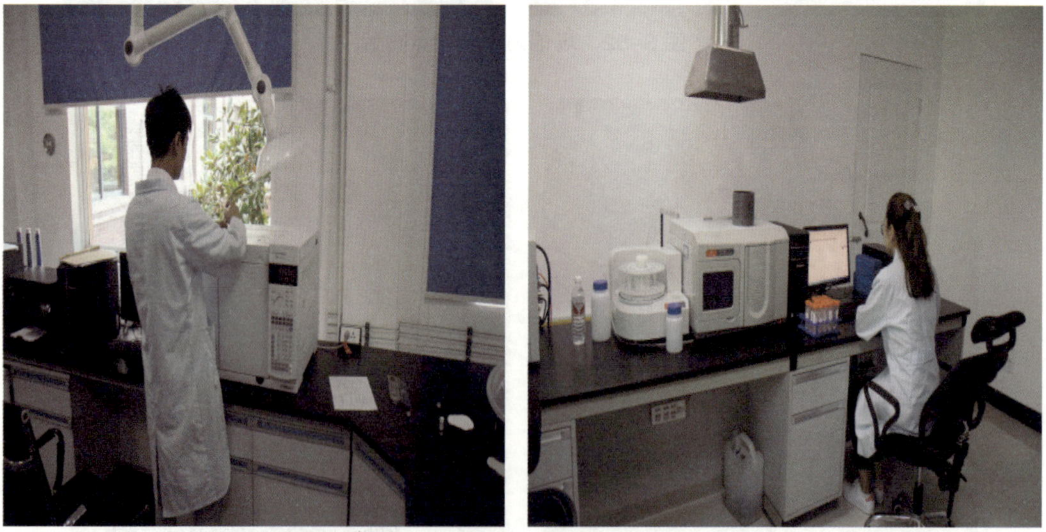

图 3-56　样品测试分析

2019年，中煤检测实施了“杭州裕泰纸业有限公司土壤污染状况初步调查”项目，开展了丙烯酸、1，3-丁二烯、可吸附有机卤化物等几种指标检测方法的开发和应用，为业主提供了快速高效的技术服务。

目前，中煤检测污染场地调查评估业务打开了杭州的余杭、富阳、桐庐等地市场。其中，2019年中标的两个重大生态环境调查评估项目，标志着中煤检测在生态环境领域取得了一定的突破。

3.4.7 土地整治

3.4.7.1 市场形势及背景

土地整治包含土地整理、土地复垦及土地开发等。土地整理是指采用工程、生物等措施，对田、水、路、林、村进行综合整治，增加有效耕地面积，提高土地质量和利用效率，改善生产、生活条件和生态环境的活动；土地复垦是指采用工程、生物等措施，对在生产建设过程中因挖损、塌陷、压占和自然灾害造成破坏、废弃的土地进行整治、恢复利用的活动；土地开发是指在保护和改善生态环境、防止水土流失和土地荒漠化的前提下，采用工程、生物等措施，对未利用土地资源进行开发利用的活动。

中国的土地整治工作以坚守18亿亩耕地红线、提高耕地质量和粮食产量、确保国家粮食安全为目标。根据人多地少的基本国情，再加上逐年因建设占用、生态退耕、农业结构调整等减少的耕地面积逐渐增加，土地整治作为补充耕地的唯一途径，受到国家的高度重视。

3.4.7.2 国家政策及规范

中国土地整治工作始于《中共中央、国务院关于进一步加强土地管理切实保护耕地的通知》的发布；1998年，新修订的《中华人民共和国土地管理法》中明确提出“国家鼓励土地整理”。

2003年3月，原国土资源部颁发的《全国土地开发整理规划（2001—2010）》包含了土地整理、土地复垦和土地开发三项内容。2008年，党的十七届三中全会第一次在中央层面提出“土地整治”的概念，明确提出要“大规模实施土地整治，搞好规划、统筹安排、连片推进”，土地整治被逐步纳入国家层面的战略布局。

2012年，国务院批准了《全国土地整治规划（2011—2015年）》，首次提出“全域”土地整治概念，整治范围涵盖了农用地、建设用地、未利用地等，实施手段扩充为土地整治分区、重点区域、土地整治工程、示范省和示范县建设和探索试点等，更加重视工程和政策相结合的土地整治措施，并对土地生态整治进行了初步安排。提出了6项土地整治主要目标，包括：高标准基本农田建设成效显著，补充耕地任务全面落实，农村建设用地整治规范有序推进，城镇工矿建设用地整治取得重要进展，土地复垦明显加快，土地整治保障体系更加完善。

2014年5月，原国土资源部发布实施《节约集约利用土地规定》，对土地整治的内涵和目标进行了界定："县级以上地方国土资源主管部门应当会同有关部门，依据土地利用总体规划和土地整治规划，对田、水、路、林、村进行综合治理，对历史遗留的工矿等废弃地进行复垦利用，对城乡低效利用土地进行再开发，提高土地利用效率和效益，促进土地节约集约利用。"

2015年，《中共中央关于国民经济和社会发展第十三个五年规划的建议》提出"大规模推进农田水利、土地整治、中低产田改造和高标准农田建设"，充分肯定了土地整治对保障国家粮食安全，转变农业发展方式，促进城乡统筹发展的重要支撑与基础作用。

3.4.7.3 产业发展及布局

当前，土地整治主要包括五种类型：农用地整治是以高标准基本农田建设为主要工程，在增加耕地数量、提升耕地质量的基础上，实现国家"十三五"提出的5300万公顷高标准基本农田建设目标；农村建设用地整治主要是对农村宅基地的整治，针对农村"空心化"问题，依托城乡建设用地增减挂钩，在促进人口向城镇集中的同时，建设社会主义新农村；城镇工矿建设用地整治主要是对城镇低效用地的再开发，通过开展"三旧（旧城镇、旧厂房、旧村庄）改造"，引导产业结构升级，促进城镇用地的空间布局优化，提高土地节约集约利用水平；土地复垦是土地整治的关键部分，是针对生产建设活动或自然灾害对土地造成的破坏进行治理，通过土壤重构、地貌重塑等方式恢复损毁土地的生态平衡；土地开发主要是对宜耕后备土地资源的开发，科学开发宜耕后备土地，在保证生态的前提下，对开发的新增耕地进行质量建设与管理，以确保耕地的数量质量平衡（魏洪斌等，2017）。

"十二五"期间，土地整治产业得到快速发展。全国整理农用地5.3亿亩，建成高标准农田4.03亿亩。补充耕地2767万亩，其中土地开发补充耕地822万亩，土地整理、土地复垦补充耕地1755万亩，增减挂钩补充耕地190万亩，新增耕地面积超过同期建设占用和自然灾害损毁的耕地面积，保证了全国耕地数量基本稳定；补充耕地70%来源于土地整理复垦，土壤熟化程度较高。据统计，经整治后的耕地质量平均提高1个等级、亩产平均提高10%~20%，提高了耕地生产能力，新增粮食产能373.68亿千克。通过开展城乡建设用地增减挂钩、工矿废弃地复垦利用、城镇低效用地再开发等，全国共整理农村闲置、散乱、粗放建设用地233.7万亩，复垦历史遗留工矿废弃地936.6万亩，改造开发城镇低效用地150.0万亩，优化了城乡用地的结构和布局，促进了节约集约用地，整理复垦后土地利用率提高了9.83%，为新型城镇化和县域经济发展拓展了空间。加强农田基础设施建设，建成田间道路886.8万千米，修建排灌沟渠867.4万千米，种植农田生态防护林1.1亿株；采取工程、生物等措施，开展沙化、盐碱化和石漠化等土地治理，治理水土流失面积413万亩；加大工矿废弃地复垦和矿山生态环境治理力度，土地复垦率提高了12.5%。

2018年5月，自然资源部发布的《2017中国土地矿产海洋资源统计公报》数据显示，2017年全国开展并验收土地整治项目1.64万个，同比增长17.1%；建设总规模为162.63万公顷，同比下降53.1%；新增耕地22.73万公顷，同比增长22.7%；总投资754.92亿元，同比增长16.0%。

《全国土地整治规划（2016—2020年）》提出，土地整治产业要牢固树立“创新、协调、绿色、开放、共享”的新发展理念，坚持最严格的耕地保护制度和最严格的节约用地制度，大力推进农用地整理和高标准农田建设，夯实农业现代化基础；以促进城乡统筹发展为导向，大力推进城乡散乱、闲置、低效建设用地整理，推动美丽宜居乡村建设和新型城镇化发展；以精准扶贫、精准脱贫为要求，大力推进贫困地区土地综合整治，加大政策、项目、资金支持，助力脱贫攻坚；以保护生态环境为前提，大力推进废弃、退化、污染、损毁土地的治理、改良和修复，促进土地资源永续利用。

土地整治产业的目标是建成4亿亩、力争建成6亿亩高标准农田，其中通过土地整治建成2.3亿~3.1亿亩，经整治的基本农田质量平均提高1个等级，增加粮食产能400亿千克。落实最严格的耕地保护制度，努力补充优质耕地，加强耕地质量建设。通过土地整治补充耕地2000万亩，其中，农用地整理补充耕地900万亩，损毁土地复垦补充耕地360万亩，宜耕未利用地开发补充耕地510万亩，农村建设用地整理补充耕地230万亩；通过农用地整理改造中低等耕地2亿亩左右，开展农田基础设施建设，建成排灌渠道900万千米，建成田间道路600万千米。有序开展城乡建设用地增减挂钩，整理农村建设用地600万亩。稳步推进城镇建设用地整理，改造开发600万亩城镇低效用地，促进单位国内生产总值的建设用地使用面积减少20%。大力推进历史遗留损毁土地复垦，复垦率达到45%以上，努力做到“快还旧账、不欠新账”；积极开展土地生态整治，加强农田生态建设。

3.4.8 地下空间利用

3.4.8.1 市场形势及背景

我国地下矿产资源丰富，从中华人民共和国成立至今，煤矿、盐矿等地下资源已开采利用70多年，部分矿井生命周期已经或即将结束，废弃地下空间将大幅增加。据统计，2000—2015年全国累计废弃煤矿井1.8万余处，“十三五”期间关闭矿井数量大量增加。根据我国各省（区、市）发布的2016年和2017年废弃煤矿井公开文件，废弃煤矿井主要位于山西、湖南、贵州、四川、云南、黑龙江、重庆、河北、辽宁和陕西10个省份。2016年和2017年已退出煤炭产能4.93亿吨，这些退出的煤炭产能主要分布于我国产能较小、地质条件复杂、安全生产条件落后、开采年限较长、煤质较差的地区。中国工程院重点咨询项目“我国煤炭资源高效回收及节能战略研究”结果表明，到2030年，我国关闭或废弃矿井数量将达到15000处。

井工煤矿在建设和生产过程中必然会产生大量的空间，如井筒、井底车场、中央变电所、泵房、巷道与硐室以及采空区等。

根据谢和平院士团队《煤矿地下空间容量估算及开发利用研究》论文数据，“我国井工煤矿1949—2016年形成的采空区地下空间共计138.36亿立方米，其中晋、陕、蒙、宁、甘区域最多，为71.19亿立方米；按位于城市距离计算，位于城镇周边（≤50千米）以及偏远地区（≤50千米）的采空区地下空间分别为26.28亿立方米和112.79亿立方米。从2017年到2030年，按照每年煤炭产量平均34亿吨预计，则14年合计采煤476亿吨，按照煤炭容重为1.35吨/立方米，计算采出煤炭体积352.59亿立方米，预计还要形成采空区地下空间约96.16亿立方米。则合计到2030年我国将形成煤矿采空区地下空间约234.52亿立方米，煤矿井下采空区利用前景广阔”。“根据中华人民共和国成立以来采出的煤炭总量，研究人员估算截止到2016年底煤矿采空区地下空间约为138.36亿立方米；按照2030年每年平均开采34亿吨计算，估算截止到2030年煤矿采空区地下空间约为234.52亿立方米。合计煤矿地下空间体积约241.11亿立方米。如果折算成断面5米×3米的巷道，截至2016年底煤矿地下空间的长度约为88万公里，可绕赤道22圈；预计到2030年煤矿地下空间约258.62亿立方米，约长160万公里，可绕赤道40圈。”

开发利用废弃煤矿井的地下空间，既避免了煤矿采空区造成的极大的地下空间浪费，又缓解了地面城市发展面临的人口增加、土地紧缺等突出问题。

一般情况下，一些关闭退出煤矿的井下空间广阔、结构稳定，具备特殊的温度和湿度条件，一般会被用作储存空间。目前，中国工程院提出的煤矿井下空间利用建议有：建设分布式抽水蓄能电站，开发地下空间工业旅游资源，建设地下油气储存库，开发利用资源枯竭深大露天矿空间资源，开发可再生能源利用，进行生态修复与接续产业培育，建设地下空间国家级科研平台，进行国防科工研究等方面。

3.4.8.2 国家政策及规范

2008年，原国土资源部、原环境保护部等部门联合印发了《关于加强废弃矿井治理工作的通知》，要求开展全面调查、建立废弃矿井治理的长效机制等工作，抓紧建立健全并落实好矿山环境治理和生态恢复责任机制，避免造成新的遗留问题。

2009年，国家安全监管总局、原国家煤矿安监局、国家发改委等联合印发《关于深化煤矿整顿关闭工作的指导意见》，强调要加大对关闭煤矿的扶持力度，指出："应关闭的煤矿已经向国家缴纳了采矿权价款的，地方可从分成的采矿权价款中安排资金用于支持解决该煤矿关闭后的遗留问题。经国土资源管理部门认定仍有利用价值的剩余资源，需重新进行核实备案并对采矿权价款重新进行评估确认。中央财政将根据关闭小煤矿工作情况，对地方政府给予一定财力支持。各地要研究制定关闭小煤矿有关经济政策和配套措施，确保社会稳定。"

2016年，国家能源局发布《煤层气（煤矿瓦斯）开发利用"十三五"规划》提出完善废弃矿井残存瓦斯开发政策，建设一批废弃矿井残余瓦斯抽采利用示范工程。

参考文献：

[1] 曹进成，郭威．矿产资源综合利用政策研究及需求分析 [J]. 中国矿业，2012，21（9）：5-8.

[2] 程守田，黄焱球．加强含煤岩系伴生矿产资源的综合研究：煤田地质工作拓宽领域之一 [J]. 中国煤田地质，1994，6（4）：35-39.

[3] 程远平，付建华，俞启香．中国煤矿瓦斯抽采技术的发展 [J]. 采矿与安全工程学报，2009（02）：127-139.

[4] 范晓光，董跃文．煤矿井下瓦斯抽采方法分类及展望 [J]. 煤矿现代化，2014（3）：121-122，123.

[5] 高洪烈．煤炭工业可持续发展中的环境保护和矿区资源综合开发问题 [J]. 中国煤田地质，2001，13（3）：34-36.

[6] 高磊．我国煤矿水害事故的研究现状及展望 [J]. 科技视界，2016（26）.

[7] 高亮．我国煤勘矿井水处理技术现状及其发展趋势 [J]. 煤炭科学技术，2007（9）：1-5.

[8] 顾大钊，张勇，曹志国，等．我国煤炭开采水资源保护利用技术研究进展 [J]. 煤炭科学技术，2016，44（1）：1-7.

[9] 顾大钊．煤矿地下水库理论框架和技术体系 [J]. 煤炭学报，2015，40（2）：239-246.

[10] 郭雷，张硌，胡婵娟，等．我国矿井水管理现状分析及对策 [J]. 煤炭学报，2014，39（S2）：484-489.

[11] 国家发展和改革委员会，国家能源局．煤层气（煤矿瓦斯）开发利用"十三五"规

划 [Z].[出版者不详]，2012.

[12] 韩甲业，应中宝 . 我国低浓度煤矿瓦斯利用技术研究 [J]. 中国煤层气，2012（6）：39–41.

[13] 黄邦杰，伍超，蒋慧超 . 矿山地下水灾害及其防治 [J]. 中华建设科技，2013（3）.

[14] 李增学，王佟，王怀洪，等 . 多能源矿产协同勘查理论与技术体系研究 [J]. 中国煤炭地质，2011（4）：68–72.

[15] 梁永生 . 煤矿矿井水的处理与综合利用 [J]. 山西科技，2018，33（3）.

[16] 龙伍见 . 我国煤矿低浓度瓦斯利用技术研究现状及前景 [J]. 矿业安全与环保，2010（4）：74–77.

[17] 陕西省煤田地质局一八六队，物探测量队 . 陕西永陇能源开发建设有限责任公司崔木煤矿 22 盘区补充勘探 [R]. 西安：陕西省煤田地质局一八六队，2014.

[18] 陕西省煤田地质局一八五队，物探测量队 . 陕西省陕北侏罗纪煤田活鸡兔矿井一盘区补充勘探报告 [R].[出版者不详]，1993.

[19] 陕西省煤田地质局一九四队 . 陕西省黄陇侏罗纪煤田旬耀矿区西川煤矿扩大补充勘探地质报告 [R]. 铜川：陕西省煤田地质局一九四队，2008.

[20] 陕西省煤田地质局一三一队 . 陕西省渭北石炭二叠纪煤田盘龙煤矿水文地质补充勘探报告 [R].[出版地不详]：陕西省煤田地质局一三一队，2011.

[21] 陕西省一八六煤田地质有限公司 . 陕西麟游崔木煤矿 22307 工作面瓦斯抽采报告 [R] 西安：陕西省煤田地质局一八六队，2012.

[22] 孙升林，吴国强，曹代勇，等 . 煤系矿产资源及其发展趋势 [J]. 中国煤炭地质，2014，26（11）：1–11.

[23] 王佟，等 . 中国煤炭地质综合勘查理论与技术体系 [M]. 北京：科学出版社，2013.

[24] 王雪峰，薛亚洲，范继涛 . 论节约矿产资源与保护环境的内在关系 [R]. 中国地质矿产经济学会 2013 年学术年会，2013.

[25] 魏洪斌，罗明，鞠正山，等 . 中国土地整治“十二五”研究重点评述与“十三五”研究展望 [J]. 水土保持研究，2017，24（2）：371–377.

[26] 武春林，王瑞廷，丁坤，等 . 中国土壤质量地球化学调查与评价的研究现状和进展 [J]. 西北地质 . 2018，51（3）：241–252.

[27] 袁国泰，黄凯芬 . 试论煤系共伴生矿产资源的分类及其他 [J]. 中国煤田地质，1998，10（1）：21–19.

[28] 张洁 . 煤矿矿井水的综合利用研究 [J]. 科技创新与应用，2016（12）：29–30.

[29] 张金山，李彦鑫，曹永丹 . 粉煤灰的综合利用现状及存在问题浅析 [J]. 矿产综合利用，2017（5）：22–26..

[30] 赵记微，卢国斌 . 煤矿矿井水的处理与综合利用 [J]. 煤炭技术，2008，27（2）：145–147.

[31] 赵平，等 . 新时代煤炭地质勘查工作发展方向研究 [M]. 北京：科学出版社，2019.

[32] 浙江煤炭地质局（中煤浙江地质集团有限公司）. 金华市金东区土地质量地质调查报告 [R]，2020.

[33] 中国煤炭地质总局航测遥感局（中煤航测遥感集团有限公司）. 青海能源鱼卡有限责任公司一矿井智慧矿山系统建设 [Z]，2019.

[34] 朱士飞，秦云虎 . 煤中共（伴）生矿产资源的研究进展 [J]. 高效地质学报，2013，19（增刊）：605.

[35] 朱雄 . 矿井瓦斯防治技术在我国的研究进展及发展方向 [J]. 农家参谋，2018（11）.

4 煤炭地质勘查产业多元化发展分述

20世纪90年代，我国经济由计划经济向市场经济转变，国民经济进入调整时期。随着国家投资体制发生变化，国家下达给地质勘查单位的勘探计划骤然减少，煤田整装勘查项目基本绝迹，地质勘查行业进入萎缩期。全国大多数地质勘查单位陷入“无活可干、无米下锅”的窘境，煤炭地质工作遇到了自中华人民共和国成立以来前所未有的困难。

随着市场经济的深入发展，煤田地质单位走向市场、参与市场竞争是大势所趋。随着国务院印发《关于改革国有重点煤矿管理体制有关问题的通知》，1998年8月全国大多数煤田地质单位被逐步下放到各省份，进行属地化管理。由此，全国煤田地质单位进入一个全新的历史发展阶段。

一直在计划经济体制内进行勘查、开发的煤田地质工作，面临着新的市场形势及重大管理体制的改革，煤田地质单位纷纷走向市场，利用自身的人员、技术、设备及资料优势，积极延伸地质技术服务产业链，向“大地质、大资源、大生态、大市场、大服务”领域拓展，开展工程勘察、水文地质、农业地质、灾害地质、城市地质等多种业务，开始走上了“第二次创业之路”。

4.1 工程勘察与施工

4.1.1 市场形势及背景

面对汹涌澎湃的市场大潮及体制管理的变革，全国煤田地质人为了求生存、图发展，不等不靠，响应国家号召。以经济效益为中心，适应社会需求，纷纷走向市场，积极开拓社会地质及其延伸产业。全力推进煤田地质由单一煤炭资源勘查向多种资源勘查、全方位服务经济社会发展方向转变，积极进行产业结构调整，开辟了多种经营、多元发展的新道路。

1999年4月，国务院印发《地质勘查队伍管理体制改革方案》，强调“中央和省一级保留一部分承担基础性、公益性、战略性地质勘查任务的骨干力量，将其余地质勘查单位逐步改组成按照市场规则运行和管理的经济实体”，“地质勘查单位逐步实行企业化经营”，“地质勘查单位主要从事资源勘查、开发和工程勘查工作，同时积极开展多种经营和服务创收，逐步成为自主经营、自负盈亏、自我约束、自我发展的经济实体”。这些政策为地质勘查单位指明了下一步发展方向。

工程勘察施工方式与煤田地质专业的地质、钻探手段相近，原理相同、资料共享，它们都主要是通过对地形、地质及水文等要素的测绘、勘探、测试及综合评定，为城市建设、工业和民用建筑、铁路、道路、输电及管线工程、水利与水工建筑、采矿与地下工程的规划、设计、施工、运营及综合治理，提供可行性评价与建设所需的基础地质资料。

2019 年，全国地质勘查行业工程勘察与施工收入 1025.86 亿元，较上年增加 78.66%，占全国地质勘查单位总收入 2289.02 亿元的 44.82%，成为地质勘查单位的主要收入来源。

4.1.2 政策及规范

国家对工程勘察与施工产业在政策上的支持力度较大，原国家计委于 1986 年印发《关于加强工程勘察工作的几点意见》，明确工程勘察“可以向岩土工程方向发展”；同年，又印发《关于工程勘察单位进一步推行岩土工程的几点意见》，推行“岩土工程体制”的工作正式启动。原建设部在 1992 年发文，明确岩土工程的行业服务能力发展目标包括五大方面：岩土工程勘察、岩土工程设计、岩土工程治理、岩土工程监测和岩土工程监理（顾问咨询）。1994 年，行业标准《工业与民用建筑工程地质勘察规范》被废止，与国际接轨的国家标准《岩土工程勘察规范》颁布施行。2000 年 9 月，颁布施行《建设工程勘察设计管理条例》。2001 年 1 月，原建设部印发《关于颁发工程勘察资质分级标准和工程设计资质分级标准的通知》；自 2007 年 9 月起施行的《建设工程勘察设计资质管理规定》强调，“从事建设工程勘察、工程设计活动的企业，应当按照其拥有的注册资本、专业技术人员、技术装备和勘察设计业绩等条件申请资质”。2009 年，实施注册土木工程师（岩土）执业制度（3 年过渡期）。2012 年 11 月，住房和城乡建设部发布行业标准《城乡规划工程地质勘察规范》。这些政策的实施，大大促进了工程勘察与施工市场规范、有序发展。

经过数十年的发展，工程勘察也从单一提供建设项目勘测结果资料，发展成为向客户和社会提供种类丰富、价值广泛的地质技术服务行业。根据《中国工程承包行业市场前瞻与投资战略规划分析报告》的数据，2018 年全国共有工程勘察企业 2057 家，工程勘察收入达 914.8 亿元，产业发展欣欣向荣。进入 21 世纪 20 年代，工程勘察产业正在与“互联网 +”结合，引入数字化、信息化，提升勘察精度，提高施工效率，已在智慧城市、智慧项目等领域创造出更大的价值。

4.1.3 工程案例

原陕西省煤田地质局（现陕西省煤田地质集团有限公司，以下简称“陕煤地质集团”）为开拓社会地质及延伸产业，于 1999 年 8 月成立了陕西天地地质有限责任公司，主要开展灾害地质与环境地质、岩土工程勘察、地基与基础工程等业务。宝鸡市陈仓区农村信用合作联社信合大厦岩土工程勘察项目，是该公司所承担的数百个工程勘察项目之一。

该项目勘察外业勘探工作于 2015 年 7 月开始，总进尺 262 米。钻探机具采用 DPP100–4 型汽车钻机，ϕ146 毫米螺纹钻头开孔。钻探方式为低压高速回转钻进，遇碎石土后采用泥浆护壁单壁岩芯管钻进。钻孔中采用单壁岩芯管采取不扰动土试样，土试样质量等级为Ⅰ~Ⅱ级；沙土扰动样在标准贯入器或单壁岩芯管中采取，碎石类土扰动样和岩石样在单壁岩芯管中采取，土试样质量等级均为Ⅲ级。

本次拟建建筑的基础埋置深度均为 6.8 米，基础底面的持力层为第三层卵石层，对应的承载力特征值为 330 千帕。经测算及测试，建筑采用桩基础，采用冲击成孔工艺的大直径钻孔灌注桩方案，卵石第三层及以下各主要地层均可视为良好的桩端持力层。经过施工、测试，认为该拟建场地及附近未发现不良地质作用，场地是稳定的，适宜建筑。场地地下水属孔隙潜水类型，稳定水位深度为 0.5~7.1 米，相应标高为 539.23~539.89 米，平均值 539.56 米。拟建场地无湿陷性土层，可按一般地区的规定设计。建筑场地类别为Ⅱ类，地层为不液化地层（陕西天地地质有限公司，2015）。

4.2 煤炭资源开发

煤田地质单位涉足矿业开发后主要参与申报探矿权及矿山建设两个阶段，模式基本上都是将持有的资源量评估后，与大型矿山开发企业合作，或参股，或控股，逐步进入矿业开发领域。

4.2.1 探矿权申报

4.2.1.1 市场形势及背景

我国在计划经济时期并没有建立矿业权制度，矿产资源由国家所有，并统一开发。传统地质勘查单位的工作模式就是勘查资源，形成地质报告并提交给政府资源管理部门，由政府交于矿务局进行开发。换句话说，由于受国家政策的限制，地质勘查单位要将地质找矿成果交出去，形成了“找矿的不采矿，采矿的不找矿”的矿产资源开发格局。矿业经济的利润主要体现在采矿环节，地质勘查单位只能处在矿业开发产业链最前端、价值最低的勘查阶段，“打工经济”的发展模式难以改变。地质勘查单位不能参与矿业利润分配，单纯依靠国家投入发展，缺乏必要的生产资料积累，自我发展能力较差，发展步伐缓慢。

4.2.1.2 政策及规范

改革开放以后，全国人大在1986年通过《中华人民共和国矿产资源法》，虽明确了矿产资源属于国家所有，但没有提出矿业权的概念。1994年颁布的与该法配套的《中华人民共和国矿产资源法实施细则》中，明确了探矿权和采矿权的定义。

随着市场经济的深入发展，不完整的矿业权制度阻碍着矿产资源发挥市场要素功能。因此，1996年修订的《中华人民共和国矿产资源法》首次明确规定“国家实行探矿权采矿权有偿取得制度”，由此建立了适应社会主义市场经济体制和符合国际通行做法的探矿权、采矿权有偿取得制度。

1998年，国务院发布的《矿产资源勘查区块登记管理办法》《矿产资源开采登记管理办法》《探矿权采矿权转让管理办法》三个配套法规，废止了矿业权“不得买卖、出租，不得用作抵押”的规定，允许建立矿业权的出让、转让两级市场，涵盖了矿业权依法取得制度、矿业权登记制度、矿业权管理制度、矿业权有偿取得制度、矿业权流转制度、矿业权评估制度等方面。这对贯彻实施矿产资源法，实行探矿权、采矿权有偿取得和依法转让，建立适应社会主义市场经济体制下的矿业权管理制度具有重要意义。

原国土资源部为规范矿业权转让行为，先后印发了《关于印发探矿权采矿权转让审批有关问题的通知》《矿业权出让转让管理暂行规定》《关于建立健全矿业权有形市场》《关于进一步完善矿业权管理促进整装勘查的通知》等文件。2017年7月，财政部、原国土资源部联合印发《矿业权出让收益征收管理暂行办法》，明确了矿业权出让收益的征收、缴款、监管等工作程序。

2019年12月，自然资源部印发《关于推进矿产资源管理改革若干事项的意见（试行）》，对建立和实施矿业权出让制度作出了一系列重大制度创新。一是全面推进矿业权竞争性出让，明确除协议出让外，对其他矿业权以招标、拍卖、挂牌方式公开竞争出让。二是严格控制协议出让，稀土、放射性矿产勘查开采项目或国务院批准的重点建设项目，可以以协议方式向特定主体出让；已设采矿权深部或上部的同类矿产（《矿产资源分类细目》的类别，普通建筑用砂石土类矿产除外），需要利用原有生产系统进一步勘查开采矿产资源的，可以以协议方式向同一主体出让探矿权、采矿权。三是积极推进“净矿”出让，开展砂石土等直接出让采矿权的“净矿”出让，推进其他矿种的“净矿”出让。四是实行同一矿种探矿权、采矿权出让登记同级管理，自然资源部负责石油、烃类天然气等14种重要战略性矿产的矿业权出让、登记。五是规范财政出资地质勘查工作。六是调整探矿权期限，以出让方式设立的探矿权首次登记期限延长至5年；每次延续时间为5年，探矿权申请延续登记时应扣减首设面积的25%。

4.2.1.3 持有探矿权情况

根据《2018年度全国地质勘查行业发展报告》数据，截至2018年底，全国有效期内非油气探矿权共计15719个，登记勘查面积25.01万平方千米。全国共出让非油气探矿权346个，出让面积7062.19平方千米，出让合同金额6.08亿元。“招、拍、挂”探矿权90个，出让合同金额4.23亿元。

根据《2019年地质勘查行业改革发展调研报告》数据，截至2019年底，全国地质勘查行业矿业权转让收入5.45亿元，较上年减少65.66%；矿产开发收入53.06亿元，较上年减少11.39%。

根据《中国矿产资源报告2020》数据，截至2019年底，全国共有探矿权12294个，勘查面积315.2万平方千米，同比分别下降26.1%、6.4%。采矿权39799个，矿区面积25.5万平方千米，分别下降18.9%、1.1%。2019年，全国新立探矿权527个，勘查面积14429平方千米；新立采矿权1649个，矿区面积5235.48平方千米。

4.2.1.4 案例

原陕西省煤田地质局从2000年开始，在陕西省境内取得煤炭探矿权18个。2007年登记了《陕西省黄陇侏罗纪煤田天堂勘查区煤炭普查勘查许可证》，勘查面积为94.96平方千米。2008年登记了《陕西黄陇侏罗纪煤田园子沟勘查区详查勘查许可证》，勘查面积298.52平方千米。2010年登记了《陕北侏罗纪煤田榆神矿区小保当勘查区普查勘查许可证》，勘查面积219.8平方千米。

另外，原陕西省煤田地质局还与陕西省产业投资公司一起登记了代政府持有的矿权10余个。《陕北侏罗纪煤田榆神矿区曹家滩井田勘探》，勘探面积109.2平方千米，储量30.31亿吨；《陕北侏罗纪煤田榆神矿区金鸡滩井田勘探》，勘探面积86.9平方千米，储量18.83亿吨。

目前，陕西省煤田地质集团有限公司经过市场化运作，已将绝大部分探矿权转让或参股煤炭资源开发，形成了可持续发展的煤炭资源开发经济格局。

4.2.2 勘查开发一体化

2000年以来，国家相继出台了一系列规范煤炭产业健康发展和鼓励支持地质勘查单位走“勘查开发一体化”道路的政策。2006年，《国务院关于加强地质工作的决定》提出“鼓励国有地质勘查单位与社会资本合资、合作，组建矿业公司或地质技术服务公司”，“鼓励发展多种所有制的商业性矿产资源勘查公司和机制灵活的找矿企业”。这些政策的出台，意味着政府将逐步退出商业性地质勘查项目的投资和运作，并以推行探采结合的新机制，促进地质找矿与矿业开发联姻。这是国家在政策层面为地质勘查单位走“勘查开发一体化”道路指明了方向。

2010 年，原国土资源部在《关于构建地质找矿新机制的若干意见》《关于进一步加强地质勘查行业服务与管理的若干意见》《关于促进国有地质勘查单位改革发展的指导意见》等文件中，提出了支持地质勘查单位改革发展的系列政策，包括矿业权出让、存量土地资产、勘查成果收益分配、人事管理制度创新、内部改革、地质勘查工作环境等各方面。同时，也提出“探矿权竞争性出让时，要向实行探采一体化的地质勘查单位倾斜”，“对已经转制为企业或积极推行企业化改革的国有地质勘查单位，优先配置部分探矿权”，“鼓励具有甲级矿产勘查资质的地质勘查单位与大型企业组建的联合勘查开发实体，在同等条件下优先取得探矿权”。对已经转制为企业或积极推行企业化改革的国有地质勘查单位，优先配置部分探矿权，并可以以知识、技术、管理等要素折股参与地质找矿风险投资，分享找矿成果收益。

这些政策导向为地质勘查单位建设勘查开发一体化企业提供了强有力的政策支撑。地质勘查单位从勘查走向开发，既能加快地质成果转化，提高勘探投入的回报率，拉长产业链条；又能彻底摆脱单纯的“打工经济”，很好地融入地方经济，形成地质勘查为矿产开发服务、矿产开发反哺地质勘查的良性循环，实现地质勘查单位的可持续发展。

4.3 煤炭深加工与综合利用

4.3.1 市场形势及背景

我国的能源禀赋特点是“缺油、少气、富煤”，因此适度发展煤炭深加工产业，既是国家能源战略技术和产能储备的需要，也是推进煤炭清洁高效利用和保障国家能源安全的重要举措。

煤炭深加工是指以煤为主要原料，生产多种清洁燃料和基础化工原料的煤炭加工转化产业，具体包括煤制油、煤制天然气、低阶煤分质利用、煤制化学品以及多种产品联产等领域。

4.3.2 国家政策

2016 年以来，国家逐渐加大对煤炭产业清洁高效利用的政策支持力度。《煤炭工业发展“十三五”规划》提出，要将煤炭清洁高效开发利用作为能源转型发展的立足点和首要任务，要推进煤炭安全绿色开发，促进清洁高效利用，加快煤炭由单一燃料向原料和燃料并重转变，发展新型煤化工。

进入 21 世纪，煤化工产业发展呈现出无序发展的态势，国家加大了调控力度。

2009年5月，国务院印发了《石化产业调整和振兴规划细则》，明确要求稳步开展现代煤化工示范，坚决遏制煤化工盲目发展势头。2012年3月，国家发改委专门印发《关于规范煤化工产业有序发展的通知》，明确在新的核准目录出台之前，禁止建设以下项目：年产50万吨及以下煤（经甲醇）制烯烃项目，年产100万吨及以下煤制甲醇项目，年产100万吨及以下煤制二甲醚项目，年产100万吨及以下煤制油项目，年产20亿立方米及以下煤制天然气项目，年产20万吨及以下煤制乙二醇项目。上述标准以上的大型煤炭加工转化项目，须报经国家发改委核准。从以上措施可看出，国家鼓励发展规模大、应用现代化技术的大型煤化工项目，逐步淘汰污染大、小型的煤化工项目。

为指导煤炭深加工产业科学健康发展，国家能源局于2017年2月印发了《煤炭深加工产业示范"十三五"规划》。该规划作为首个国家层面的煤炭深加工产业规划，也是"十三五"期间14个能源专项规划中唯一经由国务院批准的规划，提出将煤炭深加工产业培育成我国现代能源体系的重要组成部分，明确煤炭深加工产业发展定位，也为以后煤炭清洁高效利用指明了方向。

4.3.3 产业发展及布局

当前，我国煤炭深加工产业已初具规模。根据《2018年煤化工行业市场概况与竞争格局分析》数据，截至2017年底，我国已建成1个大型煤制油项目、1个煤直接液化装置、6个煤间接液化装置，总能力758万吨；建成10多个50万～60万吨的煤制烯烃项目，总产能达到688万吨；10多套甲醇制烯烃项目，能力维持在679万吨，合计烯烃能力1267万吨；建成4套煤制天然气项目，总产能51.1亿立方米。

煤炭深加工产业领域的项目均具有规模大、投资大、技术含量高的特点，煤田地质单位难以单独承担，为延长产业链、提升发展规模，一般采用与大型矿山企业、化工企业合作的方式，进入高附加值的煤化工产业。

4.3.4 工程案例

原陕西省煤田地质局为充分提高参股煤矿的煤炭资源利用率，根据江苏、陕西《战略合作框架协议》《郭家河井田协议》《合资经营合同》，与徐州矿务集团发起组建陕西长青能源化工有限公司，建成年产150万吨的甲醇项目，进入煤化工产业领域，扩大产业规模，提高投资收益。

陕西宝鸡长青能化项目为陕煤地质集团与徐州矿务集团、南京诚志清洁能源股份有限公司、上海宝钢气体有限公司于2010年1月共同投资组建陕西长青能源化工有限公司，注册资本金15亿元人民币。

陕西长青能源化工有限公司主要依托宝鸡地区丰富的煤炭、水等资源优势，从事煤制甲醇及其下游产品项目的开发与建设，目标是总投资约100亿元，建成150万吨甲醇项目。该项目分两期实施，一期 60 万吨 / 年于 2011 年 3 月全面开工建设，投资约 46 亿元，于 2013 年 5 月投入商业运行。二期工程为 90 万吨 / 年甲醇，总投资约 51.2 亿元，煤炭消耗量约 250 万吨 / 年。二期项目于 2016 年 9 月开工建设，现已建成。

长青能化一期项目采用美国 GE 水煤浆气化技术、德国 LINDE 低温甲醇清洗技术、瑞士 CASALE 甲醇合成及精馏技术、荷兰 EUROCLAUS 硫回收技术。通过技术革新及改造使产能大幅提升，精甲醇日产量提高并稳定到了 2300 吨以上，并创造了日产 2318.9 吨的最高纪录，且产品质量全部达到欧盟 AA 级标准；精甲醇年产量也从当初的 70 万吨提高到了 78 万吨。2019 年突破 80 万吨大关，在业内打响了长青品牌，树立了行业标杆。

4.4 地热能勘查与开发利用

4.4.1 市场形势及背景

地热能是一种绿色低碳、可循环利用的可再生能源，具有储量大、分布广、清洁环保、稳定可靠等特点，是一种现实可行且具有竞争力的清洁能源。

地热能分为浅层地温能、水热型地热能和干热岩型地热能资源。其中，浅层地温能是指 200 米以浅的地热资源，主要用于建筑物的供暖制冷；水热型地热能是指 4000 米以浅、温度大于 25℃的热水和蒸汽，可以用于发电、工业利用、供暖等；干热岩型地热能是指埋藏深度在 3000~10000 米，温度高于 150℃，不含或仅含少量流体的高温岩体，被认为是极具战略潜力的替代性清洁能源。我国干热岩型地热能资源占总地热能资源量的 99% 以上，初步估算埋深 3000~10000 米的干热岩型地热能资源量相当于 860 万亿吨标准煤，按 2% 的开采资源量计算，相当于我国目前能源消耗总量的 5200 倍（赵平等，2019）。

世界地热能资源潜力极大。国际能源署（IEA）、中国科学院和中国工程院等机构的研究报告显示，世界地热能基础资源总量为 1.25×10^{27} 焦耳（折合 4.27×10^{8} 亿吨标准煤），其中埋深在 5000 米以浅的地热能基础资源量为 1.45×10^{26} 焦耳（折合 4.95×10^{7} 亿吨标准煤）（自然资源部中国地质调查局等，2018）。

我国地热能资源虽丰富，但资源探明率和利用程度较低，开发利用潜力很大。根据 2019 年国际清洁取暖峰会提供的资料，我国地热资源约占全球资源量的 1/6，其中，浅层地温能资源量相当于 95 亿吨标准煤，中深层地热能资源量相当于 8530 亿吨标准煤，干热岩资源量相当于 860 万亿吨标准煤。在能源消费结构中，地热能利用占比每提高 1 个百分点，相当于替代标准煤 3750 万吨，减排二氧化碳 9400 万吨、二氧化硫 90 万吨、氮氧化物 26 万吨。

根据《中国地热能发展报告（2018）》数据，我国浅层地温能、中深层地热能直接利用分别以年均 28%、10% 的速度增长，已连续多年居世界第一位。

我国中低温水热型地热能资源占比达 95% 以上，主要分布在华北、松辽、苏北、江汉、鄂尔多斯、四川平原（盆地），以及东南沿海、胶东半岛和辽东半岛等山地丘陵地区；高温水热型地热能资源主要分布在西藏南部、云南南部、四川西部和台湾地区（赵平等，2019）。

2012 年 11 月，党的十八大站在全局和战略的高度，把生态文明建设与经济建设、政治建设、文化建设及社会建设一并纳入中国特色社会主义事业总体布局，并对生态文明建设进行全面部署，这是对人民群众日益增长的生态产品需求的及时回应。

4.4.2 国家政策及规范

国家对地热能的开发利用工作高度重视。2006 年实施的《中华人民共和国可再生能源法》将风能、太阳能、生物质能、地热能等资源的开发利用列入国家能源发展的优先领域。2011 年初，原国土资源部依据《中华人民共和国可再生能源法》《中华人民共和国矿产资源法》《国家可再生能源发展规划》制定了“十二五”期间（2011—2015）地热能开发利用工作方案。2013 年 1 月，国家能源局等四部委在《关于促进地热能开发利用的指导意见》中指出，“地热能作为一种清洁环保的新型可再生能源，积极开发利用地热能对缓解我国能源资源压力、实现非化石能源目标、推进能源生产和消费革命、促进生态文明建设具有重要的现实意义和长远的战略意义”。2017 年 1 月，国家发改委、国家能源局、原国土资源部联合印发《地热能开发利用“十三五”规划》。

2017 年 12 月，按照党中央、国务院决策部署，国家发改委、国家能源局、财政部、原环境保护部、住房和城乡建设部等十部委联合印发了《北方地区冬季清洁取暖规划（2017—2021 年）》，明确提出按照“取热不取水”的原则，采用“采灌均衡、间接换热”或“井下换热”技术，以集中式与分布式相结合的方式推进中深层地热供暖，实现地热资源的可持续开发。并且按照“因地制宜、集约开发、加强监管、注重环保”的方式，加快各类浅层地温能利用技术的推广应用，经济高效替代散煤供暖。2017 年 12 月，国家发改委等六部委联合印发《关于加快浅层地热能开发利用促进北方采暖地区燃煤减量替代的通知》，提出“一揽子”支持政策，要求因地制宜加快推进浅层地热能开发利用，推进北方采暖地区居民供热等领域燃煤减量替代，选择一批城镇、园区、郊县、乡村开展实施示范工程。

为规范地热能产业健康持续发展，国家有关部委先后出台《浅层地热能勘查评价规范》（DZ/T 0225—2009）、《供水水文地质勘察规范》（GB 50027—2001）、《地热资源地质勘查规范》（GB/T 11615—2010）、《地热钻探技术规程》（DZ/T 0260—2014）、

《供水管井技术规范》(GB 50296—1999)、《工程测量规范》(GB 50026—2007)、《污水综合排放标准》(GB 8978—1996)、《地源热泵系统工程技术规范》(GB 50366—2005)、《民用建筑供暖通风与空气调节设计规范》(GB 50736—2012)、《辐射供暖供冷技术规程》(JGJ 142—2012)。

4.4.3 产业发展及布局

自2000年以来，我国地热能产业取得较快发展，地热能产业体系初步形成。根据《中国地热能发展报告(2018)》数据，近年来我国浅层地温能利用快速发展，现已查明287个地级以上城市浅层地温能、12个主要沉积盆地地热资源、2562处温泉区隆起山地地热资源，主要分布在北京、天津、河北、辽宁、山东、湖北、江苏、上海等省份的城区。2000年，我国利用浅层地温能供暖(制冷)的建筑面积仅为10万平方米，2004年达到767万平方米。2010年以来，每年按照年均28%的速度递增。截至2017年底，我国地源热泵装机容量居世界第一位，年利用浅层地温能折合1900万吨标准煤，实现供暖(制冷)建筑面积5亿平方米，其中京津冀的开发利用规模最大。全国水热型地热能供暖建筑面积超过1.5亿平方米，其中山东、河北、河南增长较快。

地热能产业发展潜力巨大、市场广阔。根据《地热能开发利用“十三五”规划》初步估算，“十三五”期间浅层地热能供暖(制冷)可拉动投资约1400亿元，水热型地热能供暖可拉动投资约800亿元，地热发电可拉动投资约400亿元，合计约为2600亿元。到2020年地热能年利用总量相当于替代化石能源7000万吨标准煤，相应减排二氧化碳1.7亿吨，在一次能源消费总量中的占比达1.5%左右。

目前，与丰富的地热能资源总量相比，我国地热能开发利用尚未达到规模，我国每年开发的地热能不到年可利用量的5‰，进一步开发利用和替代燃煤的潜力巨大(赵平等，2019)。

4.4.4 地热能开发技术及应用

地热能产业在国内兴起时，煤田地质勘查单位便敏锐地觉察到该能源的开发趋势，捕捉市场先机，挺进地热能市场，掌握了地热能核心技术，开创了一片新天地。

4.4.4.1 中深层地热能开发技术及应用

2019年11月，中国煤炭地质总局水文地质局中深层地热“取热不取水”技术取得重大突破，在河北工程大学新校区成功钻探了我国第一眼大口径、长距离地热U形对接井。

中深层地热能开发“取热不取水”关键技术，主要包括单井换热技术和U形对接井换热技术。

“取热不取水”的热能利用关键技术包括：地热井的集成勘查技术；精准定向钻探与对接技术；新型高导热材料与绝热的中心管技术；高效的闭式单井和U形对接井的继承换热关键技术；U形闭式井换热的数值模拟评价技术；地温场及地面换热动态监测技术（赵平等，2019）。

中国煤炭地质总局水文地质局在华北地区的河北省邯郸市开展了中深层“取热不取水”技术应用，已取得初步成效。2017年以来，完成了多口地热井施工，建立了井下换热系统、地源热泵热交换系统，实现供暖面积超过1.5万平方米。目前正在实施的2500米单井与U形井对接工程，将“取热不取水”技术全面应用于河北工程大学新校区3号能源站，供暖面积28万平方米，是目前国内应用“取热不取水”技术供暖面积单体最大工程，成为我国开发利用中深层地热能的标杆性工程。

4.4.4.2 深层干热岩勘查施工关键技术及应用

干热岩（HDR）也称增强型地热系统（EGS），是一般温度大于150℃、埋深数千米，内部不存在流体或仅有少量地下流体的高温岩体。干热岩绝大部分为中生代以来中酸性侵入岩，目前在青海发现大规模可利用干热岩地热资源。基于干热岩具有的特征，其钻探工艺存在超深、高温、高硬度的特点：一是大深度钻进时，可钻性极差带来井身结构设计困难，井下复杂情况多发，对钻机设备、破岩－取心配套工具要求极高；二是高温环境下，井内钻井工具、钻井液体系、固井工艺等均受到很大限制，尤其是钻头、钻井液体系等的性能和寿命大大降低；三是超深钻井过程中，井壁热破裂现象明显，井壁围岩稳定性差，极易造成掉块和卡钻、憋钻现象；四是在深部发育裂隙与断层，钻井液漏失现象严重，大大增加了高温高压条件下堵漏的难度，风险较大。

中国煤炭地质总局水文地质局在青海省贵德县完成多口干热岩勘查钻井施工，其中ZR1井终孔深度超过3000米，终孔温度超过150℃，这是我国首次在该地区探获可供今后开发利用的断裂带型热水—蒸汽—干热岩地热资源。2016—2018年，又在该地区实施第二口干热岩井勘查钻井施工，完钻井深超过4700米，终孔温度超过200℃，这是目前我国最深的干热岩井，为干热岩示范基地的建设奠定了坚实的基础。

4.4.5 工程案例

作为勘查资源的单位，陕西省煤田地质局和中国煤炭地质总局第二勘探局于2008年12月合资组建了中煤新能源公司，主要经营业务为浅层地热能项目、中深层地热能项目、中水利用项目，为客户提供供暖、制冷、生活热水“三联供”系统解决方案，以及分布式能源站的投资、建设、管理、运营等服务。

经过十余年的发展，中煤新能源公司形成了以地热资源开发为主，积极探索地热能、太阳能、空气能、生物质能、燃气等多种清洁能源的多能互补、综合利用的发展格局，采用智能化能源站管控方式，为公共建筑、民用建筑、农业示范、工厂园区等提供区域清洁能源一体化解决方案。

4.4.5.1 浅层地热能项目

西安人民大厦地源热泵供能系统瑞典技术试验项目，是为西安人民大厦内西部证券办公楼提供制热和制冷的配套项目，供暖和制冷面积为 24000 平方米，由中煤新能源公司投资承建并运营服务。该项目引进瑞典罗特地源热资源利用技术，以 105 个单孔深度为 270 米的浅层地埋孔为主要冷热源，配备 2 台地源热泵机组，为办公楼提供常规冷热源需求，另配套 5 台空气源热泵作为极端天气辅助能源。

“地源热泵 + 风冷热泵”系统采用克莱门特地源热泵螺杆式热泵机组 2 台，制冷量 691 千瓦，制热量 721 千瓦；风冷模块机组 5 台，制冷量 130 千瓦，制热量 135 千瓦。冬季供应 40 ~ 45℃热水，夏季供应 7 ~ 12℃冷水。本项目采用智能化控制系统，可以全天 24 小时对系统所有设备的运行状态、参数、报警进行监控。对室内风机盘管出风口温度不定点抽检：2 楼 40℃、8 楼 35℃、10 楼 37℃。室内平均温度为 24℃，单平方米月度运行费用仅为市政供暖的 30%，满足并优于市政供暖条例要求。

4.4.5.2 中深层地热能项目

草滩基地地热能项目规划用地 100 亩，位于西安市经开区草滩三路与尚稷路十字的东南角。该项目包括三个地块的住宅、商用、办公区，总计建筑面积 31.53×10^4 平方米，占地面积 6.67×10^4 平方米，其中地上建筑面积 23.24×10^4 平方米。分一期、二期建设，一期为住宅，二期为办公、酒店及商业综合体。建筑物用能需求为：一期、二期整体需要供暖；酒店需要制冷及生活热水。

该项目采用钻探水平对接井工艺，以 U 形管井技术获取中深部地热能，并以封闭式单项循环液增大换热面积，最大限度地减少循环过程中的热损耗，从而充分发挥和利用地热资源。整体的设计思路为：整体解决，相互补充；深浅结合，立体开发；保水取热，绿色开采（周聪等，2018）。

一期、二期各设 1 个能源站：一期能源站以中深层地热能为主解决一期住宅的供暖，钻探 2 组 U 形对接换热井（深度分别为 2100 米和 2200 米）和 1 口同心管换热井，配套 3 台热泵机组；二期钻探 400 个 150 米深浅层地埋孔，配套 2 台热泵机组并设置 2 台燃气锅炉进行调峰。

本次中深层地热能工程系统，利用 1 台宁波沃弗 GSG540ASB–0T 地源热泵机组、1 台宁波沃弗 GSG600ASB–0T 地源热泵机组、1 台宁波沃弗 GSG710ASB–0T 地源热泵机组进行供热，系统总热负荷为 2396 千瓦，供热面积 99963 平方米。成功申请了 11 项专利，包括 5 项发明专利和 6 项实用新型专利。

2019年1月，作为全国第四届地热产业大会的展示项目，得到与会企业家的好评。中国煤炭工业协会组织由中国工程院彭苏萍院士担任专家组组长、武强院士和王双明院士担任副组长的专家组对该项目进行鉴定。专家组一致认为，该项目总体达到了国家先进水平，在“U形对接井”地热采集方面达到了国际领先水平。

4.4.5.3 中水水源热泵开发利用

中水也称再生水，是指污水经过处理后，达到一定的水质指标，满足某种使用要求，可以进行有益使用的水。中水水源热泵开发利用，就是以中水为载体，采用热泵原理，通过少量的高位电能输入，实现低位热能向高位热能转移的一种技术。

陕西中煤新能源公司宝鸡市代家湾中水源供热供冷中心项目，位于陕西省宝鸡市原代价湾供热站，利用城市中水作为热源，采用中水源热泵技术，运行5台水源热泵机组，运用智能化控制系统，将冷热能传递至周边办公楼、住宅、酒店等建筑物中。系统设计总热负荷为53.2兆瓦，系统设计总冷负荷为47.7兆瓦，最大总供热面积为80万平方米，最大总制冷面积为30万平方米。用户侧制冷模式空调供回水温度5～10℃；用户侧制热空调供回水温度55～50℃；夏季工况中水供水最高温度24.5℃，冬季工况中水供水最低温度11.4℃。

该项目2019年供冷运行情况：供冷时间6月10日—9月6日，共计89天，24小时不间断供冷；供冷面积19万平方米；用户侧冷冻水供水温度控制在5～10℃。供暖时间2019年11月15日—2020年3月22日，共计129天，24小时不间断供暖；供暖面积约20.4万平方米。供暖季累计总流量2625554立方米，用户供水温度控制在50～55℃。共计节约电能1418101千瓦时，节约标准煤567240千克，减排CO_2 1413847千克，减排SO_2 42543千克，减排NO_x 21272千克。该项目运营后，圆满完成供暖、供冷任务，得到当地政府的肯定，并作为示范项目进行推广、复制。

4.5 水资源勘查与开发

4.5.1 市场形势及背景

水是人类社会经济发展的基础自然资源，也是人类生存、生活不可替代的生命源泉。我国是一个水资源短缺、水旱灾害频发的国家。水资源主要来自大气降水，水资源总量较为丰富，居世界第六位。根据《2019年度中国水资源公报》数据，2019年全国水资源总量29041亿立方米，其中地表水资源量27993.3亿立方米，地下水资源量8191.5亿立方米，地下水与地表水资源不重复量为1047.7亿立方米。

我国人口众多，人均占有水量仅有2300立方米，不足世界人均占有水量的1/4，居世界第110位，已被联合国列为13个贫水国家之一。根据《2019年中国水资源公报》数据，2019 年全国用水总量 6021.2 亿立方米，其中生活用水 871.7 亿立方米，占用水总量的 14.5%；工业用水 1217.6 亿立方米，占用水总量的 20.2%；农业用水 3682.3 亿立方米，占用水总量的 61.2%；人工生态环境补水 249.6 亿立方米，占用水总量的 4.1%。地表水源供水量 4982.5 亿立方米，占供水总量的 82.8%；地下水源供水量 934.2 亿立方米，占供水总量的 15.5%；其他水源供水量 104.5 亿立方米，占供水总量的 1.7%。

我国是世界上用水量最多的国家，每年的耗水量也十分巨大。2019 年全国耗水总量 3201.0 亿立方米，耗水率 53.2%。其中，农业灌溉耗水量 2387.6 亿立方米，占耗水量的 74.6%，耗水率 64.8%；工业耗水量 285.2 亿立方米，占耗水总量的 8.9%，耗水率 23.4%；生活耗水量 349.6 亿立方米，占耗水总量的 10.9%，耗水率 40.1%；人工生态环境补水耗水量 178.6 亿立方米，占耗水总量的 5.6%，耗水率 71.5%。

4.5.2　国家政策及规范

全国煤田地质勘探单位自成立以来，在勘查煤炭资源的同时，一直利用地质勘查技术优势，依据《供水水文地质勘察规范》（GBJ 27—1988）、《供水管井技术规范》（GB 50296—1999）、《煤炭地质勘查钻孔质量标准》（MT/T1042—2007）、《煤矿床水文地质、工程地质及环境地质勘查评价标准》（MT/T 1091—2008）等规范、标准，采用地球物理勘探、水文地质勘探等施工手段，致力于为解决煤田开发、城市单位工业生产、居民生活、农业灌溉、农村居民用水、矿山生产生活用水，为国家经济建设做出贡献。

4.5.3　工程案例

煤炭资源的开采和利用离不开水资源，开展煤矿区供水水文地质勘查，寻找可供开发利用的水资源，保障煤炭基地的顺利建设和使用，成为煤炭地质勘查工作的一项重要任务。自中华人民共和国成立以来，煤炭地质勘查单位在多个矿区开展了供水水文地质勘查工作，取得了较好的勘查评价效果，解决了许多煤矿矿区的供水问题，有力地支撑了我国煤炭工业的发展，在准格尔、义马、大同、平朔、阳泉、潞安等缺水矿区找到了较丰富的地下水，缓解了这些矿区的供水问题。在内蒙古准格尔煤田，打破前人“贫水、无供水前景”的论证，建成 2 个水源地，促使矿区提前 5 年建成。在山西平朔矿区，发现了 3 个优质的岩溶地下水水源地，为第一个中外合资建设的露天矿提供了水资源。在山西潞安矿区施工钻井 50 多口，建立了多个优质岩溶地下水水源地，解决了潞安矿区生产生活用水难题。山西阳泉矿区寿阳区供水勘查，建立了中国第一个超深水位（>500 米）优质岩溶地下水水源地，并开发出优质矿泉水，填补了我国超深水位岩溶区无抽水成果的空白。在鄂尔多斯盆地查明地下水可采资源量为每年 50.23 亿立方米，圈定的 103 处远景水源地或富水地段可供开发利用，为陕北、宁东、陇东和内蒙古能源化工基地的建设提供了水源保障。在新疆大南湖矿区发现的侏罗系西山窑组含水层，具有4.39亿立方米地下水静储量；新疆柯尔碱矿区第四系松散含水层地下水天然补给量2200万立方米/年，地下水D级允许开采量930万立方米/年。新疆三塘湖矿区侏罗系砂岩含水层，预计开采条件下矿井正常涌水量为455.52万立方米/年，可通过煤水共采方式转化为水资源量（赵平等，2019）。

4.6 煤层气、页岩气、致密砂岩气勘查开发

4.6.1 煤层气勘查开发

4.6.1.1 市场形势及背景

煤层气（煤矿瓦斯）是赋存在煤层及煤系的烃类气体，主要成分是甲烷，是一种与煤炭共伴生的非常规天然气，是优质清洁能源。加快煤层气开发利用，对增加我国清洁能源供应，优化能源结构，保障煤矿安全生产，减少温室气体排放，建设美丽中国具有重要意义。

我国煤层气资源十分丰富，根据全国油气资源评价——煤层气资源评价报告资料，我国陆上煤田埋深2000米以浅煤层气地质资源储量36.81×10^{12}立方米，地质资源丰度为0.98亿立方米/平方公里；埋深1500米以浅煤层气地质资源储量为10.87万亿立方米，主要分布在晋陕蒙、云贵川、新疆和冀皖豫四大地区。原国土资源部开展了煤层气资源动态评价，结果表明，全国2000米以浅含煤面积约40万平方千米；煤层气总资源量约为30万亿立方米，可采资源量约为12.50万亿立方米，煤层气资源丰度约为0.76亿立方米/平方公里。

根据《煤层气（煤矿瓦斯）开发利用"十一五"规划》数据，我国煤层气可采资源总量约10万亿立方米，其中大于1000亿立方米的盆地（群）有15个，鄂尔多斯盆地东缘、沁水盆地的可采资源量在1万亿立方米以上，准噶尔盆地可采资源量约为8000亿立方米。

自2000年以来，煤层气地面开发利用步伐加快。2000—2014年，全国年均探明煤层气储量399.64亿立方米。煤层气探明地质储量主要分布在沁水盆地和鄂尔多斯盆地，分别占73.9%、23.7%；从省份分布来看，探明的煤层气地质储量主要分布在山西，陕西、辽宁和安徽较少，分别占90.1%、8.3%、1.0%和0.6%（赵平等，2019）。

"十二五"期间，全国新钻煤层气井11300余口，新增煤层气探明地质储量3504亿立方米；2014年，全国累计探明煤层气地质储量达6266亿立方米，技术开采储量

3154 亿立方米，经济可采储量 2598 亿立方米。

我国每年在采煤的同时排放的煤层气在 1.30×10^{10} 立方米以上，远大于合理抽放量，对环境造成严重污染。通过对煤层气的抽采利用，可以减少甲烷向大气中的排放，降低温室效应，抑制全球变暖。

4.6.1.2 国家政策及规范

为大力发展煤层气产业，2005 年国家八部委联合颁布了《煤矿瓦斯治理与利用实施意见》，提出了"可保尽保、应抽尽抽、先抽后采、煤气共采"的原则。2006 年，国务院印发《关于加快煤层气（煤矿瓦斯）抽采利用的若干意见》。2007 年 4 月，原国土资源部印发《关于加强煤炭和煤层气资源综合勘查开采管理的通知》。2011 年 5 月，国务院印发《关于进一步加强煤矿瓦斯防治工作的若干意见》。2013 年 2 月，国家能源局发布《煤层气产业政策》。2013 年 9 月，国务院印发《关于进一步加快煤层气（煤矿瓦斯）抽采利用的意见》，提出"加大财政资金支持力度、强化税费政策扶持、完善煤层气价格和发电上网政策、加强煤层气开发利用管理、推进科技创新"等政策措施。

国家资源管理部门及行业协会先后颁发了《煤层气（煤矿瓦斯）排放标准（暂行）》（GB 21522—2008）、《煤层气钻井作业规范》（DZ/T 0250—2010）、《煤层气资源勘查技术规范》（GB/T 29119—2012）、《煤层气地质选区评价方法》（NB/T 10013—2014）、《煤矿区煤层气地面抽采效果检测与评价》（GB/T 34547—2017）等标准、规范，指导煤层气产业健康安全发展。

4.6.1.3 产业发展及布局

"十三五"期间，煤层气产业取得阶段性成果。根据《中国矿产资源报告 2018》数据，截至 2017 年，埋深 2000 米以浅煤层气地质资源储量 30 万亿立方米，可采资源量 12.5 万亿立方米，探明煤层气地质储量达 6932 亿立方米。

根据有关数据，2020 年我国新增煤层气探明地质储量 1 万亿立方米；煤层气（煤矿瓦斯）抽采量力争达到 400 亿立方米，其中地面开发 200 亿立方米，基本全部利用；煤矿瓦斯抽采 200 亿立方米，利用率达 60% 以上；建成 3~4 个煤层气产业化基地，重点煤矿区基本形成煤层气与煤矿瓦斯共采格局。

我国经济进入新常态后，习近平总书记提出"创新、协调、绿色、开放、共享"发展理念，国家实施能源供给侧结构性改革，促进能源生产和供应方式向安全、绿色、清洁、高效方向发展。大力推进煤层气（煤矿瓦斯）开发利用，有利于增加清洁能源供应，优化能源结构，提高能源利用效率。

4.6.1.4 煤层气抽采技术

当前，煤层气（煤矿瓦斯）抽采方式主要为煤层气地面开发与井下瓦斯抽采两种。

（1）煤层气地面开发主要采取钻井方式，井型包括垂直井和水平井。随着钻探新技术的出现，又发展出多分支水平井、丛式井、U 形井、V 形井等。当前，垂直井的钻井技术虽成熟、成本低，但控气面积小，需大量钻井，总成本高；U 形井与多分支水平井的单井造价高，而且单井控气面积大，适用于煤层厚度大、煤体结构完整、煤层稳定，构造和水文地质条件简单的地区，丛式井多用于地形复杂、交通不便地区，有利于节约钻井成本。

（2）井下瓦斯抽采是在煤矿开采过程中，利用回风井、采动井、采沙井进行抽采。

4.6.1.5 工程案例

陕西省煤层气资源丰富，截至目前仅对渭北石炭 – 二叠纪煤田韩城矿区和陕北石炭 – 二叠纪煤田吴堡矿区及宜川石炭 – 二叠纪成煤区进行了煤层气的储量评审备案。

陕西省煤田地质局是较早涉足煤层气领域的单位，其下属的一八六队在陕西韩城打出西北地区第一口煤层气试验井，井深 700 米，日涌气量达 4000 立方米，说明在韩城发现丰富煤层气资源，获得资源量达 2080 亿立方米，也由此拉开了韩城地区大规模开发煤层气资源的序幕。进入 21 世纪后，其下属的陕西龙门天地公司又在彬长矿区开发煤层气资源，取得显著成绩。下面以彬长矿区大佛寺煤矿煤层气抽采利用项目为例，展现煤层气地面开发的施工工艺及效果。

黄陇煤田彬长矿区煤层气开发项目为陕煤地质集团下属的陕西龙门天地公司，早在 2009 年开始在煤层气地质研究、产能模拟、钻井施工、排水采气等方面，对彬长矿区的大佛寺煤矿、胡家河煤矿、蒋家河煤矿、孟村煤矿、彬东矿井等进行了全面研究，提出了大佛寺煤矿日产 30 万立方米煤层气可行性研究、总体方案、开发总体评价，为彬长矿区煤层气开发提供了有力的技术支持。

通过钻探施工，对黄陇煤田彬长矿区煤层气地质和煤储层特征进行综合研究，对比、分析了黄陇煤田彬长矿区煤层气地质、煤储层特征、含气性差异，提出了 175.63 平方公里煤层气高渗富集区。获得了黄陇煤田彬长矿区主采煤储层特征参数。研究认为，矿区煤储层厚度大、结构稳定，呈块状结构，渗透性好，围岩封闭较好，具备地面开发煤层气的物性条件。建立了一套适合低含气量、较厚煤层的煤层气钻井关键技术和煤储层保护措施。有针对性地选用和研发适合的钻井新工艺与新技术，在彬长矿区进行了 11 口煤层气井的钻井和排采工作，发现了气测异常层位，验证了高渗富集区，取得了较好的煤层气排采产能。彬长矿区 DFS-C02 井最高产气量超过 30000 立方米 / 天，是我国西北地区侏罗纪煤田目前日产气量最高的一组煤层气井，也是国内侏罗纪煤层高产气井之一。同一地区的直井最高日产气量也达到 1800 立方米，表明低阶煤煤层气具有良好的地面开发潜力，也验证了煤层气水平井更加适合黄陇煤田煤层气的开发。经计算，大佛寺井田煤层气资源总量为 51.96×10^8 立方米，资源丰度 0.66 亿立方米 / 平方公里。

4.6.2 页岩气勘查开发

4.6.2.1 市场形势及背景

自 2000 年以来，北美页岩气革命从根本上改变了世界能源供应格局。自 2009 年起，美国超过俄罗斯成为世界第一大天然气生产国，实现了能源独立。由此，全球掀起了一股页岩气开发热潮（《天然气工业》，2019）。

页岩气是蕴藏于页岩层可供开采的天然气资源，作为清洁能源，其开发利用将节约和替代大量煤炭和石油资源，减少二氧化碳排放量，大大改善生态环境。实施页岩气的勘探开发对于缓解天然气供需矛盾，改善能源结构，提高能源领域国际话语权和影响力都有着十分重要的意义。

页岩气的形成和富集有其自身独特的特点，往往分布在盆地内厚度较大、分布较广的页岩烃源岩地层中。与常规天然气相比，页岩气开发具有开采寿命长和生产周期长的优点，大部分产气页岩分布范围广、厚度大，且普遍含气，这使得页岩气井能够长期以稳定的速率产气。页岩气以游离态、吸附态为主，赋存于富有机质页岩层段中的天然气，主体上为自生自储、大面积连续型天然气聚集，在覆压条件下页岩基质渗透率一般 $\leqslant 0.001 \times 10^{-3} \mu m^2$，单井一般无自然产能，需要通过一定的技术措施才能获得工业气流。从赋存状态讲，页岩气是一种以游离态、吸附态储存在微纳米孔隙、裂缝中的非常规天然气，成分上页岩气与常规天然气一样，是以甲烷为主的可燃有机气体，是一种清洁、高效的能源资源和化工原料，主要用于居民燃气、城市供热、发电、汽车燃料和化工生产等，用途广泛。页岩气生产过程中一般无须排水，生产周期长，一般为 30~50 年，勘探开发成功率高，具有较高的工业经济价值。

我国自前寒武纪到新近纪广泛发育富有机质页岩层系，分别形成于海相、海陆过渡相和陆相三大沉积环境。海相页岩主要分布在南方、华北、塔里木等地区的前古生界 - 古生界；海陆过渡相富有机质页岩分布于南方、华北地区的石炭系、二叠系；陆相富有机质页岩以南方四川盆地的上三叠统、中 - 下侏罗统，西部地区的二叠系、上三叠统，鄂尔多斯盆地的上三叠统延长组，松辽盆地的白垩系，以及渤海湾盆地的古近系为主。四川、重庆、新疆、贵州、湖北、湖南等省份页岩气资源量占全国页岩气总资源量的70.65%。

据国家能源局2016年公布的《页岩气发展规划（2016—2020年》，2015年原国土资源部资源评价结果显示：全国页岩气技术可采资源量为21.8万亿立方米，其中海相13.0万亿立方米、海陆过渡相5.1万亿立方米、陆相3.7万亿立方米。2015年，全国累计探明页岩气地质储量5441亿立方米，全国页岩气产量45亿立方米。截至2018年底，全国页岩气产量超过110亿立方米，主要集中在四川盆地礁石坝、长宁、威远等海相页岩气高产区块，占总产量的95%。

2018年5月，联合国贸易和发展会议（UNCTAD）的一份报告显示，中国页岩气储量排世界第一位，达31.6万亿立方米。阿根廷（22.7万亿立方米）、阿尔及利亚（20.0万亿立方米）、美国（17.7万亿立方米）和加拿大（16.2万亿立方米）分别排第二位至第五位。报告认为，中国在页岩气储量方面大幅领先其他各国，具有深厚的开采潜力。

根据《中国矿产资源报告2019》数据，全国埋深4500米以浅页岩气地质资源量为122万亿立方米。

随着经济社会的不断发展，人类的环保意识不断提高，世界需求洁净能源的呼声日益高涨，加上世界石油多次危机的严重影响，以及主要石油消耗大国天然气工业的快速发展，天然气已被公认为最重要的洁净能源，受到全世界的青睐，消费量高速增长，需求量不断扩大，常规天然气产量难以满足现阶段的需求。在全球常规油气勘探领域整体不断深入、勘探开发难度不断增加、优质资源不断减少的情况下，急需开展煤层气、页岩气、致密砂岩气等非常规天然气勘探开发，避免出现能源接替紧张的局面。

4.6.2.2 国家政策及规范

早在“十二五”期间，淘汰煤炭行业落后产能就被上升到国家政策层面。“十二五”时期，全国累计淘汰落后煤矿7250处、落后产能5.6亿吨。2015年，全国虽淘汰落后煤矿1340处、落后产能约9000万吨，但我国煤炭行业产能过剩问题依然严峻。对此，国务院于2016年2月印发了《关于煤炭行业化解过剩产能实现脱困发展的意见》，为推进供给侧结构性改革、抓好去产能任务的决策部署，进一步化解煤炭行业过剩产能、推动煤炭企业实现脱困发展制定了具体目标，即3~5年完成“两个5亿”目标，使煤炭行业过剩产能得到有效化解。2020年，煤炭占我国能源结构的56%，下降部分必然需要由新能源替代，这给页岩气产业带来很好的发展机遇。

为鼓励页岩气产业发展，2011年3月，我国《国民经济和社会发展“十二五”规划纲要》中明确提出“推进煤层气、页岩气等非常规油气资源开发利用”。2011年12月，经国务院批准，原国土资源部将页岩气作为独立矿种加强管理，明确了“调查先行、规划调控、竞争出让、合同管理、加快突破”的工作思路；根据已选定的页岩气有利远景区和页岩气探矿权管理目标，编制了页岩气探矿权设置方案；引入了市场机制，创新了页岩气资源管理，开展了页岩气探矿权出让招标工作（国家发展改革委等）。

2012 年，财政部、国家能源局出台页岩气开发利用补贴政策；2012—2015 年，中央财政按 0.4 元 / 立方米标准对页岩气开采企业给予补贴；2015 年，两部门明确“十三五”期间页岩气开发利用继续享受中央财政补贴政策，补贴标准调整为前 3 年 0.3 元 / 立方米、后 2 年 0.2 元 / 立方米。2013 年，国家能源局发布《页岩气产业政策》，从产业监管、示范区建设、技术政策、市场与运输、节约利用与环境保护等方面进行规定和引导，推动页岩气产业健康发展（国家能源局，2016）。

为规范页岩气勘探开发工作，国家资源管理部门先后制定了《页岩气地质评价方法》（GB/T 31483—2015）、《页岩气资源评价技术规范》（NB/T 14007—2015）、《页岩气井产量预测技术规范》（NB/T 14024—2017）、《页岩气地面时频电磁法规程》（DZ/T 0298—2017）、《页岩气调查地震资料采集与处理技术规程》（DZ/T 0299—2017）、《页岩气井取心及采样推荐作法》（NB/T 10118—2018）、《页岩气水平井钻井作业技术规范》（NB/T 10252—2019）、《页岩气资源量和储量估算规范》（DZ/T 0254—2020）等规范和准则，指导页岩气产业健康发展。

4.6.2.3 产业发展及布局

国家发展战略和政策引导为页岩气提供了广阔的发展空间。原国土资源部油气资源战略研究中心在 2009 年启动“中国重点地区页岩气资源潜力及有利区优选”项目，以川渝黔鄂地区为主，兼顾中下扬子地区和北方地区，开展页岩气资源调查。优选页岩气远景区，在重庆市彭水县实施了我国第一口页岩气资源战略调查井——渝页 1 井。

从 2009 年开始，对页岩气进行有组织的勘探和科学系统的开发，经过十余年的发展，我国页岩气资源开发取得了长足发展。全国共设置页岩气探矿权 44 个，面积 14.4 万平方公里。2010 年，中国石油天然气股份有限公司在四川威远地区实施的威 201 井，压裂测试峰值产量 21000 立方米 / 天，稳定产量 5000~6000 立方米 / 天。2012 年，国家发改委、国家能源局批准设立了长宁 – 威远、昭通、涪陵等 3 个国家级海相页岩气示范区和延安陆相国家级页岩气示范区。2012 年，涪陵焦页 1HF 井取得中国页岩气勘探的历史性突破，截至 2014 年底页岩气累计钻井超过 400 余口，截至 2017 年底涪陵页岩气已经完成 100 亿立方米 / 年的产能建设目标。目前，我国页岩气探明储量快速增长，已经形成涪陵、长宁和威远 3 个海相页岩气产区及延长陆相页岩气产区。

2019 年，四川盆地的长宁页岩气田、威远页岩气田、太阳页岩气田新增探明地质储量均超过千亿立方米，宁 216 – 宁 209 井区、威 208 和太阳 – 大寨地区页岩气新增探明地质储量7409.7亿立方米，技术可采储量1784.45亿立方米，累计探明地质储量1.06万亿立方米，形成川南万亿立方米页岩气大气区。

深层页岩气勘查再次取得新进展。川东南綦江东溪构造东页深1HF井完钻井深6062米（垂深4259米），测试获气31.2万立方米/日。南川地区胜页2HF井测试获气32.8万立方米/日。泸州区块泸203井在4000米深层测试获气137.9万立方米/日，成为国内首口单井测试日产量超百万立方米页岩气井（《中国矿产资源报告2020》）。

“十三五”期间，全国页岩气资源勘查取得较大成绩。《中国矿产资源报告2018》数据显示，全国埋深4500米以浅页岩气地质资源量122万亿立方米，可采资源量22万亿立方米。

截至2017年底，全国累计探明页岩气地质储量9168亿立方米，远超煤层气储量。但增长主要集中在南方海相地层中和四川盆地及其周边，其他地区及陆相、海陆交互相地层尚没有取得大的突破。煤系炭质泥页岩在华北、华南地区及塔里木盆地广泛分布，有机碳含量高、有机质类型以Ⅲ型干酪根为主，热演化程度适中，处于生气阶段，部分处于生气高峰期。因此，煤系页岩气会成为中国页岩气勘探开发的重要领域（赵平等，2019）。

《天然气发展“十三五”规划》提出，“十三五”期间新增页岩气探明储量1万亿立方米，2020年累计探明地质储量超过1.5万亿立方米。《页岩气发展规划（2016—2020年》提出，2020年实现页岩气产量300亿立方米。“十四五”及“十五五”期间，我国页岩气产业加快发展，海相、陆相及海陆过渡相页岩气开发均获得突破，新发现一批大型页岩气田，并实现规模有效开发，2030年将实现页岩气产量800亿~1000亿立方米。

我国的页岩气储藏层断层发育、构造复杂，埋深较深，条件复杂，开采难度较大。页岩的渗透率和孔隙度低，通常孔隙度小于10%，渗透率为10^{-8}~10^{-4} μm^2，不便于开采。目前，页岩气开发采用直井、水平井工艺，水力压裂和水平井技术日益成熟，大大提高了页岩气的出气率（李杨森、李震、慕珂，2018）。

4.6.2.4　工程案例

陕西省页岩气资源丰富，具有陆相、海相、海陆过渡相等多类型页岩气资源。鄂尔多斯盆地东南缘三叠系延长组陆相页岩气已取得勘探突破，陕南复杂地质区海相页岩气资源调查程度较低。

2012年9月，延长石油在鄂尔多斯盆地延安—富县一带建设了我国首个国家级陆相页岩气示范区，日产气量4000~5000立方米。对于陕南地区的下古生界海相页岩气资源，由于其复杂的地质条件和成藏条件尚未有勘探突破。但是，中国地质调查局于2015年在陕南上扬子北缘宁强、南郑、镇巴地区部署了3口页岩气调查井，均发现了较好的页岩气显示。2016 年 7 月，中国地质调查局在贵州省遵义市正安县实施的安页 1 井取得重大突破，钻遇 4 个目的层系，其中下志留统牛石栏组日产气量可达 10 万立方米，对于我国南方复杂地质构造区海相油气勘探具有里程碑的意义。

面对如此丰富的页岩气资源，立足陕西省内，展望全国，加快陕西省页岩气勘查开发，对于缓解能源短缺、保障国家能源安全、优化能源结构具有十分重要的战略意义。

自 2012 年以来，原陕西省煤田地质局逐步重视页岩气勘探工作，但页岩气勘探开发具有难度系数大、开发成本高、效益见效慢等特点，尤其是我国页岩气成藏地质条件较国外复杂得多，具有较大的勘查风险。

2015 年 8 月—2016 年 9 月，陕煤地质集团相关陆相页岩气资源地质勘查所实施的项目主要为“转角勘查区 ZJS01 煤层气参数 + 试验井”，在铜川旬邑转角勘查区开展煤层气资源调查的同时，兼探三叠系延长组长 7 段陆相页岩气资源情况，并部署实施了一口“参数井 + 试验井”——ZJS01 井，并依托该工程项目开展相关科研探索。转角勘查区 ZJS01 煤层气“参数 + 试验井”项目由集团出资 560 余万元，由陕西一九四煤田地质公司负责实施。该井于 2015 年 8 月 21 日开钻，10 月 31 日完钻，完钻井深 1242.35 米，完钻层位为三叠系铜川组上段；11 月 5 日，顺利完井。2016 年 7 月，对三叠系延长组长 7 页岩层进行压裂排采试验（见图 4–1），累计产气量为 2427.8 立方米，初步预测 ZJS01 井日产气量可超过 3000 立方米 / 天，达到了初步预期成果。

图 4–1　ZJS01 井页岩气现场射孔—压裂排采（杨甫等，2016）

依托该工程项目，并行实施了三叠系延长组陆相页岩气成藏地质条件分析，从沉积环境、生烃条件、储集条件等方向，系统分析了三叠系延长组陆相页岩气富集条件，取得较丰富的理论和工程认识。

2014—2019 年，开始进行陕南复杂地质区海相页岩气资源相关资料的收集及研究工作。陕煤地质集团下属子公司——陕煤地质油气钻采有限公司先后为中国地质调查局油气资源调查中心在汉中南部地区施工完成页岩气调查井 2 口、参数井 1 口，获取了下寒武统牛蹄塘组埋深、厚度、含气性、地球化学等一手资料，为陕煤地质集团在复杂地质区实施页岩气钻探工程，积累了丰富的施工经验。

同一时期，陕煤地质集团大力开展页岩气资源赋存及开发潜力研究工作，先后实施了“安康地区古生代盆地页岩气富集有利区预测”“陕西省安康 - 汉中南部下古生界页岩气勘探开发潜力研究”“镇巴地区页岩气选区评价与试验区勘查”等，并开展了大量的野外地质调查、室内测试化验分析、专业技术交流、二维地震勘探、钻探施工等工作。

2013 年 7 月，以陕煤地质集团为依托建设单位的原国土资源部煤炭资源勘查与综合利用重点实验室开展“安康地区古生代盆地页岩气富集有利区预测”研究，分析了安康地区下古生界暗色岩系页岩气成藏与富集条件，并优选页岩气富集有利目标区。研究认为，安康早古生代海相盆地页岩气潜力较好的地区与层位为镇坪大河区的下寒武统，其次为毛坝区的中寒武统毛坝关组和八仙镇区的下寒武统鲁家坪组与箭竹坝组。

2016 年 12 月，陕煤地质集团重点科研项目“陕西省安康 - 汉中南部下古生界页岩气勘探开发潜力研究”，对陕南下古生界以牛蹄塘为主的页岩储层系统开展页岩气地质评价与调查工作，圈定了南郑—镇巴一带为页岩气勘探有利目标区。

依据前期工作成果，为了进一步在汉南开展下古生界页岩气勘探工作，2018 年 10 月，陕煤地质集团与中国石化勘探分公司确立合作关系，就镇巴区块联合开展天然气 / 页岩气勘探工作，确立了“镇巴地区页岩气选区评价与试验区勘查公司”项目。

2018 年 11 月—2019 年 4 月，陕煤地质集团委托所属研究院公司承担镇巴地区 1∶50000 页岩气区域地质调查工作。2018 年 11 月—2019 年 4 月，共完成区域地质调查 508.7 平方公里，累计路线长 683 公里，地质调查点 807 个，实测剖面 2.0 公里，样品采集 121 件。该工作详细调查了工区地层出露、展布、构造特征，并进行了系统的样品采集（见图 4-2 至图 4-5）。区域地质调查报告于 2019 年 5 月通过了专家组评审，达到了预期目标。

2019 年 3—8 月，陕煤地质集团委托所属物探测绘公司承担镇巴地区二维地震勘探和电法勘探工作。该项目完成二维地震勘探满覆盖 52.56 公里，物理点 1098 个，

图 4-2 汉中南部地区下寒武统牛蹄塘组黑色页岩野外露头（田涛等，2020）

图 4-3 汉中南部地区下志留统龙马溪组暗色页岩野外露头（田涛等，2020）

图 4-4 镇巴地区 1：50000 页岩气区域地质调查野外作业现场（田涛等，2020）

图 4–5　镇巴地区页岩气二维地震野外作业现场（田涛等，2020）

试验点 26 个，微测井 8 口；电法勘探 11.1 公里，物理点 303 个，试验点 15 个。该项目系首次在该地区采集到高质量的二维地震信息，经过多轮处理解释，揭示了工作区域地下地质结构特征，刻画了地层、构造、断裂的发育情况，并对目的层牛蹄塘组富有机质页岩厚度、含气性等进行了预测，提出了有利区带和井位建议。

2019 年 9—12 月，根据区域地质调查成果、二维地震和电法勘探成果以及对前期科研成果的认识，完成了镇巴地区页岩气参数井的井位论证、钻井地质设计和工程设计工作。“陕镇页 1 井”作为最优选择及与其相应的钻井地质设计和工程设计方案，在北京顺利通过专家评审。

2020 年 6 月，由陕煤地质集团与中国石化勘探分公司联合实施的“陕镇页 1 井”正式开钻。该井是镇巴地区首口页岩气参数井，钻探工程的开工标志着镇巴地区页岩气勘探进入了一个新的开发阶段。

4.6.3　致密砂岩气勘查开发

随着世界对能源需求的不断增长和环境保护的日益加强，清洁能源的推广应用已成必然趋势。广东煤炭地质局主动适应改革发展新常态，积极推进产业结构调整、优化资源配置，逐步从传统地勘向清洁能源勘探开发转型，积极服务于国家能源新战略，履行资源勘查国家队的职责。依托自有 XY–8 型、水源 2000 型、ZJ20、ZJ30、ZJ40、ZJ50、雪姆 T200 型、RT50 型深部钻井设备，不断地培养和储备钻井技术人才和清洁能源地质技术人才，在煤层气、页岩气、致密砂岩气和地热勘探开发以及常规油气钻井实践中，不断发展壮大。先后在山西、陕西、新疆、吉林、河南、贵州、广东等地进行了勘探开发，已经发展成为清洁能源勘探开发领域的一支重要力量。

神府区块位于陕西省榆林市神木市和府谷县境内，区块矿权面积约 3000 平方公里，2019 年度成功提交栏杆堡区块探明储量 138.14 亿立方米。区块目标为 2019—2025 年新增探明储量 800 亿立方米，发现累计探明储量超 1000 亿立方米气田，至 2025 年完成年产 20 亿立方米。

根据项目施工需要进行了施工工艺的改良，开展小井眼钻井试验。2018 年底开始推行 6–1/8″小井眼井型钻井施工，后又改进工艺，由 6–1/8″井眼改为 6–1/2″井眼，3–1/2″钻具改为 4″钻具。在发挥小井眼优势的前提下，改变井眼结构，加大环空间隙，提高施工排量，进一步提高钻井效率，使钻井周期缩短到 13.9 天，全井平均机械钻速达到 12.64 米 / 小时。在刘家沟以上地层机械钻速达到 30.4 米 / 小时，比该工区其他钻时快的井钻井周期缩短 44%，比其他钻时快的井的平均机械钻提高 49.17%。2020 年在 SM1–7 井钻井施工中取得钻井周期 9.67 天，实现“一杆到底”，创下区块小井眼井型钻井周期最短纪录（见图 4–6、图 4–7）。

图 4–6　临兴 – 神府区块致密砂岩气勘探开发

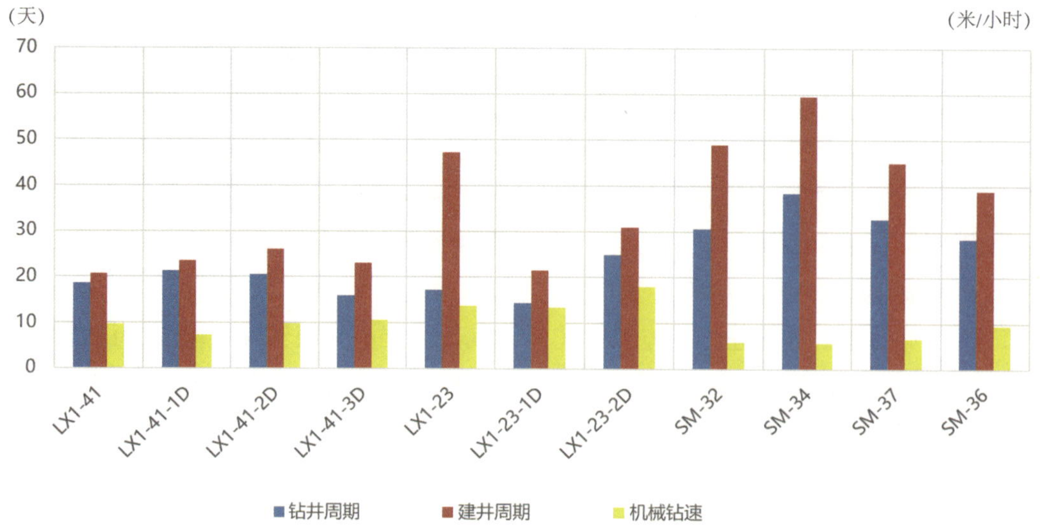

图 4-7　临兴－神府区块致密砂岩气钻井时效分析

4.7　农业地质调查

4.7.1　市场形势及背景

"农业地质"一词首次由 19 世纪中叶的德国学者法鲁（F.A.Fellow）和李希霍芬（F.V.Richthofen）提出，用于解释岩石风化与土壤的形成关系。1907 年，匈牙利皇家科学院地质研究所建立了世界上第一个从事农业地质研究的机构——农业地质部，把土壤地质调查、填图和土壤成因与分类作为主攻方向。

我国农业地质起步于 20 世纪 50—70 年代，原地质部相继开展了农田供水水文地质勘查与盐碱地改良，农用岩矿的利用与开发，环境地球化学的研究与应用，岩矿饲料研制工作等。由于环境污染问题，一些地区结合土壤质量调查与评价，开展了土壤背景值的测定（王恒旭等，2006）。

农业地质既是地质工作主动服务于现代农业的创新举动，也是地质调查与科学研究有机结合的成功实践。农业地质主要研究与农业有关的岩石、地形地貌、地理景观、地球化学、基础地质、水文地质、土壤类形、土壤地球化学特征、水化学特征、土地资源利用等地质条件，为农业生产提供技术服务。

农业地质的主要任务是系统测定土壤、浅层地下水及水体中的元素并查明其分布，研究元素从岩石—土壤—水—农作物（养殖物）—人体的生态循环过程以及相互作用，提出应对农业环境变化的对策和评价建议，建立农业区农业地质环境评价体系，为区域农业生产结构调整、发展优质安全农业体系、政府宏观决策提供科学依据（姚华军、颜世强，2007）。

我国地质工作在实际应用方面服务农业始于20世纪80年代。1986年，李正积教授出版了《地质与农业》一书，提出了“农业地质背景系统”的概念，指出“农业地质背景是农、林、牧、副、渔业等密切相关的地质体和内外地质营力作用的特殊综合”，并强调地质背景与优质农产品有密切的关系，农业地质背景研究的目的是发展优质农产品及进行农业生产结构调整（孙建勋，2000）。

1991年，冯群耀在《大农业地质学》一书中提出了“大农业地质学是以地质学理论为基础，结合农林等学科相关理论，研究大农业相关问题的边缘学科”，认为研究农业地质背景、矿物岩石及其地球化学成分同农业的关系，是农业地质科学的核心。

1997年，张宗祜院士将地质无机环境和生态有机环境结合起来，提出了“农业生态地质学”的新概念，认为“农业生态地质学是一门研究人—农业生产—地质环境整个系统的结构、功能及其相互作用的学科”。

1999年，陈梦熊院士从环境地质学观点出发，把地质环境作为一个独立的非生物系统，在自然生态环境与社会环境的双重影响下，研究地质环境与人类生存环境之间的关系，称为生态环境地质学。

2000年，陈昌笃先生提出“地质生态学”，将地质与生态相结合，强调地质学理论在生态系统中的作用。

2001年，曾群望等提出了生物地质环境学的概念，认为生物地质环境学是用地质学的理论和方法研究生物与其赖以生存的地质环境的关系，着重研究地质环境对生物影响的学科。它是生物学、地质学与环境科学等相互渗透、融合而成的边缘学科。由此可见，农业地质的研究范围被扩大到生态环境领域，农业地质发展的广阔前景和农业地质研究的社会功能被大大拓展（《国内农业地质研究和发展现状》）。

2002年，省部正式联合开展农业地质环境调查项目，有17个省份与原国土资源部签订了合作协议，掀起了农业地质工作的新高潮。这是迄今为止我国开展规模最大、测试项目最多的一次调查，是集第四系地质、基础地质、水文地质、地球化学、矿产资源及环境评价于一体的综合性调查活动（王恒旭等，2006）。

我国农业地质工作大致划分为三个阶段。第一阶段为20世纪50—70年代，以农用资源调查研究为主，开展的工作有农田供水水文地质勘查、盐碱地改良、农用矿产品开发，以及土壤侵蚀、荒漠化、土地沙化的调查研究与改造等。为提高我国粮食的单产和总量做出了重要贡献。第二阶段为20世纪80—90年代中期，以名特优农产品的农业地质调查与开发工作为主，如四川对棉花、榨菜、柑橘、水稻等农作物与地质背景关系的调查；广西对柑橘、罗汉果地质背景的调查等。第三阶段为20世纪90年代中后期至今，“九五”期间，原地质矿产部在传统的1∶50000区域地质调查工作中增加了农业生态地质调查试点内容，在全国不同地区部署了十几个试点图幅。1999—2002 年，中国地质调查局开展了珠江三角洲、江汉平原和成都平原多目标地球化学填图试点工作，取得了一系列重要成果，查明了人口密集区土壤中某些重金属元素和放射性元素高值区（带）的分布与变化趋势。2002 年，又在浙江进行省级试点，并正式启动了省部合作农业地质环境调查计划，掀起了农业地质工作的新高潮（《国内农业地质研究和发展现状》）。

4.7.2 国家政策及规范

农业是安天下、稳民生的战略产业。国家对发展农业地质产业工作尤其重视，在 2001 年制定了《全国农业地质发展规划要点》，启动了“覆盖中部农业主产区，重点安排东部经济区，优选西部农牧区”的全国农业地质调查项目，把传统的勘查地球化学方法延伸、拓展、扩大到关系国计民生的农业领域。国务院印发的《关于加强地质工作的决定》中强调，要“全面推进农业地质、城市地质、矿山环境地质调查工作”。

国家相关部委为推进农业地质工作，制定了《多目标区域地球化学调查规范（1 ∶ 250000）》（DD 2005-01）、《区域生态地球化学评价技术要求（试行）》（DD 2005-02）、《土地质量地球化学评估技术要求（试行）》（DD 2008-06）、《土壤环境质量标准》（GB 15618—1995）、《地表水环境质量标准》（GBZB 1—1999）等标准、规范，指导农业地质工作规范开展。

我国是农业大国，农业、农村和农民问题是关系改革开放和现代化建设全局的重大问题，土地资源的状况直接关系到粮食产量的稳定和国家的粮食安全。党的十九大报告明确提出推进生态文明建设、建设美丽中国、建设社会主义新农村，这些战略决策对农业地质工作提出了新要求。

在新时代，农业地质工作市场广阔，大有可为。地质勘查单位通过开展区域地球化学调查、土地质量地球化学评价，推进富硒土壤调查，改善农业土壤和水环境等项目，必将在促进农业增产增收，发展品牌农业、生态农业、特色农业、绿色农业，以及振兴乡村经济等方面发挥重要的地质技术支撑作用。

4.7.3 工程案例

2018 年 6 月，浙江煤炭地质局勘探二队中标金华市金东区土地质量调查项目，主要任务是完成永久基本农田示范区土地质量调查及建档、农业两区调查工作。

浙江煤炭地质局勘探二队地质技术人员通过对金华市金东区土地质量的补充调查，查明土地环境背景特征、土壤环境质量状况、土壤养分丰缺状况，评价耕地质量，进行质量等级划分，研究与土地相关的资源环境问题，为土地利用规划调整、土地整理、土壤污染防治等土地管理工作提供技术支持。建成金华市金东区基本农田土地质量档案，为实现土地数量、质量、生态“三位一体”管护提供技术支撑，进而为金华市金东区生态文明建设、农业产业结构调整及环境保护等提供科学依据。

4.8 城市地质调查

4.8.1 市场形势及背景

城市不仅是人类经济社会活动最集中的区域，也是资源环境承载强度最大，对地质资源环境扰动最强烈的地区。从全球看，目前超过 54% 的人口居住在城市，城市总人数已达 39 亿人，超大城市从 1990 年的 10 个增加至 28 个，城市人口数量在未来还会持续增长，到 2050 年将达到 64 亿人左右。从国内看，1978—2016 年，我国城镇常住人口从 1.7 亿人增加到 7.9 亿人，城镇化率从 17.9% 提升到 57.35%，年均提高 1.02 个百分点；城市数量从 193 个增加到 657 个，建制镇从 2173 个增加到 20883 个，城市经济对我国 GDP 贡献已超过 70%，城市在经济社会中发挥着重要作用。根据国际经验，各国城市化的历史表明，当城镇化率达到 70%~75% 时，城市化进程将放缓。这意味着我国城镇化率的中高速增长还将持续 10 年左右。

地质环境是城市建设与发展的重要基础，同时，城市建设的快速发展，人口增加和工程经济活动的加剧，对城市地质环境的影响越来越强烈，打破了原有地质资源环境平衡，产生了不同程度的环境地质问题和地质灾害。例如，土地利用方式粗放、地下水资源衰竭、地下水污染、地面沉降、地面塌陷、山体崩塌、山体滑坡、泥石流等，严重制约了城市经济和社会的可持续发展。

据统计，我国 34 个省、自治区、直辖市、特别行政区中，有 20 个行政区内分布着受泥石流危害的城镇，占省级行政区划总数的 58.82%。这些城镇中，仅县级及以上政府驻地城镇就达 150 余个。省会驻地城市中的兰州、西宁、太原等地均遭受过严重的泥石流灾害。据不完全统计，我国有 31 个县级以上城镇、137 个乡镇受泥石流威胁和危害。2004 年 7 月，云南省德宏州盈江县、陇川县、瑞丽市的山洪、泥石流及滑坡灾害造成 14 人遇难、4 人失踪；2010 年 8 月，甘肃省舟曲县城在暴雨后发生泥石流灾害，造成 1434 人遇难、331 人失踪的重大事故。

4.8.2 国家政策

党的十八大以来，党中央提出了一系列治国理政新理念新思想新战略，把生态文明建设和绿色发展提升到新的战略高度，对新型城镇化作出一系列决策部署，明确要求“统筹城市地上地下建设，加强城市地质调查”。2017 年 9 月，原国土资源部印发《关于加强城市地质工作的指导意见》，明确了“坚持尊重自然、顺应自然、保护自然，拓展地质工作领域，创新技术、产品和服务，补齐城市规划、建设与管理的地质工作短板，拓展城镇化发展新空间，开辟城镇化建设新资源，构建城市资源环境安全新体系，推动新型城镇化绿色、低碳、循环、安全、集约、智慧发展”的指导思想。提出“到2025年，实现地级以上城市地质工作全覆盖，建立系统完备的地下空间资源开发利用管理制度，基本构建地质工作与新型城镇化发展深度融合的体制机制，地质工作服务保障更加有力，创新引领作用更加凸显”的总体目标，并从“全面加强城市地质基础工作、主动服务城市开发建设、积极推动地质资源绿色开发利用、健全完善城市地质安全监测预警体系、加强城市地质调查工作的组织协调”等方面全面部署推进城市地质工作。

对于如何开展城市地质工作，原地质矿产部早在1988年就颁布了《城市环境水文地质工作规范》（DZ 55—1987）；1994年，原建设部颁布《城市规划工程地质勘察规范》（GJJ 5794）；2017年，原国土资源部颁布《城市地质调查规范》（DZ/T 0306—2017）等，这些规范为城市地质工作的顺利开展提供了指南。

城市地质工作多属工程地质性质，主要任务是调查、研究、解决与人类活动及各类工程建筑有关的地质问题。进入新时代，城市地质工作按照党的十九大提出的“人与自然是生命共同体”的理念和要求，从地球系统是生命共同体的角度来谋划城市发展，研究城市基础地质、水文地质、工程地质、环境地质等领域，科学统筹地上、地下空间资源的开发和利用，已经发展成为生态文明建设和新型城镇化建设中一项重要的基础性、先导性工作。

4.8.3 工程案例

进入21世纪，地质勘查单位大力促进传统地质工作转型发展，在做好地质找矿工作的同时聚焦政府需求，围绕社会关切，面向新型城镇化发展主战场，拓展地质工作领域，创新技术、产品和服务，开辟城市地质工作和地勘队伍转型发展新空间。利用地质工作优势，聚焦城市规划和空间布局，对城市地下空间、资源、环境进行全面调查，主动服务新型城镇化建设，积极引导和推动地下空间的开发与利用，开拓城市发展新空间；推动地热、浅层地温能、地下水以及土壤等清洁优质资源的产业化开发和利用，推动城市绿色发展；全面加强地质灾害的调查监测预警，推动城市安全发展；加强以地质资料为重点的大数据建设，推动城市智慧发展。

宜宾迁建机场建设工程水文地质专项调查项目。

宜宾迁建机场（以下简称“宜宾机场”）位于宜宾市翠屏区，为军民合用机场，民用飞行区等级4C、军用部分等级三级，占地4800余亩，土石方数量约1200万立方米，填方高度约50米，工程总投资约53亿元，为我军战略机场和四川省重要的运输机场。

2017年4—5月，宜宾地区遭遇暴雨、大暴雨，造成机场顶面大量积水，跑道、联络道、滑行道、机坪的道肩部位出现80余处垮塌；道槽区、土面区、航站区出现了10余处密集塌陷，累计塌陷面积约1000平方米，最大塌陷洞径达120厘米；多个填方边坡出现了不同程度的变形、垮塌、护坡格构架空、断裂破坏。

中国煤炭地质总局广东煤炭地质局施工队伍针对宜宾机场的具体地质环境、填料性质、施工工艺、气象条件、工程特征、工程问题等，开展水文地质专项调查研究，对场地及其周边开展1：2000～1：1000的详细水文地质调绘，重点部位开展1：500的精细调绘。在水文地质调查的基础上，开展渗透变形和潜蚀破坏成因机制、控制因素、影响范围、发展趋势理论分析研究，对渗透变形和潜蚀破坏的成因机制进行理论分析，推断渗透变形和潜蚀破坏的控制因素、可能的影响范围及未来发展趋势。结合调查成果、现场试验成果、室内试验成果、现场监测成果，对高填方的渗透变形和潜蚀破坏的成因机制、控制因素、影响范围、发展趋势及重点防护区域进行分析评价。

该项目应用填筑体塌陷防治，与原全场区黏性土覆盖和重点区域“强夯＋灌浆”处理方案相比，节约投资3500万元；边坡区分区采用仰斜排水管、挡墙、框锚护坡、开挖回填并设置水平排水层与反滤层的方案，相比原全场区填方边坡采用“框锚护坡＋挡墙”方案，节约投资3000万元。减少外借黏性土方60万立方米，保护耕地150亩以上，减少水泥用量10000吨以上、钢材（筋）500吨以上；保护下游农田200余亩，农户30余家；减少了大面积注浆对地下水条件的影响，保护了场区及周边地下水与生态环境。（见图4–8）

图4–8 宜宾迁建机场建设工程水文地质专项调查项目现场（广东煤炭地质局，2017）

4.9 灾害地质调查

4.9.1 市场形势及背景

地质灾害是一种由自然因素或人为活动引发的危害人民生命和财产安全的，如山体滑坡、山体崩塌、泥石流、地面塌陷、地裂缝、地面沉降等与地质作用有关的灾害。

我国地质和地理环境复杂，气候条件时空差异大，地质灾害种类多，是世界上地质灾害最严重、受威胁人口最多的国家之一。我国多数山区受脆弱的地质环境和复杂的地质条件所限，构造活动频繁，地质灾害隐患多、分布广，且隐蔽性、突发性和破坏性都较强，防范难度大。特别是，近年来受极端天气、地震、工程建设等因素影响，地质灾害多发、频发，每年因地质灾害造成的直接经济损失占自然灾害总损失的 20% 以上，给人民群众生命财产造成严重损失。

调查数据显示，我国发生的地质灾害事件中山体滑坡占灾害总数的 51%，山体崩塌占灾害总数的 17%，泥石流占灾害总数的 8%，地面塌陷占灾害总数的 5%，地裂缝占灾害总数的 3%，不稳定斜坡占灾害总数的 16%。可以看出，斜坡灾害（滑、崩、流、不稳定斜坡）是我国主要的地质灾害类型（生宗凌等，2011）。

国家自然资源部地质灾害技术指导中心通报 2018 年全国地质灾害情况：全国共有 2966 起地质灾害发生，其中 1631 起山体滑坡、858 起山体崩塌、339 起泥石流、122 起地面塌陷、9 起地裂缝及 7 起地面沉降。2019 年，全国共发生地质灾害 6181 起，共造成 211 人死亡、13 人失踪、75 人受伤，直接经济损失 27.7 亿元。全国共成功预报地质灾害 948 起，涉及可能伤亡人员 24478 人，避免直接经济损失 8.3 亿元。

4.9.2 国家政策及规范

长期以来，各种类型的地质灾害一直危害着大型基础设施的安全及人民群众的生命财产安全。为加强地质灾害治理，1999 年 3 月，原国土资源部颁布《地质灾害防治管理办法》，在 2005 年又对此重新进行修订、完善。国务院在 2003 年颁布《地质灾害防治条例》，提出“地质灾害防治工作，应当坚持预防为主、避让与治理相结合和全面规划、突出重点的原则”。2011 年 6 月，国务院颁布《关于加强地质灾害防治工作的决定》，要求地质勘查单位全面开展隐患调查和动态巡查，加强调查评价，强化重点勘查；加强监测预报预警，严格地质灾害危险性评估，快速有序组织临灾避险；加强重要设施周边地质灾害防治，建立健全地面沉降、塌陷及地裂缝防控机制，提高地质灾害应急能力，强化基层地质灾害防范，做好突发地质灾害的抢险救援，有效规避灾害风险。

《关于加强地质灾害防治工作的决定》是继 2006 年国务院出台《关于加强地质工作的决定》之后，专门针对地质灾害防治工作出台的国土资源领域又一纲领性文件。它表明了党中央、国务院带领全国人民加强地质灾害防治工作，确保人民群众生命财产安全和经济社会安全稳定发展的坚强决心，也是地质勘查单位做好新时期地质灾害防治工作的行动指南。

近几年，国土资源管理部门及行业协会先后颁布了《地质灾害防治工程监理规范》（DZ/T 0222—2006）、《地质灾害治理工程施工组织设计规范》（T/CAGHP 020—2018）、《地质灾害危险性评估及咨询评估预算标准》（T/CAGHP 031—2018）、《突发地质灾害应急防治导则》(T/CAGHP 022—2018)、《泥石流灾害防治工程勘查规范》(T/CAGHP 006—2018)、《地裂缝地质灾害监测规范》(T/CAGHP 008—2018)等规范、标准，对开展地质灾害工作进行指导。

治理地质灾害实际上就是为生态文明建设服务，国有地质勘查单位必须承担起为生态文明建设提供地质技术服务的重大使命和责任担当。全国地质勘查单位纷纷响应国家号召，利用自身拥有的人才、设备、技术、资料的优势，延长产业链，积极参与地方经济建设，有效治理各种地质灾害，确保大型基础设施、交通要道及人民群众的安全。

4.9.3 工程案例

郭家河煤矿矸石山灭火工程。

陕西郭家河煤业有限责任公司排矸场位于陕西省宝鸡市麟游县两亭镇崖窑村村南。治理前，矸石堆放量约为 520 万吨，堆积高程最高达 1305 米，地面最低标高 1224 米，堆积相对高差最高达 81 米，总体占地面积约 70 亩。2017 年 12 月，在二、三平台中上部发生自燃现象。2018 年 1 月开始加剧，经过长时间的燃烧及发展，已燃烧至地表，在排矸场堆积中前部扇形区形成了火区。

2019 年 3 月，受陕西郭家河煤业有限责任公司委托，陕西天地地质有限责任公司承担施工任务，确定整体排矸场治理思想为“整体控制、封堵漏风、消除高温、防止复燃”，采取“注浆灭火 + 边坡防护”综合治理方案。作业流程为物化探测—平整场地—钻孔测量定位—钻孔施工—下放花管—注浆—灭火效果检测。

一期进行注浆灭火工程。钻孔布设于划定治理区范围各平台顶面之上，共计面积约 34382 平方米。

①钻孔布置。一平台自燃区：面积 4203 平方米，布设钻孔 26 个（24 个注浆孔 + 2 个监测孔），单孔平均深 10 米，工程量共计 260 米。二平台自燃区：面积 4070 平方米，布设钻孔 26 个（24 个注浆孔 +2 个监测孔），单孔平均深 20 米，工程量共计 520 米。三平台自燃区：面积 26109 平方米，布设钻孔 171 个（167 个注浆孔 +4 个监测孔），单孔平均深 30 米，工程量共计 5130 米。

②注浆。一平台自燃区注泥浆量 1656.90 立方米，二平台自燃区注泥浆量 3667.56 立方米，三平台自燃区注泥浆量 35291.01 立方米。工程总注浆量为 40615.56 立方米，其中水用量 33846.30 立方米，黄土用量 10414.20 立方米，生石灰用量 2561.34 吨。

灭火后，结合坡体特征及场地地形条件，对整个斜坡采取以台阶式坡面整治为主的治理方式，辅以坡面覆土夯实和修建截排水的措施，形成较为稳定的“隔氧层”。

本项目共施工钻孔 223 个（215 个注浆钻孔 +8 个监测钻孔），钻探进尺 5910 米。治理区面积 72150 平方米，其中平台顶面面积共计 34382 平方米，坡面面积共计

37768 平方米。治理费用总计 1169.58 万元。工程完工后，矸石山自燃现象消除，坡面绿化后生机盎然。经过 1 年时间检测，矸石山未发生复燃现象，治理工程得到投资方肯定。

参考文献：

[1] 方敏，等.2018 年度全国地质勘查行业发展报告 [R]. 北京：地质出版社，2019.

[2] 国家发改委 . 天然气发展“十三五”规划 [Z]，2016.

[3] 国家发展改革委，财政部，国土资源部，国家能源局 . 页岩气发展规划：2011—2015 年 [Z].2012.

[4] 国家能源局 . 煤层气勘探开发行动计划 [Z]，2015.

[5] 国家能源局 . 煤炭深加工产业示范“十三五”规划 [Z]，2017.

[6] 国家能源局 . 页岩气产业政策 [Z]，2013.

[7] 国家能源局 . 页岩气发展规划：2016—2015 年 [Z]，2016.

[8] 李杨森，李震，慕珂 . 中国页岩气的开发利用现状 [J]. 科技视界，2018（12）：212-213.

[9] 陕西天地地质有限公司 . 宝鸡市陈仓区农村信用合作联社信合大厦项目岩土工程勘察报告 [R]，2015.

[10] 生宗凌，杨红，耿淑莹，等 . 浅议我国地质灾害特点与类型 [J]. 科技致富向导，2011（12）：22.

[11] 孙建勋 . 当今农业地质的研究现状 [J]. 黑龙江地质情报，2000（4）：19-23.

[12] 田涛，等 . 镇巴地区页岩气选区评价与试验区勘查 [R]. 陕西省煤田地质集团有限公司，2020.

[13] 王恒旭，王志坤，胡志华，等 . 农业地质概述及应用前景 [J]. 安徽农业科学，2006，34（5）：958-959.

[14] 王兴，等 . 陕西省煤层气资源赋存规律研究与查证 [Z]. 陕西省煤田地质局，2012.

[15] 杨甫，等 . 黄陇煤田转角勘查区 ZJS01 煤层气参数 + 试验井完井报告 [R]. 陕西省煤田地质集团有限公司，2016.

[16] 姚华军，颜世强 . 我国农业地质工作发展战略思考 [J]. 中国国土资源经济，2007（2）：37-39+48.

[17] 赵平，等 . 新时代煤炭地质勘查工作发展方向研究 [M]. 北京：科学出版社，2019.

[18] 中华人民共和国水利部 . 中国水资源公报：2018 年度 [Z]，2019.

[19] 中华人民共和国自然资源部 . 中国矿产资源报告：2018 年度 [M]. 北京：地质出版社，2018.

[20] 中煤江南建设发展集团有限公司（广东煤炭地质局）. 宜宾迁建机场建设工程水文

地质专项调查［R］，2017.

［21］周聪，等.陕西关中地区中深层地热能采暖关键技术研究报告［R］.陕西省煤田地质集团有限公司，2018.

［22］自然资源部中国地质调查局，等.中国地热能发展报告（2018）［M］.北京：中国石化出版社，2018.

5 煤炭地质勘查产业运行环境分析

5.1 地质勘查产业发展环境分析

5.1.1 宏观经济发展形势

进入 21 世纪以来，新一轮科技革命和产业革命的大规模快速发展，加上全球化进程的传播、扩散、冲刷作用，使得世界正在形成新的政治、经济、社会、文化生态。当今世界面临百年未有之大变局，一大批新兴经济体和发展中国家群体性崛起，世界经济中心向亚太转移，出现“东升西降”的现象。国际格局剧烈动荡，世界正经历自第二次世界大战以来影响最深刻的大调整、大变革，国际政治格局演变将给全球经济带来更加复杂的影响。

5.1.1.1 经济全球化加速演变并呈现复杂特征

经济全球化是社会生产力发展的客观要求和科技进步的必然结果。自 15 世纪大航海时代开启以来，资本、劳动力、技术等各种生产要素以及商品、产业、信息等开始在世界某个地区乃至在全球范围内自由流动和自由布局，区域内的联合和一体化程度以及世界的关联性与整体性都逐步提升。冷战结束以来，新一轮经济全球化进程持续快速发展，为世界经济发展提供了强劲动力，促成了商品大流通、贸易大繁荣、投资大便利、资本大重组、技术大发展、人员大流动，形成了包括越来越多国家参与的全球产业链、价值链、供应链。在这个历史性进程的长期作用下，世界各国和各地区的资源优势得到更合理的配置和更充分的发挥，发展中国家与发达国家通过生产要素的流动和产业链、价值链、供应链的构建，实现了联动发展，人类社会的生产力得到很大程度的发展和释放，世界作为一个整体的发展水平得到显著提高。近年来，随着全球新旧力量对比发生显著变化，逆全球化趋势日渐明显，贸易保护主义、关税壁垒等现象抬头。新冠肺炎疫情在一定程度上助推了逆全球化的趋势，加深了自 2008 年国际金融危机以来的裂痕，加剧了贫富差距、债务化、民粹化等新自由主义全球化带来的问题。疫情之下，贸易和投资作为全球化的主要驱动力正在衰减，许多国家限制旅行和人员流动的措施导致经济产出、投资和国际贸易水平急剧收缩。全球化红利减少而成本上升，全球经济增速放缓、冲突增加。全球化进程因疫情发生改变，将对未来国际格局产生深远影响。未来，全球供应链布局可能出现两种趋势：一方面，某些经济体将更加重视自身供应链的完整性和自主可控性，从而促使某些供应链区域化集聚；另一方面，出于分散风险的考虑，会更加重视对供应链实施多元化布局。

5.1.1.2 新冠肺炎疫情将持续影响全球经济复苏

新冠肺炎疫情之前，全球经济基本处于低增长、低通胀、低利率的常态中。受2008年金融海啸冲击，全球经济增长开始放缓。2010—2018年，全球GDP年均增速为3.8%，比2009年的前9年低0.5个百分点，2019年更是下行到3.0%。从2019年12月初开始持续至今的新冠肺炎疫情大暴发，是人类文明史上百年不遇的大灾难，其传播范围之广、速度之快、力度之强，对人类社会经济冲击之大前所未有。疫情的全球蔓延迫使许多国家不得不采取较为严苛的隔离政策，城市封闭、商业停摆、学校停课、海关关闭、人员与货物的流动被全面限制等，加上全球金融市场股市、汇市、债市急剧暴跌，给实体经济及金融市场造成的冲击与恐慌史无前例。2020年全球经济已经出现大幅衰退。从中期来看，全球经济增长速度将显著放缓。

5.1.2 地质勘查产业发展环境分析

我国宏观经济正处于转型期，新旧动能转换是个漫长过程，低增速高质量发展成为常态。同时，中美在政治、经济、科技等领域的战略竞争与冲突将长期存在，国际环境面临较大不确定性和不稳定性。“十四五”时期，我国进入新发展阶段，将深入贯彻新发展理念，在以供给侧结构性改革为战略方向，以扩大内需为战略基点的基础上，加快形成以国内大循环为主体、国内国际双循环相互促进的新发展格局，同时大力提升自主创新能力，打造科技、产业、金融紧密融合的创新体系，深度推进产业链与价值链整合。

党的十九届五中全会提出，到2021年7月，将实现第一个百年奋斗目标；到2035年，基本实现社会主义现代化；到21世纪中叶，全面建成富强、民主、文明、和谐、美丽的社会主义现代化强国。地质工作应按照总体国家安全观的要求，将提供安全、可持续的能源、矿产、水、粮食等资源保障作为今后一段时期的首要任务，资源保障的任务依然十分艰巨。

5.1.2.1 地勘产业发展的政策环境

一是落实“十四五”规划对地勘产业发展的新要求。国家在“十四五”规划中提出，要积极推进“一带一路”建设和京津冀协同发展、雄安新区建设规划、长江经济带高质量发展、粤港澳大湾区建设等国家重大发展战略。“一带一路”沿线国家矿产资源丰富，地质工作程度低，大量矿产资源未被开发和利用，地质勘查单位“走出去”有地缘优势、有工作基础、有合作空间。京津冀一体化建设需要资源、生态、环境协同发展，这就需要先行开展地质勘查工作，摸清城市及周边地质情况，为京津冀一体化建设打好基础。雄安新区建设规划，需要针对城市规划布局、地下空间开发利用等进行多要素、多专业、多技术的综合地质调查评价。粤港澳大湾区建设要实现绿色、宜居、低碳、可持续发展目标，对清洁油气能源的需求增大，良好的勘探成效将奠定坚实的资源基础。

二是全面建设社会主义现代化国家对地勘产业发展的新要求。我国已经开启了全面建设社会主义现代化国家的新征程，地勘产业必须着眼于服务国家发展大局，必须把支撑能源和战略性矿产资源安全保障作为新发展阶段地质工作的核心使命，坚持国内、国际并举，首先立足国内，全力确保能源资源安全。坚持基础性、公益性、战略性定位，着力发挥好科技引领、信息服务和管理支撑作用，有效促进社会资本勘查投入，更好地服务国际矿产投资与合作，有力支撑矿业高质量发展，巩固战略性矿产资源安全保障基础。同时，在区域协调发展、乡村振兴、健康中国、海洋强国等国家重大战略实施中，要求地勘产业提供更加精准、更高质量、更广领域、更高科技含量的地质技术服务。

三是生态文明建设对地勘产业提出更高要求。党的十九大明确提出了“美丽中国”建设的目标，并在十三届全国人大一次会议通过的宪法修正案中将这一目标载入国家根本法。党的十九届四中全会作出“坚持和完善生态文明制度体系”重要部署，从源头上解决生态环境问题的“治本之法”。生态文明建设与美丽中国建设对地勘产业发展提出了更高要求。2016年，在原国土资源部地质勘查司倡导下，中国地质矿产经济学会向行业发布《绿色勘查行动宣言》；2018年，中国矿业联合会发布《绿色勘查指南》，自然资源部在此基础上积极组织相关部门研究编制绿色勘查国家标准。绿色勘查的实施，使矿产勘查由传统的单一寻找“金山银山”变为勘查与绿色协调发展、“绿水青山”和“金山银山”相得益彰。实施绿色勘查是在找矿领域落实习近平生态文明思想的重要举措，是地勘产业转型升级、矿业可持续发展的必然选择。

四是高质量发展给地勘产业发展提出新要求。新发展阶段，人民对生活质量的要求将越来越高，传统的地质工作范畴也在不断拓宽和延伸。保障更健康的农产品，建设现代农业，需要地质勘查工作提供详细的土地、地下水资源勘查信息，不断推进农业地质调查。建设更便捷的交通路网，需要地质勘查工作提供可靠的地质资料。保障更充足的能源供给，需要地质勘查工作提供更多的能源地质储备信息。区域经济发展，需要地质勘查工作走在前头，不断探索城市地质调查。生态环境治理，地质灾害的监测、预报和防治，要求加强环境地质工作，完善生态地质调查。进一步提高人民生活质量，要求加强文化地质工作，开展旅游地质调查，建设地质公园等。这些工作需求无疑为地质产业的转型发展提供了更广阔的空间。另外，随着国家不断加快推进环境保护进程，"气十条""水十条""土十条"等措施相继出台和实施，包括大江大河重金属治理、土壤污染物的处理、对二氧化碳等大气污染物的捕获和储存等相关工作需求将进一步增长，这些都需要地质工作发挥更大的作用。

五是实施创新驱动战略对地勘产业发展提出的新要求。当今时代，以5G、人工智能、大数据、云计算、区块链为代表的新一代信息技术发展迅猛，广泛渗透于各行各业，成为推动传统产业转型升级的重要驱动力。地勘产业属于技术密集型行业，在产业数字化势头强劲的情形下，需以推进地质工作现代化为主线，加强卫星遥感、北斗定位、VR、深部钻探等领域的新技术应用，特别是大数据、"互联网+"、智能技术的融合应用，逐步实现地质工作手段的升级换代，加快地质工作信息化、智能化进程。目前已知的稀土元素镨、钕、铽、镝等，稀有金属锂、铍、钛、钒、铌、钽、钨，稀散元素镓、铟、锗、铼、铷，铂族金属，轻金属镁，重金属锑、钴，非金属萤石、石墨等39种关键矿产，被广泛应用于信息技术、新能源和新兴材料等产业，地勘产业要积极挺进以上关键矿产的勘查开发领域，取得找矿突破，寻求新的经济增长点和核心竞争力。

5.1.2.2 地勘产业生命周期与需求、供给分析

地质勘查作为国民经济中一个基础性、先行性行业，与国家经济社会发展对矿产资源的需求息息相关。随着我国供给侧结构性改革步伐加快，地质勘查产业面临更加复杂的局面。具体表现：一是产业结构持续优化，高消耗、高排放的传统产业逐渐让位于低消耗、低污染甚至无污染的绿色产业；二是生态环境保护持续深入，蓝天、碧水、净土污染防治攻坚战深入实施；三是资源环境管理体制改革深入推进，新的法律、法规与政策不断出台或加紧出台中；四是地质勘查单位改革步伐加快，以经营性国有资产集中统一监管为切入点的事业单位改革不断深化；五是全球矿业下行调整，矿产资源需求增速延续减缓趋势，矿业仍在周期性底部区间波动。在此影响下，我国地质勘查产业将延续自2013年以来的下行趋势，并将持续深度调整。

从需求端看，地勘产业从过去以解决资源问题为主，向满足经济社会发展和生态文明建设对地质工作需求转变，从资源需求向资源、环境、空间、灾害等多要素需求转变。

从供给端看，地勘产业从传统的区域地质、矿产勘查，逐步向民生地质及相关地质延伸产业等多领域拓展，地质勘查业务将从单一的调查勘查向综合性调查勘查转变。

从产业生命周期和价值链角度看，传统地勘产业已经走过了产业成熟期，地勘业务的价值空间也随之被压缩，行业持续下行、需求不旺、竞争加剧，传统地勘产业转型升级势在必行。增强对资源的认识、判断、整合与经营能力，积极向资源开发

和综合服务等领域转型，将是地勘产业一项长期的战略任务。

5.2 地质勘查行业改革环境分析

5.2.1 地质勘查行业体制改革形势

从大的改革范畴来看，地勘事业单位改革萌芽于20世纪末，以股份合作制为基本模式，广泛而深入地探索了多种经济成分的管理体制和经营机制，逐渐形成了独具特色的产业结构，即地质勘查、勘察施工、矿业开发、多种经营等。从阶段分析，2008—2013年为改革试点阶段，其中浙江、山西、重庆、上海、广东五省份被国家列为事业单位事企分类改革试点；2010—2013年，改革进入转企探索阶段，其中陕西省地质勘查单位全面实现转企，江苏有色金属华东地质勘查局试点企业化，内蒙古自治区实行“一队一矿权”试点。随着经济下行，地质勘查行业经济效益普遍下滑，地质勘查单位大多趋向于公益性事业单位类。当前，各省（区、市）地质勘查单位事企分类改革呈现多元化趋势。

5.2.2 地质勘查单位体制改革的主要分类

截至目前，全国地质勘查单位改革已逐步迈入深水区，各省份相继颁布了地域特色鲜明的改革方案。大致可分为整体转为公益一类、整体转为企业、事企分离三种类型。

5.2.2.1 整体转为公益一类

此种情况以宁夏回族自治区为代表，宁夏地矿局更名为“宁夏地质局”，除地质工程院、矿产地质勘查院被划为公益二类外，其余单位均被划为公益一类，按自治区同类事业单位经费标准予以保障。宁夏地质局深入改革发展，以事业单位分类改革为契机，强化公益地质服务，经过多年的内部改革和结构优化，于2015年12月全面完成事业单位分类改革，自治区编办印发《关于调整自治区地质矿产勘开发局及所属事业单位机构编制事项的通知》，明确宁夏地质局机关及地质调查院等9家单位为公益一类，宁夏地质工程院和矿产地质勘查院为公益二类。同时，结合实际情况确定了公益一类单位以“三性”（基础性、公益性、战略性）地质工作为主，建精、建强、建实队伍，提高公益地质工作服务的能力和水平；二类单位以加强能力建设，拓宽市场服务领域，增强发展实力的发展定位，实现了地质工作向“三性”职能的转变，回归其本质属性，在全国形成了独具特色的“宁夏模式”。

5.2.2.2 整体转为企业

此种情况以内蒙古自治区、陕西省、辽宁省为代表。其中，内蒙古自治区于

2005 年 3 月率先将地质矿产局、有色地勘局和煤田地质局列入自治区直属事业单位改革试点，实行内部企业化改革。组建成立了内蒙古自治区地矿（集团）有限公司、内蒙古自治区有色地质矿业（集团）责任有限公司、内蒙古煤炭地质勘查（集团）有限责任公司。2006 年 7 月，内蒙古地质矿产（集团）有限责任公司在自治区原地矿局基础上成立，正式注册挂牌运营。

陕西省于 2008 年 12 月启动全省地质勘查单位企业化改革工作，经过几年的努力，省属四家地质勘查单位（地勘、有色、煤田、核工业）均已改制成企业，分别成立了陕西省地质矿产勘查开发总公司、西北有色地质矿业集团有限公司、陕西省煤田地质集团有限公司和中陕核工业集团公司。同时，为保留公益性地勘队伍为经济社会发展提供矿产资源保障，陕西省新组建成立省地质调查院（正厅级）作为开展省公益性地质工作的重要支撑单位，负责承担中国地质调查局和省政府在陕西省开展的公益项目。2016 年 12 月，经陕西国资委批准、工商行政管理局登记注册，陕西省地质矿产勘查开发总公司更名为“陕西地矿集团有限公司”。

辽宁省于 2016 年 6 月宣布地质勘查单位事业转企业改革正式启动。辽宁省地矿局、有色局、核工业地质局、东北煤田地质局、冶金地质勘局、化工院等 6 家地质勘查单位合并成立“辽宁省地质勘探矿业集团有限责任公司”，注册资产 50 亿元。2016 年 12 月 23 日，辽宁地勘集团正式挂牌成立。

上述三省份改革的共同点是整体转企，分别组建一个或数个企业集团，但在改革的措施和政策方面三省份有较大差异：一是财政保障程度不同，二是职工分流安置政策不同，三是社会保障衔接不同，四是公益性地质调查队伍的组建不同。

5.2.2.3 事企分离

事企分离情况以安徽省地质勘查单位为代表，安徽省实行分类人事管理制度，地质勘查单位实行编制总量控制，只减不增；采取差异化的财政补助政策，对公益一类地质勘查单位根据正常业务需要，提供相应经费保障，在职人员和离退休人员经费按核定的标准据实补助，对公益二类地质勘查单位以项目支出形式补助，通过政府购买服务方式予以支持；规范对外投资行为，逐步压缩、剥离房地产等与主业无关的业务；全面推进事企分开，地质勘查单位与所办企业在全面清产核资、明晰产权的基础上，实现人事、财务、资产管理等完全分开。实施“收支两条线”，地质勘查单位依法取得的国有资产收益必须被纳入部门预算。公益二类地质勘查单位原则上不得进行跨行业投资，严格控制非主业投资并通过合作方式取得的矿权投资收益，其税后收入应及时、足额上缴省财政专户，实行“收支两条线”管理。

湖南省地质勘查单位改革于 2020 年正式落地。2020 年 9 月，湖南省印发了《湖南省地质勘查单位改革总体方案》（以下简称《湖南方案》），提出了“三个坚持”的改革原则（坚持政事分开、事企分开；坚持精简效能、提升质量；坚持统筹兼顾、稳妥推进）。根据《湖南方案》，湖南将4家地勘局合并为省地质院，作为省政府直属正厅级事业单位，根据地调、地勘、地灾、地环等公益性职能，在省地质院下设若干研究所（中心），同时根据地勘职能和市州现有情况，设置若干地质大队（中心）。将所有院所、队（中心）的辅业全部剥离，组建一个企业（或企业集团），由省地质院暂时代为管理，待条件成熟时再依法明确管理关系。《湖南方案》也明确了地质勘查单位改革设立改革过渡期，并给予相关政策支持。在财政投入上，基本支出按照事业在职在编人数和预算定额标准予以保障，项目支出根据事业发展需要优先保障。在人员安置上，对院所、队科学核定编制，实行总量控制，富余人员逐年自然消化。按照自愿原则，鼓励现有职工去企业，实行“老人老办法”。在遗留问题处理上，如地质勘查单位退休人员补贴地区差问题，被纳入本次改革统筹研究解决。在土地、矿权、税收、资产处置等方面，依法依规给予支持和优惠。

江西省地质勘查单位改革也于2020年落地。2020年10月，江西省印发了《关于印发江西省深化事业单位改革试点工作方案的通知》（以下简称《江西方案》）。《江西方案》提出，坚持管理扁平化、队伍专业化、经营集团化方向，按照地质研究、地质勘查、工程建设三大业务板块，分类整合、分步改革，促进地勘事业转型升级，建立符合新时代国家地质资源战略、适应市场化要求的地质工作体系。《江西方案》明确，整合省地质矿产勘查开发局（正厅级）、省核工业地质局（正厅级）、省煤田地质局（副厅级）、江西有色地质勘查局（副厅级），组建省地质局（正厅级），由省政府直属，归口省自然资源厅管理，主要承担组织开展基础性、公益性、战略性地质工作职责，负责推进地勘队伍改革。整合地质系统的地质调查研究、地质灾害防治等机构及相关职能，组建省地质调查勘查院（副厅级），由省地质局管理，主要承担地质调查勘查、地质科学研究、地质灾害防治等技术保障职责。综合业务、资质、地域等因素，将地质系统分散的地质队伍整合为25个左右专业性地质大队，不再使用事业编制新进人员，合理控制规模。同时，以江西中煤集团为龙头，以工程建设为主干，组建企业集团。

地质勘查单位改革已经进入深水区，地勘产业内相关单位面对新形势，要准确定位自身发展方向，把握最切合自身实际的转型方向，实现地勘工作的可持续发展。

5.3 煤炭地质勘查产业发展面临的机遇与挑战

5.3.1 煤炭地质勘查产业发展机遇分析

5.3.1.1 资源保障对我国经济持续发展的重要程度不断提高

虽然当前面临着经济下行的压力，但从总体上看，经济形势仍平稳向好，这个基本面没有变。这对地勘产业而言是较大的利好，只要发展就需要资源和能源的支撑，就会形成地质找矿的有效需求；只要发展就有建设，有建设项目就需要工程地质、工勘等工作的有效参与；只要发展就需要环境保护，从而为环境地质工作提供空间。从资源的需求来看，未来10年我国仍将是世界制造业的中心，第二产业占GDP的比例仍会保持在30%以上，我国仍将处于工业化进程中，在完成工业化之前仍需要大量的矿产资源。按照党的十九届五中全会审议确定的规划远景目标，未来15年，我国人均GDP将从1万美元向2万美元跃进，根据发达国家经验和能源资源消费规律，在未来15年，我国能源资源需求将陆续到达需求峰值并保持高位运行，我国仍是世界上工业增长速度最快的国家；未来10年，我国仍然是世界上最大的矿产资源消费国和生产国，这也为地质勘查单位发挥地质找矿主力军作用，探获更多的矿产资源提供了巨大的需求空间。

5.3.1.2 “新四化”战略的实施对地质工作服务形成了巨大需求

信息化的加速推进、高新技术产业的迅猛发展对新能源、新材料等资源形成了巨大的需求空间，有效推动了新材料、新类型、新领域的地质找矿工作；大数据、自动化、互联网、遥感监测等新技术与地质工作交叉融合，为地勘产业发展创造了新动能。矿产资源作为工业的粮食，在工业化的持续发展与升级中始终提供有效支撑。城镇化从规划到建设，再到维护管理，都与地质工作服务密切相关；从勘测定界、工程勘查、基柱基础，一直到确权发证的各个环节，都离不开地质工作的参与和介入。在当前积极推行的智慧城市、海绵城市建设中，地质工作更是大有可为；与农业现代化的推进密切相关的水土保持、土地复垦和整治、土壤污染防治、人畜饮用水安全、村庄整治等各项工作为农业地质工作提供了广阔的市场。

5.3.1.3 生态文明建设和环境保护要求地勘产业提供更加优质的环境地质服务

绿色发展理念的贯彻落实，生态文明建设的进一步推进，将为地勘产业转型升级提供更广阔的领域，地勘产业深层次转型发展前景可期。新发展理念的实施，将为大气和水土等污染调查与防治、地质灾害防治和地质环境保护、美丽乡村和新型城镇化建设、海洋地质调查评价与海洋环境保护、清洁能源勘查开发与利用、地上地下空间资源开发利用、废弃物安全处置地质工作、服务绿色矿山建设、参与山水林田湖草调查保护等提供相关业务市场和机遇。黄河流域生态保护和高质量发展上升为国家重大战略，有利于地勘及延伸产业向水资源保护利用、生态修复、污染防治等领域拓展。

5.3.1.4 新能源、新技术的需求将为地勘产业发展增添新的发展动力

地质工作进入新时代，自然资源管理体制从单一向复合转变，对土地和矿产资

源的调查、确权、布局实施立体管理，针对管理新变化必须以科技创新引领产业发展。“十四五”期间，地热能将迎来大的发展机遇期，国家能源局将进一步推动地热资源勘探工作，继续加大科研支持力度，通过建设地热能高效利用示范区，因地制宜地推动多种地热能形式的开发利用，建立完善地热能的管理和监管体制，多管齐下促进地热产业发展。我国承诺争取在2030年前实现“碳达峰”、2060年前实现“碳中和”的绿色发展目标，将进一步推动能源结构不断优化调整，天然气等清洁能源需求将持续加大，为页岩气大规模开发提供了宝贵的战略机遇。目前，新技术矿产主要分布在澳大利亚、美国、南非、俄罗斯等国家，而新技术矿产的高端技术主要掌握在欧美国家和日本手中，这些国家和地区有着严密的技术垄断措施，实施严格的专利战略，限制核心技术的输出，形成较高的技术壁垒。随着高新技术产业的发展，全球特别是科技相对发达的国家，对新技术矿产的需求将会呈现刚性特征。地勘产业链相关企业要不断加大新技术矿产领域的研发投入，增强新技术矿产高端技术的核心竞争力。

5.3.1.5 新政策的实施将为地勘产业发展带来新的发展机遇

一是自然资源统一管理为地勘产业带来更多机遇。2018年3月，中共中央印发《深化党和国家机构改革方案》，提出组建自然资源部，“统一行使全民所有自然资源资产所有者职责，统一行使所有国土空间用途管制和生态保护修复职责，着力解决自然资源所有者不到位、空间规划重叠等问题，实现山水林田湖草整体保护、系统修复、综合治理”。地质勘查工作是实现自然资源统一管理的重要基础性工作。自然资源统一管理职能的实现和履行，需要地质勘查产业提供大量的技术支撑和基础地质信息服务。当前，地质勘查工作不仅包括传统意义上的矿产勘查和为国家提供资源储备，而且需要积极调整拓宽服务领域，向地、海、水、林、草等多门类延伸，工作客体向资源、环境、空间、灾害等多要素转变，更好地为国家战略落地实施、地方经济社会发展提供专业服务。二是减税政策促进页岩气资源勘查开发。2018年3月，财政部、国家税务总局联合印发《关于对页岩气减征资源税的通知》，自2018年4月至2021年3月，对页岩气资源税（按6%的规定税率）减征30%。页岩气资源税收激励政策正式落地，将大大提高开采企业和社会资本勘探开发页岩气的积极性，推动页岩气产业快速发展，保障国家能源安全。三是资源税改革减轻矿山企业负担。2018年3月，国家税务总局印发《资源税征收管理规程》，明确了运杂费和外购矿的扣减范围及凭据，规定对包含在销售收入中的运杂费用或外购矿购进金额进行扣减，同时强调如扣减的运杂费用明显偏高且无正当理由，则主管税务机关可以合理调整计税价格，避免重复征税。该项政策的实施，能够在一定程度上减轻矿山企业的负担，促进我国矿产资源勘查开发。

5.3.2 煤炭地质勘查产业发展面临的挑战

2020年以来，新冠肺炎疫情在全球大流行，迫使许多国家进入全面或部分封锁状态，矿山关闭数量不断增加，市场融资难度持续加大。我国地勘产业受疫情影响在项目运行、生产经营、供给与需求、工作效率、境外地质工作等方面压力加大。

5.3.2.1 矿产勘查市场资金投入放缓

近年来，地质勘查市场持续萎缩，尤其是矿产勘查市场呈断崖式下滑趋势。根据全国地质勘查成果通报历年数据统计，矿产勘查资金投入从2012年的414.1亿元下降到2019年的172.0亿元。服务于生态文明建设的地质勘查领域投入虽呈现增加态势，但目前服务于生态文明建设的地质勘查领域投入规模还不大，不能完全弥补矿产勘查收入大幅下降带来的影响。新疆、内蒙古等资源大省份同样面临矿产勘查投入持续锐减的态势。从矿产勘查资金来源看，财政资金逐渐成为投入的主要来源；社会资金投入方面，由于当前矿产勘查法律、法规及相关制度还不够健全，营商环境还有待改善，商业性矿产勘查市场发育程度还比较低，社会资金找矿积极性不高。

5.3.2.2 地质工作经费保障机制还不够健全

首先，由于缺乏战略性安排，地方公益性地质调查和地质勘查工作缺乏经常性经费保障，在资金计划上没有经常性预算，严重影响了公益性地质勘查单位（尤其是公益一类地质勘查单位）的主体地位和公益性职能的发挥。其次，部分公益二类地质勘查单位仍然提出给予原规模财政经费保障的诉求，主要原因在于政府购买服务机制还不够健全或与改革推进协调不足，如有需求的地质项目未被列入指导性目录，目录不够明细，标准不科学等。地质工作具有较强的专业性或局部垄断性，如果没有科学的程序、方式和标准，在市场发育程度还不高的前提下，就不适宜简单地将其推入市场与社会力量公开竞争。

5.3.2.3 经营性国有资产剥离还存在较大困难

从目前的改革现状来看，地质勘查单位改革并没有突破事企“分开”的根本性调整，地质勘查单位事企不分的情况依然存在，主要原因是经营性国有资产难以剥离。在编人员与非在编人员混岗导致人员安置分流困难，且事企“分开”后，人员互相调配受到约束和限制，在一定程度上阻碍了人这一最重要生产要素的合理调配。事业与企业在缴纳费用和养老待遇上的差距阻碍了地质勘查单位对经营部分的剥离。地质灾害治理工程施工、矿山生态修复、商业性矿产勘查等经营板块长期依托地质勘查单位事业主体占据的公共资源，在目前地勘市场发育程度较低的现状下，这些经营板块一旦被剥离出事业主体，将很难在市场上生存发展。基层队（院）级地质勘查单位经营部分难以厘清，并存在资产状况不良、管理水平不高等问题。

5.3.2.4 产业转型升级仍存在供给侧结构性矛盾

地勘产业属于技术与资本密集型产业，具有较强的市场、政策和环境依赖性。当前，地质工作供给侧结构性矛盾依然突出，主要是传统矿产勘查产品供应过剩，新型资源环境类产品供应不足。地质勘查产品供给与地质勘查市场需求的不匹配、不协调、不平衡，导致了供给侧结构性矛盾，突出表现为供给不能适应需求的重大变化而做出及时调整。此外，地质勘查单位探索产业转型升级的模式并不具有广泛的普适性，很多单位的转型只是为了应对短期发展困难而实施的被动选择，因此还需要进一步探索供给侧与需求侧有机衔接的长效机制，形成可复制、易推广的经验做法。

5.3.2.5 地质勘查单位自身发展能力还有待进一步提升

地质勘查单位装备水平偏低、人才短缺、创新能力不足，已成为地质勘查单位能力提升的重要瓶颈因素。大多数地质勘查单位的设备仪器都得不到及时更新，高精尖设备更是缺乏。受作业环境艰苦、待遇水平偏低、地勘项目萎缩、改革过程中的思想不稳定等多种因素影响，地质勘查单位难以吸引优秀人才，人才结构不同程度地出现失衡。在地勘经济黄金十年期间，我国矿产勘查投资较为充足，地质勘查单位过于依赖矿产勘查业务，再加上长期以来受以财政资金为主要收入来源的机制影响，导致部分地质勘查单位产业结构单一，服务领域狭窄，竞争意识薄弱，缺乏创新思维，生产效率难以提升，尤其是在“政、产、学、研”创新资源整合上还需要进一步加强。

地质勘查行业要客观认识不断变化的地勘经济形势，克服外部环境压力，主动适应体制机制改革，以新思想和新思维面对不断发展变化的事物，充分发挥地勘产业先行性、基础性的技术优势，为经济社会发展提供全方位的支撑性服务。

5.4 煤炭地质勘查产业发展趋势

在新的发展阶段，面对资源保障重要性不断加强、“十四五”规划的实施、生态文明建设与环境保护要求、新技术的需求、新政策的实施等带来新的发展机遇，以及矿产勘查市场资金投入放缓、地质工作经费保障机制还不够健全、产业转型升级仍存在供给侧结构性矛盾等挑战，地质勘查单位要抢抓机遇，努力在新时代取得更大发展，积极构建地勘产业新格局。

5.4.1 地质勘查产业将对我国经济社会发展继续发挥资源支撑作用

当前，我国经济正处在转变发展方式、优化经济结构、转换增长动力的攻关期，经济发展前景虽向好，但仍面临着结构性、体制性、周期性问题相互交织所带来的困难和挑战，高质量发展的要求和形势更加艰巨、紧迫。

我国提出的“畅通国内大循环，促进国内国际双循环”，着眼于国家发展安全和供应链安全的需要，未来将更加重视资源、能源的供给安全，国内能源储备将进一步强化，基础能源资源的勘查开发将带来新一轮机遇。进入21世纪以来，虽然我国经济总量和综合国力得到了极大提升，但是受资源禀赋制约及工业化进程对资源消费需求增长的影响，当前我国大宗矿产资源短缺已从原先的个别矿种向全面短缺演变，石油、铁、铜、铝等主要矿产品供需矛盾不断加剧，对外依存度居高不下，安全隐忧不断凸显。对于我国这样一个人口众多、资源相对不足的发展中国家，解决国内大循环的资源供给，确保大循环的有效畅通，必须立足国内、面向全球统筹矿产资源供给，建立稳定、安全、多元的矿产资源保障体系和与之相适应的地质找矿体系。

从“发展现代产业体系，提升产业链供应链现代化水平”方面分析，构建现代产业体系，发展人工智能、新能源、高铁、电力装备、新能源、通信设备等产业，必将加大对稀缺矿产资源的勘查开发力度，保障关键资源要素的内部供给。矿产资源被称为“工业粮食”，在工业化持续推进的时代，矿产资源安全与粮食安全具有同等重要的地位，都是国家产业链供应链安全的重要组成部分。习近平总书记在讲到能源矿产安全时特别强调：“我们必须从国家发展和安全的战略高度，审时度势，借势而为，找到顺应能源大势之道。”我国正在加速推进工业化、城镇化，按照党的十九大确定的战略目标，距离基本实现现代化还有10多年，距离全面实现现代化还有30年的时间。实现经济社会发展目标，对矿产资源的需求将是持续的、巨大的和刚性的。矿产资源将会成为影响我国经济可持续、高质量发展的重要因素，资源供给不是短期任务，而是带有全局性、根本性、长远性的战略需求。

从“构建生态文明体系，持续改善环境质量”方面分析，我国生态文明发展理念的进一步强化，推进山水林田湖草生态系统保护修复、改善矿区生态地质环境、实施矿区生态环境综合治理等将给地质勘查单位提供更广阔的发展空间。

从共建“一带一路”高质量发展方面分析，“一带一路”沿线许多国家矿产资源丰富，勘查开发潜力巨大，是世界矿物原材料的主要供给基地，已发现石油、天然气、煤炭等近200种能源资源，将成为未来经济全球化背景下我国资源供应链优化配置的关键地区。共建“一带一路”高质量发展，对于促进我国地质勘查单位实施“走出去”战略、推动国际产能合作产生积极影响。

5.4.2 构建可持续的地勘经济发展模式将是地勘产业发展的战略方向

以“打工经济”为主要特征的地勘产业发展方式，已不能适应新发展阶段地勘经济发展的新要求；依靠短周期、小规模的勘查项目，亦不能支撑地勘产业的稳定发展；先前的“只找矿、不开矿”的经营模式，已经难以为继。以“地质勘查保障矿业开发、矿业开发反哺地质勘查”为主要特征的勘查开发一体化模式，不仅延伸了地质勘查产业链、价值链，更为地勘产业提供了广阔的发展空间。

新的发展阶段，地勘产业要充分发挥自身的技术、人才、地质资料等要素优势，通过联合勘查、投资项目合作、参股开发、股权收购等方式，努力延伸产业链、价值链，打通勘查开发一体化的实施路径，为地勘产业可持续发展构建更加稳固的产业根基。

5.4.3 全生命周期的地质技术服务将向更宽、更广的领域延伸

地勘产业在服务矿业的同时，在环境地质、工程地质、城市地质、农业地质、灾害地质等技术服务领域，也积累了丰富的经验。对矿业开发全生命周期的地质技术服务模式已经成形，具备了向更多相关领域推广的基础。

着眼于未来经济建设发展的需求，要在更多领域、更宽范围积极实践基于全生命周期的地质技术服务模式，努力开辟地质勘查技术服务领域的新天地。

5.4.4 地质科技与现代高新技术的融合升级趋势将愈加明显

科学技术是推动地质产业发展的主要动力源泉，有力地支撑了地质事业的发展，但从整体上看，我国地质科学技术还处于从传统地质科学技术向现代地质科学技术转变的起步阶段。面对科学技术的快速发展和迭代周期的缩短，传统地质科技与新时代地质产业发展不匹配的矛盾日益突出，与发达国家的技术层次、应用水平仍存在较大差距。

面对地勘产业发展对地质科学技术升级的新要求，要将互联网、大数据、人工智能、区块链等新技术充分运用到地质技术中，促进地质科学与高新技术的充分融合，提高地质科学技术的现代化水平。要加强地质调查技术手段和资料信息的优化集成，提高综合运用各类技术手段解决实际问题的能力，特别要大力推广应用地理信息系统、卫星定位系统、遥感技术，提高资料信息的综合处理能力。力争在成矿理论、找矿方法和勘查技术上取得新突破，抢占技术的制高点，推动我国从地质大国向地质强国转变。

参考文献：

[1] 葛艳华 . 持续发展目标明确：国家能源局印发页岩气发展规划：2016—2020 年 [J]. 中国电业（发电版），2016（10）：10-11.

[2] 郭迎锋，张永军 . 我国 2035 年基本实现社会主义现代化指标体系构建及评估 [J]. 全球化，2019（10）：60-76.

[3] 黄志忠，古斌．地勘产业定位与发展战略若干问题思考［R］. 中国地质矿产经济学会2003年学术年会，2003.

[4] 罗建兵，曹成林．关于新形势下煤炭地质勘查单位实现产业布局战略思考［J］. 消费导刊，2020（1）：108–109+121.

[5] 马家龙．新形势下推进地勘单位升级转型的思考［J］. 中国国土资源经济，2018，31（5）：9–12+8.

[6] 牛田盛．准确把握十九大报告所提出的新概念、新论断和新提法［J］. 南都学坛，2018，38（3）：94–98.

[7] 欧阳凡歌．国有地勘事业单位改革发展的实践与思考［C］//2019年陕西地质矿产经济学会优秀学术论文集，2019.

[8] 汪恩满，方敏，王春芳．供给侧结构性改革视域下地勘产业转型升级研究［J］. 资源与产业，2019，21（1）：18–24.

[9] 汪恩满．属地化20年来我国地勘单位改革历程回顾与思考［J］. 中国国土资源经济，2020，33（1）：70–75.

[10] 王春芳，黄贤营．我国地勘单位发展的外部环境分析［J］. 中国国土资源经济，2020，33（10）：66–70.

[11] 张学俊，栾群，王夙．我国产业政策实践及“十四五”产业政策预研［J］. 中国经济报告，2020（5）：12–21.

6

新时期煤炭地质勘查产业转型升级方向

能源是支撑国家繁荣和经济可持续高质量发展的重要基础，能源安全是国家战略安全的重要基石。党的十九大报告指出“推进绿色发展，推进能源生产和消费革命，构建清洁低碳、安全高效的能源体系”，这是未来我国能源发展的必由之路。我国“富煤、贫油、少气”的资源禀赋，决定了在未来一定时期煤炭仍是我国能源消费结构中最重要的主体能源，是我国能源安全与能源战略的基础。煤炭资源勘查、矿井设计与建设、资源开采与利用、矿井关闭及环境恢复全生命周期均需开展各类具体的地质勘查工作。因此，随着新时代经济高质量发展和生态文明建设的新要求，未来我国煤炭地质勘查产业仍有广阔的发展空间和巨大的市场潜力。

6.1 煤炭地质勘查产业发展方向

全面总结我国煤炭地质勘查产业现状，系统分析国内外地质勘查行业形势，依据新时代“创新、协调、绿色、开放、共享”新发展理念对煤炭地质工作的新要求，新时期我国煤炭地质勘查产业的重点方向主要包括：煤系矿产资源绿色精细协同勘查与评价、煤炭资源安全绿色精准开采地质保障、煤炭资源清洁低碳高效利用地质保障、关闭煤矿资源勘查开发与生态环境修复、新型能源矿产资源综合勘查与开发利用、生态地质勘查与综合修复治理、煤炭地质勘查技术研发与装备制造、煤炭地质勘查技术延伸业及“一带一路”沿线国家煤系矿产资源勘查开发 9 个方向。

6.1.1 煤系矿产资源绿色精细协同勘查与评价

6.1.1.1 绿色煤炭资源精细勘查与评价

我国煤炭资源总量丰富，全国埋深 2000 米以浅资源量达 5.82 万亿吨，其中保有资源量 1.94 万亿吨，预测资源量 3.88 万亿吨（彭苏萍，2018）。但区域分布差异很大，构造复杂煤层、极薄煤层、急倾斜煤层及高瓦斯、高应力、高水压、高地温梯度煤层广泛分布，开采条件极其复杂。而地质条件简单、适宜高强度绿色开发的优质煤炭资源分布不均，尤其是利于安全绿色开采、清洁高效利用的煤炭资源研究不够，资源规模及其分布尚不清楚。以往大规模、高强度、粗放式的煤炭资源开发利用模式一方面给煤炭资源造成了巨大浪费，另一方面引发了一系列生态环境问题。因此，基于我国能源国情，在新时期经济高质量发展、环境污染严重、生态系统退化和应对温室气体减排任务繁重的严峻形势下，我国一大批煤炭科技工作者重新审视与科学认识我国煤炭资源赋存特征和开发利用模式，先后做出了许多有益探索。

谢和平等（2012）、谢和平等（2017）、谢和平等（2018）提出了煤炭“科学产能”的概念，即指在具有保证一定时期内持续开发的储量前提下，用安全、高效、环境友好的方法将煤炭资源最大限度采出的生产能力。

王佟等（2017）提出了“绿色煤炭资源”的概念，即指在当前先进技术条件下，资源禀赋条件适宜，能够实现安全高效开采、生态环境友好，适宜清洁高效利用，具有经济竞争力的煤炭资源。他们还构建了绿色煤炭资源评价指标体系和评价流程，初步预测了我国绿色煤炭资源总量约 9700 亿吨，但整体勘查程度相对较低，绿色煤炭资源基础储量约 850 亿吨，而经济可采的资源储量仅有 445 亿吨。这是我国首次从绿色煤炭资源的角度探索煤炭资源高效开发与清洁利用的道路，对我国煤炭行业发展和煤炭地质勘查工作具有重要的指导意义与现实意义。

袁亮等（2018）提出了“绿色煤炭资源量”的概念，即指能够满足煤矿安全、技术、经济、环境等综合约束条件，能够支撑煤炭科学产能和科学开发的煤炭资源量。他们还预测了全国绿色煤炭资源量 5000 亿 ~ 6000 亿吨。

因此，要满足未来煤炭资源大规模、高强度、安全绿色、智能化精准开采和清洁高效、低碳可持续利用，提高煤炭资源回收率和综合利用水平，降低生态环境污染，减少二氧化碳排放，必须尽快启动全国绿色煤炭资源精细勘查与评价工作，系统查明禀赋条件适宜，能够实现安全高效开采，地质条件相对简单，煤炭资源相对丰富，易于实现机械化开采；煤炭开发对生态环境的影响与扰动相对较小且损害可修复，煤炭开发过程中水资源能得到有效保护和有效利用，能够实现生态环境友好；煤中有害元素含量低，且可控、可去除，适宜清洁高效利用的绿色煤炭资源，为未来筹划和构建大型、特大型绿色煤炭资源开发及利用的清洁能源基地提供资源保障。

6.1.1.2 煤系共伴生矿产资源协同勘查与评价

煤系又称含煤岩系，是一套含有煤层并有成因联系的沉积岩系，除煤层外煤系中一般还含有多种共伴生矿产资源，如能源矿产（煤层气、页岩气、致密砂岩气、铀矿、天然气水合物、油页岩等）、金属矿产（硫铁矿、铝土矿、三稀金属、贵重金属等）、非金属矿产（高岭土、耐火黏土、膨润土、硅藻土、伊利石、石墨、地下水等）（袁国泰，1998；孙升林等，2014；黄炳香，2016）。煤系矿产资源种类多、储量大、分布广、价值高，如与煤炭资源协同勘查开发、综合高效利用将对国家能源资源安全和经济社会发展产生重要的资源效益、经济效益和生态效益。

李增学等（2011）提出了“协同勘查”的概念，即指对多种能源矿产共生、共存富集的区域，为达到高精度、高效益、最优化查明多种能源矿产状况、赋存规律和开发条件，在遵循“协调有序、经济合理、优势互补、科学部署、最大收益”基本原则的前提下，通过选择不同的协同勘查模式和勘查技术方法，取得可持续与最佳勘查效果。另外，2018 年中国煤炭地质总局牵头完成了“煤系矿产资源综合评价关键技术与应用”项目的研究工作，为广泛开展煤系共伴生矿产资源协同勘查与评价提供了技术支撑和理论保障。

今后开展煤盆地矿产资源勘查时，均应倡导采用煤系共伴生矿产资源协同勘查与评价方法，以期实现煤系多种矿产资源共同勘查、综合评价，有效减少资源浪费、节约时间、提高效率、综合利用、保护环境，将极大地推进煤系共伴生矿产资源安全绿色智能开采和清洁高效综合利用。

近年来，“煤 + 铀”协同勘查与评价项目取得了丰硕成果（朱鹏飞，2018），为“煤 + 气”（煤层气、页岩气、致密气）、“煤 + 水”“煤 + 三稀金属”“煤 + 石墨”等协同勘查与评价提供了借鉴。

6.1.1.3 深部煤炭资源综合勘查与评价

我国埋深 2000 米以浅煤炭资源总量 5.82 万亿吨，但埋深 600 米以浅的资源量仅占 26.8%，埋深 1000 米以浅的资源量不足 50%。近年来，随着我国经济快速发展、煤炭需求和开采量不断增加，浅部煤炭资源逐渐枯竭，特别是中东部经济发达地区，煤炭开采时间较长，浅部煤炭资源已近枯竭，许多煤矿已进入深部开采（埋深 800~1500 米），全国有 50 对矿井开采深度超过 1000 米，其中山东新汶矿业孙村煤矿最大采深已达 1501 米（袁亮，2017）。

以往煤炭地质勘查资源储量估算深度为 1000 米，一般不超过 1200 米，1200~2000 米均为预测资源量。1200 米以深煤炭资源量控制程度一般相对较低。另外，我国 2000 米以深煤炭资源潜力仍然巨大，特别是鄂尔多斯盆地中深部煤炭资源丰富。因此，未来 1200 米以深煤炭资源综合勘查评价与开发利用势在必行。

现有煤炭地质勘查理论和技术解决深部煤炭资源综合勘查与评价仍有许多方面需要突破。由于深部煤层及其围岩构造复杂、探测难度比浅部更为困难，如巨厚低速新老地层对地震波的衰减吸收作用非常明显，深部地震数据分辨率亟待提高。浅部强反射层对深部勘探目的层的屏蔽、浅部老窑、采空区对地震波的散射屏蔽影响严重，改善深部地震数据品质及深部精细构造高精度偏移成像理论与方法还不成熟，深部煤层厚度变化的高精度地震解释理论与技术还有待进一步完善，煤系裂隙、碳酸盐岩溶风化壳洞缝检测理论与方法研究还处于初级阶段，煤层顶底板岩性横向变化及其物理力学参数提取的理论与技术研究才刚刚开始，以及深孔钻探施工与高效绳索取心和深孔综合测井及精准识别分层等技术有待进一步完善。因此，系统建立我国深部煤炭资源综合勘查与评价理论和技术体系还有大量的工作要做。

6.1.1.4 煤炭地质绿色勘查

随着我国经济快速发展，矿产资源需求量日益增加，矿产勘查活动逐渐常态化，但以往大规模、粗放式的矿产勘查活动对我国生态环境带来了一些负面影响，如槽探、坑探导致地表植被破坏、边坡失稳、水土流失；地震勘探对植被景观、浅层地下水、土地等造成危害；钻探导致地表土壤及植被破坏等。很多施工过槽探、坑探和钻探的场地一片狼藉，不仅毁坏了绿色植被，而且工作、生活垃圾遍地，严重破坏了环境。为了保障经济社会快速发展、保障地勘工作正常生产、保障生态环境质量不下降，2016 年 4 月，绿色勘查被正式提出并纳入《国土资源“十三五”规划纲要》；5 月，原国土资源部发布《绿色勘查行动宣言》，号召全国地质勘查行业实施绿色勘查。2017 年 3 月，原国土资源部等六部委联合印发《关于加快建设绿色矿山的实施意见》，要求健全绿色勘查标准体系。

绿色勘查就是以绿色发展理念为引领，以科学管理和先进技术为手段，通过运用先进的勘查手段、方法、设备和工艺，实施勘查全过程环境影响最小化控制，最大限度地减少对生态环境的扰动，并对受扰动生态环境进行修复的勘查方式（《绿色勘查指南》，2018）。

党的十九大报告提出，必须树立和践行“绿水青山就是金山银山”的理念，坚持节约资源和保护环境的基本国策，像对待生命一样对待生态环境。因此，绿色勘查作为一种科学的发展理念和先进的发展方式，是矿产勘查领域贯彻落实中央生态文明建设的重要举措，是保持我国地质勘查行业可持续健康发展的必由之路，更是绿色矿业发展的基本要求。绿色勘查已从理念、政策到技术，逐渐在全国范围铺开，必须把握新形势，落实新要求，以生态保护优先统领地勘工作，大力推进绿色勘查，努力实现资源保障和生态保护的双胜利。在具体操作层面上，采用“一基多孔、一孔多支”，减少机台及设备搬迁；使用轻型机具等改变搬运方式，减少道路修建；“以钻代槽”，减少槽探对植被的破坏；采用环保泥浆，减少施工过程中“三废”对环境的影响等手段，通过研发推广使用绿色勘查新技术、新方法、新设备和新工艺，最大限度地减少对环境的影响或扰动。煤炭地质绿色勘查工作的全面展开，将为国家绿色矿山建设、生态文明建设、全面建设社会主义现代化国家提供有力保障。

6.1.2 煤炭资源安全绿色精准开采地质保障

6.1.2.1 精准绿色开采地质保障

钱鸣高等（2003）、钱鸣高等（2007）针对煤炭大量开采造成的地表沉陷、地裂缝、地表构筑物损坏、地下水污染、水土流失、煤矸石占地、生态环境破坏等问题，提出了“绿色开采”的概念，即指在地质和生态环境协调发展的前提下，运用低开采、高利用、低排放的开采技术，安全、高效、绿色、经济地获取矿产资源，按照环境友好发展要求，通过控制开采、保水开采技术、矸石井下充填与地面加固技术、土地复垦技术、矿井瓦斯抽采技术、煤炭地下气化技术等的综合利用，在实现煤炭资源高采出率的同时，大幅减轻煤炭开采对生态环境的破坏，改变传统采煤工艺造成的突出生态与环境问题，使环境资源得到最优配置。绿色开采是我国煤炭工业的发展方向，其基础是绿色勘查，核心是绿色矿山建设（钱鸣高等，2007；谢和平，2014）。

袁亮（2017）在总结煤炭开采历史及科技发展的基础上，提出了“精准开采”的理念，即基于透明空间地球物理和多物理场耦合，以智能感知、智能控制、物联网、大数据、云计算等作支撑，具有风险判识、监控预警等处置功能，能够实现时空上准确、安全、可靠的智能少人或无人安全精准开采的新模式、新方法，并预测 2030 年我国可基本实现煤炭精准开采。

矿井地质工作是煤矿生产与管理的重要基础，综合运用矿井地质科学理论、方法、技术手段对煤及煤系、相关地质体进行勘查研究，对煤炭资源、煤系矿产资源、赋存地质状况等进行详细探查，对相关地质问题进行专项研究，构筑透明矿山地质模型体系，可为煤炭及煤系资源的安全、高效、经济和绿色开采提供技术保障。因此，无论是绿色开采还是精准开采都需要精细化的地质勘查工作做保障。

6.1.2.2 科学智能化开采地质保障

谢和平等（2012）、钱鸣高（2010）提出了煤炭“科学开采”的概念，即指在科学发展观的引领下，在地质与生态环境协调发展的前提下，克服复杂地质条件和工程环境带来的安全隐患，安全、高效、绿色、经济、可持续，最大限度地获取自然资源，包括安全开采、绿色开采、高效开采、节能低碳开采和经济开采。

谢和平等（2017）、谢和平（2018）基于对地球深部基本科学规律的探索，提出了煤炭资源深部原位“流态化开采”的科学构想，就是将深地固体矿产资源原位转化为气态、液态或气固液混态物质，在井下实现无人智能化的采选充、热电气等转化的流态化开采技术。并给出了技术演进路线：2020 年前，率先将煤炭流态化开采作为深地研究的重要科学问题提出来，展开煤炭资源流态化开采前瞻性理论、基础性技术研究；2020—2035 年，建立现有煤炭开采及转化技术体系对流态化开采的基础支撑架构，实现深部原位部分流态开采关键技术的突破。2035—2050 年，实现流态化开采重大关键技术的突破，集成相关技术开展现场实施。

王国法等（2018）、王国法等（2019）从我国煤炭开采技术进程分析，提出了我国煤炭开采已经开始向“智能化开采”迈进，即在自动化开采系统中加入智慧感知、智慧决策、智慧控制技术，使其具有自感知、自控制、自修正能力，并具备自主学习、自主决策功能，能够实时感知围岩条件及外部环境的变化并自动调整开采参数，从而实现自适应开采。

随着煤炭开采新理念、新技术、新方法的不断进步，矿井地质工作勘查技术手段必须不断更新，矿井地质勘查需要标准化、精细化、透明化，以地质量化预测为先导，以地质勘探、物探、钻探、化探等综合技术为手段，强化对煤层及其结构构造特征、瓦斯安全地质条件、水文地质工程地质、水害防治条件、能源资源综合开发利用等的研究，依托先进的计算机技术、网络技术等实现对生产地质工作的动态管理，才能有效保障煤矿科学、高产、高效、智能化开采。

6.1.2.3 安全高效开采地质保障

随着煤矿开采深度的增加，开采地质条件将变得更加复杂，这些复杂地质条件会严重威胁开采安全，只有不断完善地质保障技术才能在复杂的地质条件下对矿井进行安全高效的开采。

煤炭安全高效开采需要以可靠的地质工作为保障，主要包括：①煤炭资源与生态环境协调开发的地质理论基础与技术；②保水采煤、无人采煤、精准开采、地下气化、地下流态化开采等现代采煤技术的地质条件适应性评价；③矿井安全生产地质保障探测装备研发；④煤与瓦斯（煤层气）及其他共伴生矿产协同开采的地质基础和支撑技术；⑤煤矿区生态修复和废弃矿井综合利用地质理论与技术。

随着信息技术的深度融合和煤矿机械化水平的进一步提高，煤炭绿色开采、智能精准开采等对煤矿安全高效开采地质保障系统提出了更高的要求，矿井地质透明化是当前煤矿安全高效开采地质保障系统发展的努力方向。其重点任务是：①在统一的数据融合基础上，进一步提高地球物理勘探精度，提高矿井地质的透明化水平，构建煤矿智能开采地质保障平台；②集研发与惯导技术于一体的高分辨煤岩辨识仪器装备，实现了对工作面前方 5 米范围煤岩结构的自动化数据采集与精准识别；③以岩层结构为基础，以岩石力学和流体因子为重点，开发和建立智能矿山建设决策与灾害隐患预警系统。

6.1.2.4 绿色矿山建设地质保障

2015 年 4 月，中共中央、国务院《关于加快推进生态文明建设的意见》明确要求，“发展绿色矿业，加快推进绿色矿山建设，促进矿产资源高效利用，提高资源开采回采率、选矿回收率和综合利用率”。2016 年 3 月，国家“十三五”规划纲要将“大力推进绿色矿山和绿色矿业发展示范区建设”作为重点任务和重大工程进行部署。同年 11 月，国务院对《全国矿产资源规划（2016—2020 年）》的批复明确要求，“通过规划实施，到 2020 年基本建成节约高效、环境友好、矿地和谐的绿色矿业发展模式”。发展绿色矿业、建设绿色矿山不仅是生态文明建设的重要内容，更是党中央、国务院交给新时期地质勘查单位的一项重大工作任务。

我国矿业开发为经济社会发展和提升人民群众生活福祉做出了巨大贡献。绝大多数矿山建设较好地落实了节约资源、保护环境的基本国策，依法依规做到了资源合理利用和环境有效保护，但是我国矿产资源开发利用总体上还比较传统粗放，生态破坏、环境问题仍然十分突出，主要表现在三个方面，一是采矿引发地面塌陷，特别是采煤塌陷等灾害严重，对矿区周边人民生活和工农业生产造成巨大影响。二是占用损毁土地面积巨大，累计超过 300 万公顷。三是破坏区域地下水系统，导致地下水位下降、泉流量减少甚至干枯，影响地表植被等生态系统。四是废渣、废水污染水土环境，全国固体废渣积存量超过 480 亿吨，矿山废水年产出量超过 110 亿立方米，污染隐患较多。这些问题给当地群众的生产生活造成较大的负面影响，已经成为社会关注、群众关心的重大问题。因此，加快环境整治，转变发展方式的社会呼声越来越高，任务十分紧迫。新时期地质勘查单位必须主动顺应时代发展要求，及时回应社会关切，加快建设绿色矿山，努力服务改善民生。

绿色矿山的建设为煤炭产业带来了新的发展机遇。“绿色矿山”指矿产资源开发全过程，既要严格实施科学有序的开采，又要将对矿区及周边环境的扰动控制在可修复范围。绿色煤炭矿山建设工作不仅依赖煤炭地质学基础理论和勘查方法与技术的进展，还与采矿科学与工程、矿物加工技术、环境科学与工程等领域的研究进展密切相关。地质工作是矿业开发的基础和前提条件，煤炭地质工作贯穿绿色煤炭产业体系的全过程，并可以分解为三大目标任务：①矿产资源地质，寻找绿色资源实现绿色勘查；②安全开采地质，为绿色开采提供可靠的地质保障；③加工利用地质，为煤炭资源清洁低碳高效利用提供充分的地质依据。

6.1.3 煤炭资源清洁低碳高效利用地质保障

6.1.3.1 分级分质评价地质保障

煤炭分级分质评价是分级分质利用的前提，将不同煤级的煤炭进行分级分质，转化为油、气、电、洁净煤。煤炭分级分质的主产品是焦油和煤气，相比于煤炭，这两个均为高附加值产品。从经济性方面考虑，生产出越多的焦油、煤气，经济性越好。在现实中煤炭分级分质应聚焦在焦油上，因此煤炭本身的含油率就成为煤炭分级分质选择的关键。目前，国内煤炭含油率较高的地区主要在陕西、内蒙古、山西交界的“金三角”地区，位于该区域的神木市煤炭含油率平均可达 12%，用富油科技的工艺试车，可取出煤中 10% 的油。除“金三角”之外，最知名的是新疆哈密淖毛湖地区，煤炭含油率平均可达 15%，此外，蒙东地区部分褐煤，含油率在 6%~8%（杨占彪，2009）。煤炭分级分质的经济性，最终取决于高附加值产品的产量，只有当焦油、煤气生产占到一定比例时，整个项目才会具有经济性。投资建设煤炭分级分质项目前，了解煤中含油率，先期测算经济性，是重中之重，所以有必要建立煤炭分级分质评价体系。

6.1.3.2　分级分质梯级利用地质保障

煤炭分级分质梯级利用是实现煤炭清洁高效利用，切实推动我国能源生产革命的重要途径。近年来，伴随着资源环境约束的不断趋紧，尤其是重雾霾天气的频繁出现，煤炭清洁高效利用作为我国能源战略的重要组成部分被提升到前所未有的高度，包括煤炭分级分质利用在内的技术创新不断提速并取得积极进展。煤炭作为一种资源，本身并无“肮脏”与“清洁”之分。理论与实践均已表明，不科学的煤炭利用方式是造成当前能源环境问题的重要原因。我国能源资源禀赋和开发利用现状决定了煤炭在能源结构的主体地位，实现煤炭清洁高效利用是推动我国能源革命战略的必然选择。近年来，为有效缓解资源环境压力，尤其是做好大气污染防治工作，煤炭分级分质利用作为提高煤炭清洁高效利用水平的重要途径，开始引起国家关注。2014 年 6 月，为贯彻中央财经委员会第六次会议和新一届国家能源委员会首次会议精神，国务院办公厅印发《能源发展战略行动计划（2014—2020 年）》明确要求“积极推进煤炭分级分质梯级利用”。2015 年 5 月，国家能源局印发《煤炭清洁高效利用行动计划（2015—2020 年）》，再次提出要“着力推动煤炭分级分质梯级利用”。伴随这些文件的出台以及国家重视程度的日益提高，近年来我国煤炭分级分质利用虽取得积极进展，但在理念认识、配套技术、标准制定、政策支持等方面仍面临诸多挑战，严重制约着我国煤炭清洁高效利用战略和能源革命战略的实施，亟须通过被纳入顶层设计、建立行业标准、鼓励产业示范、加强政策支持、强化部门协同等途径，加快推进煤炭分级分质梯级利用。

6.1.3.3　低碳循环综合利用地质保障

我国是世界上唯一以煤为主的能源消费大国，煤炭不仅是能源，也是化工、冶金等行业的资源。中国远景煤炭资源总量 5.82 万亿吨，按照目前的开发速度，基本能满足中国经济社会发展需求，为国家能源安全提供了坚实保障。然而，煤炭低效、粗放的原始消费方式无法满足中国对生态环境、气候变化及未来能源消费方式的需求，高效、清洁、低碳开发利用煤炭已成为共识。我国各大高校、科研院所、企业围绕煤炭的高效清洁低碳利用进行了大量研究，取得了很好的成绩。燃煤发电大容量、高参数机组达到世界先进水平，污染物超低排放应用达到世界领先水平；煤直接液化、煤制气等新型煤炭转化技术世界领先。

未来煤炭低碳循环综合利用的重点主要在燃煤发电和现代煤化工两个方面。燃煤发电将在未来相当长时期仍是我国电力供应主力。除继续承担保障电力供应主体责任外，煤电还要为可再生能源大比例消纳提供灵活调峰服务。大力推进燃煤发电向高参数、大容量、智能化发展，推进超高参数燃煤发电、新型动力循环系统、高灵活智能燃煤发电、燃煤高效低成本多污染物联合控制，及资源化利用的成套技术与装备实现产业化，促进电力装备技术升级和结构转型，提高电力制造业的国际竞争力。现代煤化工是保障国家能源安全特别是油气安全的重要途径。稳步推进以煤制油、煤制气为代表的现代煤化工发展，加强技术创新，逐步推动煤化工产品高端化、高值化，延伸产业链，提升价值链，持续推进废水近零排放、固废减量化和资源化利用。现代煤化工项目建设只有在规模条件下，技术经济效能和环保性能才能得到充分体现。因此，要积极推进煤化工产业大型化、园区化和基地化发展，结合资源禀赋，稳步有序地推进大型现代煤化工基地建设。

同时，新时期煤炭清洁高效利用仍面临诸多挑战。一是煤炭利用项目建设的合理布局，要充分发挥国家宏观调控作用，科学统筹规划，避免无序竞争。二是煤炭开发利用与水及生态环境的保护协调。我国煤炭资源和水资源呈逆向分布，西部煤炭资源丰富的地区水资源短缺，故煤炭清洁高效利用产业发展要统筹考虑煤炭资源禀赋、水资源和生态环境承载力，避免逢"煤"必"转"。三是煤基能源产业的高质量发展。煤化工基地建设存在同质化、产能过剩的问题。要坚持创新引领，加强新技术、新产品开发，延伸产业链，稳步推进煤、电、气一体化和煤转化的差异化发展。

6.1.3.4 近零生态环境开发利用地质保障

煤既是可洁净的能源，也是重要的工业原料，煤炭和煤系矿产的清洁高效综合利用是实现绿色煤炭的必由之路。一方面，由于成煤作用的复杂性和多样性，导致煤炭资源"质量"特征的多样性和复杂性，形成包括特殊煤、稀缺煤在内的不同类型煤，从而影响煤炭加工利用方向和难易程度；另一方面，含煤岩系中多种矿产资源共存的现象日益受到重视，煤系共伴生矿产的综合利用成为当前热点之一。

煤炭清洁高效综合利用的地质基础涉及煤岩学与有机岩石学、煤化学与煤质学、有机地球化学、元素地球化学、矿物学、矿床学、环境地质学等学科。与煤炭资源清洁高效综合利用有关的基础地质工作包括：①液化、气化、焦化、煤制烯烃等化工用煤质调查评价和选区；②不同煤级、煤质和煤岩组分的煤在加工利用过程中转化特征；③有害元素在洗选、燃烧、加工过程中的迁移释放行为及其环境效应（洁净潜势评价）；④煤系共伴生矿产加工利用的地质基础理论与技术。

6.1.4 关闭煤矿资源勘查开发与生态环境修复

煤炭开采在对国民经济发展发挥重要作用的同时，也对生态环境造成了影响。我国已将"生态文明"和"绿色发展"提升到国家战略层面，"绿水青山就是金山银山"的理念日益深入人心。因此，保障煤炭开采的同时又要保护生态环境，已经成为煤炭行业发展的必由之路。

煤矿区生态修复和废弃矿井综合利用包括：煤矿生态恢复治理及土地复垦、废弃煤矿瓦斯抽采、废弃煤矿地下空间综合利用等地质理论与技术。关闭煤矿资源涉及残留煤炭、瓦斯、水、地下空间、地热、地表构筑物。关闭煤矿地质环境综合治理与生态修复涉及地质灾害治理，采空区沉陷区治理，废气、废水、煤矸石处理，污染土壤修复等。

开发利用采空区遗留的煤炭、煤层气、地热、矿井水、地下空间等资源，是保障煤矿区经济环境可持续发展的重要内容。采用井下物探、化探、钻探等手段查明遗留资源，分析地热利用的前景，构建采空区遗留资源综合评价技术。针对矿井水的pH值、Eh值、离子类型和浓度等特征，分类进行无害化处理，为矿区提供生产、生活用水和生态用水。采用超声波、直流电法、瞬变电磁、地质雷达等手段探测地下空间的分布范围及特征，根据地下空间的规模稳定性、地质条件提出地下商场、水库、油库、储能电站等分类利用技术。采后地下遗留资源综合利用技术主要包括：①遗留矿产资源综合探测和评价技术；②采空区地热资源综合评价和利用技术；③矿井水无害化处理与资源化利用技术；④地下空间探测及综合利用技术。

煤矿区生态修复方向将在以下几个方面进行深入研究探索。一是资源开采与生态环境保护相协调的边采边复技术。在边采边复理念逐渐深入人心的基础上，实用的边采边复技术将不断产生和付诸实践。其重点是探讨地下开采措施与地面修复措施相结合，实现地下煤炭资源的开采与地面生态环境的保护和修复同步进行。二是高质量耕地复垦技术。保护耕地是我国的基本国策，为守住18亿亩耕地红线，对于煤炭—粮食复合主产区，应重点研发提高耕地恢复率的复垦技术、表土保护与构建技术、夹层式土壤剖面构造技术和复垦土地地力提升技术。此外，减少耕地破坏的开采沉陷控制技术、边采边复技术、无污染充填复垦技术也是研究重点，从而使耕地资源数量、质量和生态状况都有所改善，保障粮食安全。三是系统的生态修复技术。从系统生态的角度，对矿区破坏的生态环境进行山水林田湖草系统治理和重建。对东部地区高潜水位采煤沉陷地，因地制宜地从流域视角进行多目标的综合治理，增强土地利用的多样性，加大对景观生态的研究和重建力度。西部生态脆弱矿区需加强对脆弱生态条件下减少扰动的工程治理、快速植被恢复、仿自然地貌修复等技术的研究，同时结合该区域生态损毁存在自修复的特点，加强人工与自然修复的综合治理。四是关闭矿山的生态修复技术。由于关闭矿山日益增多，关闭矿山的生态修复也将成为未来的研究热点，其研究重点将是废弃地和地下空间的利用、污染治理、植被恢复、地貌重塑等。五是矿区生态修复监管技术。我国矿区生态修复技术已经取得很大进步，但在推广应用上还存在很多瓶颈，其关键是急需完善相关政策，加大政策的执行力度，其中监管技术与方法的完善是至关重要的。为此，应该学习国外的经验，结合我国国情，加强对监管机制与方法的研究，保障先进修复技术的落地和推广。

6.1.5 新型能源矿产综合勘查与开发利用

进入21世纪以来，全球范围出现的能源资源供求失衡态势，促进了新型能源的研发和实践工作。当前，我国正在加快发展战略性新兴产业，开拓新型能源。促进新型能源的规模利用意义深远，迫切需要加强新型能源的勘查、评价和开发利用技术准备工作，发挥科技创新的基础性、带动性作用。

新时期地勘工作需要加强矿产资源节约与综合利用，推进共伴生矿产综合勘查评价，积极开发利用绿色新能源。开展资源开发利用水平评估，严格矿产资源开发利用“三率”考核，提高资源回采率、选冶回收率和综合利用率。加大矿山地质环境恢复治理力度，进一步推进“绿色矿山”“和谐矿山”建设，实现资源开发与生态保护双赢。加强对资源开发利用的全过程管理，统筹资源开发利用和生态环境保护，提升产业水平，推进资源全面节约和高效利用，支撑经济社会持续健康发展。

6.1.6 生态地质勘查与综合修复治理

地质与人们的日常生活、行为联系紧密，要研究地质学与人们改造自然活动的关系，扩大地质工作的服务领域，构建“地质+”平台，打破行业壁垒，重塑煤炭地质产业结构关系，拓展产品和技术边界，服务生态文明建设。应着力从以下四个方面进一步重视和加强“地质+”：一是加强为煤炭绿色开发和精细利用服务的，灾害评估、调查、监测、治理、预警等方面相结合的地质基础工作；二是拓展服务于山水林田湖草一体化资源调查与管理的地质工作；三是全面支撑城市、城镇建设的地质基础工作，建立城市地质工作体系，主动服务城市开发建设；四是服务于西部生态脆弱区、缺水地区的生态保护和资源开发利用。

6.1.7 煤炭地质勘查技术研发与装备制造

煤炭地质勘查工作既是行业发展的基础，也是资源安全生产的重要保证。煤炭工业的稳固发展离不开前期的勘查工作，新时期煤炭地质勘查工作要紧跟时代潮流，不断引入新技术，加强新一代信息技术与煤炭开发利用深度融合，大力提升自主创新能力，加强煤炭基础理论研究，突破新一代煤炭安全绿色智能化开发和清洁高效低碳化利用的核心技术，强化重大技术创新示范引领作用，推广先进适用技术，培养科技创新人才队伍，构建开放型合作创新生态，支撑煤炭工业高质量发展。

煤炭地质勘查技术重点研究煤系资源与生态环境的“空天地一体化”协同勘查方法，主要包括：侏罗纪煤田地层沉积相与构造控水机理、华北型煤田深部煤层底板岩溶水精准探查与防控方法、西南地区岩溶复杂地形条件下高分辨率地球物理探测方法、研发全数字高密度三维三分量地震技术、矿区地质灾害精准监测预警技术、水文地质三维高精度动态表征技术、采掘工作面地质异常体高精度超前探查技术等。

装备制造重点研发复杂地质条件的工作面智能开采技术，主要包括：4D-GIS 透明地质技术、煤矿 5G 无线通信技术、井下视频高效处理及 AR/VR 技术、井下精确定位与设备导航技术、辅助运输系统连续化和无人化技术、智能化无人快速掘进技术、重大危险源智能感知与预警预报技术、高可靠性智能装备（终端）技术、煤矿机器人路径规划与长时供电技术、露天开采无人化连续作业技术、煤炭智能化采样检测技术、矿井机电设备在线监测与诊断维护技术等。

6.1.8 煤炭地质勘查技术延伸业

近年来，地质勘查行业发展需求的结构、内容和要求正在发生深刻变化。当前，地质勘查单位面临体制机制改革、矿产资源领域税费改革及地质勘查资质审批被取消等新形势，产业转型升级成为地勘企事业单位发展的必然选择，主要方向如下。

6.1.8.1 测绘与地理信息

多年来，我国地理信息产业呈现出蓬勃发展势头，生产总值逐年快速递增，产业规模不断扩大。根据国家测绘地理信息局统计的结果，我国 2009 年地理信息产业产值已达 931.9 亿元，之后平均每年保持 20% 以上增速，至 2015 年产值已达 3600 亿元。根据《2018 中国地理信息产业报告》，2017 年我国地理信息产业总产值达 5180 亿元。2018 年，我国地理信息产业继续稳步发展，产业总产值超 6200 亿元，同比增长 20%，地理信息产业已连续多年保持 15% 以上的增长速度。但目前国内拥有测绘资质的企业很多，竞争非常激烈，截至 2017 年底，全国共有测绘资质单位 18636 家。

特别是，面对数字经济带来的机遇与挑战，煤炭地质勘查单位对煤炭地质勘查产业布局做了许多有益探索。赵平等（2018）提出煤炭地质勘查单位参与“三个地球”建设的畅想，即参与“透明地球”“数字地球”“美丽地球”建设，为推动煤炭绿色勘查、智能精准开采提供了借鉴。煤炭地质勘查工作应综合利用遥感、钻探、测井、物探等勘查技术，并与物联网、大数据、云计算、人工智能等现代信息技术深度融合，综合布置勘查工程，开展精准探测，实现数据、信息、知识三层架构下的全息透明，推动建立“透明矿井”，实现对煤层赋存条件和地质构造、陷落柱、瓦斯等致灾因素的高清透视，大幅降低安全生产事故，为煤炭智能化高效开采奠定基础。地质大数据分析技术是基于煤炭资源勘查积累的海量遥感、钻探、物探、化探、分析测试数据，通过建立勘查成果信息库，搭建地质云计算平台，运用地质大数据分析，指导地质勘查工作。

煤炭地质勘查地理信息建设要以资源与生态环境地质保护为核心，将三维建模、动态模拟、虚拟现实等技术紧密结合，达到信息化和网络化的可控共享。目前，我国煤炭智能化开采尚处于初级阶段，未来的智能化开采将基于“透明矿井”，融合大数据、人工智能、区块链等技术，形成万物互联、自主感知、自学习、自决策、自控制的高度智能系统。

6.1.8.2 工程勘察与工程施工

随着我国城镇化进程的加快，国家对市政工程建设（包括城市轨道交通、环保工程、路桥工程等）的投资额不断增加，工程勘察行业有巨大的市场空间和增长潜力。根据住房和城乡建设部数据，截至 2017 年底，我国共有工程勘察企业 2062 家，2017 年度营业收入 837.3 亿元。从历年行业营业收入增长趋势来看，自 2007 年起行业保持了总体稳步增长的态势。

新时期煤炭地质勘查单位应积极响应社会需求，树立“大地质”“大资源”理念，巩固发展地质勘查市场，积极拓展工程勘察业务。

6.1.8.3 城市地质

2017 年 9 月，原国土资源部印发了《关于加强城市地质工作的指导意见》（以下简称《指导意见》），针对城市发展当前面临的空间不足、环境污染、交通拥堵、城市安全等问题统筹部署四项重点任务，探索建立三大制度。这将是促进传统地质工作转型发展的又一项政策福利。

与传统意义上以找矿为中心的地质工作相比，我国城市地质工作基础相对薄弱。同时，城市规划建设管理对地质工作重视不够，尤其对地质资源环境约束性考虑得不够，地质工作与城市规划建设管理结合不紧，融合不够。原国土资源部研究起草《指导意见》的主要目的就是主动服务新型城镇化，推动地质资源绿色开发利用，促进传统地质工作转型发展。《指导意见》提出，将城市地质工作与地质勘查单位转型发展有机结合，引导地质勘查单位按照市场规则积极参与城市地质工作。煤炭地质勘查单位具有人员、技术、设备等专业优势，具备承担城市地质工作的能力。新时期煤炭地质勘查单位应积极抓住机遇，拓展城市地质业务，促进产业转型升级。

6.1.8.4 农业地质

我国是农业大国，农业、农村和农民问题是关系改革开放与现代化建设全局的重大问题。建设社会主义新农村，解决“三农”问题的宏观战略决策，对农业地质工作提出了新的要求。随着经济社会的快速发展，与地学相关的诸多领域需要地质工作提供多元化、多方位服务，社会服务功能由主要为矿山建设和能源、交通、水利等基础设施建设服务，扩展到同时为地质灾害防治、生态环境保护、城镇化、农业和旅游业发展等服务，涉及经济社会发展的各个领域。基础地学信息也将成为各级政府制定重大决策、规划的重要依据。国土规划、土地利用、城乡建设、生产力布局、工程选址、海洋开发，以及农业、林业、水利、环境保护、地质灾害防治乃至医疗卫生、旅游观光等诸多领域，迫切需要有效的地质信息支持和技术支撑。随着经济社会发展，农业将对农业地质工作提出更多的需求，新时期煤炭地质勘查单位应积极转型投入农业地质相关领域，积极为美丽农村、特色农业等贡献力量。

6.1.8.5 其他

煤炭地质勘查单位具有较好的专业基础，响应“大地质、大格局、大服务”，投身与地质相关的如海洋地质、军工地质、民生地质等，为生态文明和美丽中国建设贡献力量。

6.1.9 “一带一路”沿线国家煤系矿产资源勘查开发

“一带一路”建设是国家行为，矿业开发是重头戏，既对所在国经济发展具有重要推动作用，也对国内矿产资源开发结构调整和稀缺资源的补充具有重要意义，其基础建设和矿业开发将带动测绘、勘查等许多基础性研究与建设项目发展。深入研究“一带一路”沿线国家地质特征，助力我国地质勘查技术“走出去”，发挥国内煤炭地质勘查单位的特色和优势，形成适应“一带一路”沿线国家的能源与矿产地质保障体系，服务沿线国家经济建设，共同构建人类命运共同体。

“一带一路”倡议已成为我国新时期优化开放格局、提升开放层次和拓宽合作领域的重要方针。“一带一路”沿线国家矿产资源丰富，与我国具有很强的互补性，加强对沿线国家的矿产勘查、开发、投资与合作，对构建我国多元化资源供应体系，提高抗风险能力具有重要作用。

2015 年 3 月，国务院印发的《推动共建丝绸之路经济带和 21 世纪海上丝绸之路的愿景与行动》明确将“加大煤炭、油气、金属矿产等传统能源资源勘探开发合作”列为“一带一路”合作重点，必将进一步加快我国与沿线国家在矿产资源领域的合作步伐。

“一带一路”沿线国家，尤其是许多亚洲国家因矿产资源丰富，而使其矿业在国家经济发展中占有重要地位，有些国家的矿业还是该国经济发展的支柱产业。根据美国地质调查局的数据统计，在矿产资源相对丰富的中亚、南亚、东南亚、北亚地区共 18 个国家中，矿业产值占 GDP 比重超过 10% 以上的有 8 个国家，其中占比超过 20% 的有 4 个国家。由于受技术、资金、人员、产业水平等各种条件的影响，大多数国家的矿业发展水平较低，出口的矿产品仍以低附加值的原材料为主，处于整个矿业产业链的低端。这为我国与沿线发展中国家开展产业合作提供了可能。

新时期煤炭地质勘查单位在尊重、繁荣、呵护中与“一带一路”沿线国家真诚合作，充分发挥“一带一路”沿线国家在资源、资金、产业、技术、基础设施等方面的互补优势与合作潜力，实现国际矿业相互促进和共同发展，共同拓展矿产资源的国际合作空间。

6.2 煤炭地质勘查产业技术支撑体系创新方向

6.2.1 基于地球系统科学的煤系矿产资源综合调查评价技术

众所周知，地球是一个由地核、地幔、岩石圈、水圈、生物圈、大气圈等组成的统一系统，地幔对流、岩石圈运动、生命起源、生物演化、文明更替、行星运行等都是地球系统演化的组成部分，人类赖以生存和发展的物质源泉和环境基础都来自地球系统，如煤炭、石油、地热等矿产资源产出于岩石圈，地表水、地下水资源来自水圈，各类动植物生长于生物圈等。21 世纪，人类步入生态文明建设新发展阶段，人类面临的全球人口爆炸、矿产资源短缺、土地荒漠化、“温室效应”与全球变暖、森林锐减、物种加速灭绝、淡水资源匮乏等一系列环境问题，都需要对地球各圈层（岩石圈—大气圈—水圈—生物圈）、各过程（物理过程、化学过程、生物过程）、各要素（山水林田湖草海洋及生物）之间的相互联系、相互作用、相互影响进行系统研究，通过大跨度学科交叉，构建地球系统的演变框架，科学理解地球正在发生的过程和机制，系统解决当前面临的环境问题，精准预测地球未来演化规律（毕思文，2004）。

煤系矿产资源作为地球系统中最重要的能源矿产之一，其综合调查及评价技术必须以地球系统科学理论作为根本指导，以碳元素在地球系统各圈层、各作用过程中的富集、分散、赋存、成藏等循环规律及运移机制为研究对象，通过运用地球系统力学、构造学、大气学、生物学、场理论、观测与试验、地球系统模拟及综合研究与评价等技术（毕思文，2004；中国地质调查局，2020），对碳元素在地球物质组成、各圈层相互作用、生物演化、环境变迁及人类活动效应等条件下的演化运移进行研究，系统分析、综合调查、科学评价碳元素在岩石圈各板块中的分布规律、赋存状态、演化阶段、利用价值、环境效应等综合特征，利用地球系统观测学和数字学等技术构建“碳元素数字地球”，为未来科学、高效、安全、绿色开发利用、有效保护碳元素奠定坚实的基础。

6.2.2 煤系矿产资源高精度遥感地质填图、环境调查与监测技术

遥感技术是从人造卫星、飞机或其他飞行器上收集地物目标的电磁辐射信息，判识地球环境和资源的技术。以地球为对象的遥感对地观测技术，经历了地面遥感、航空遥感、航天遥感等发展阶段。

煤炭地质遥感技术应用初期，主要被用于地形制图和作为煤炭地质勘查的辅助

手段。近年来，高分辨率遥感技术方法不断进步和完善，广泛应用于煤矿区灾害评估、煤矿区环境监测、生态环境修复治理等方面，充分显示了遥感技术在煤炭地质领域特有的优势。

新时期，空天遥感技术在煤炭地质勘查领域的应用热点和创新方向主要是高精度遥感地质填图、煤炭资源及煤炭共伴生矿产资源调查、煤炭基地水资源调查、生态环境调查与动态监测、矿区地表开采沉陷监测、煤矿区地质灾害调查与监测，以及矿山地理信息系统与数字矿山建设等方面。

6.2.2.1 地质地形图更新

遥感影像数据因具有实时性强、覆盖面广的特点，已成为获取和更新国家基本比例尺地形图和国家基础地理信息系统不同种类、不同尺度数据库所需信息的重要途径。

6.2.2.2 大比例尺卫星遥感填图技术

大比例尺卫星遥感填图技术是在航空摄影地质测量技术的基础上进一步发展形成的，主要利用 SPOT、QuickBird 图像或其他高分辨率卫星图像开展 1 ∶ 5000~1 ∶ 50000 遥感地质填图工作。目前，利用该项技术已经完成宁夏碱沟山 1 ∶ 25000 煤田地质填图、陕西陇县 1 ∶ 25000 煤田地质填图，以及高精度相关专题地图研制（张文若、谢志清，2007）。

6.2.2.3 煤炭资源调查与评价

西部地区地质工作程度较低，以运用多种卫星遥感图像为信息源，通过多元地学信息复合分析和处理，最大限度地提取调查区内地层构造信息，同时分析研究前期资料，分析勘查区构造地质特征，并开展野外实地调查验证工作，了解勘查区煤系特征、聚煤规律、煤层赋存状态，预测赋煤有利区。

6.2.2.4 水文地质调查与煤矿水害预测

利用卫星热红外、卫星雷达及多光谱技术，采用景观水文地质解译法、对比解译法和综合解译法进行区域水文地质条件研究，以实现不同勘查手段的相互印证，对地下水类型及富水程度进行评价，圈定富水区（谭克龙等，1999）。利用热红外测试手段探测矿区的地下暗流，指出线性构造网络的控水作用、环形构造的胀裂作用影响深层地下水活动，总结出煤矿突水点的分布规律，预测可能突水的高危地段（谭克龙等，1999）。

6.2.2.5 煤层自燃区遥感监测

以煤层自燃的地质规律为理论依据，以遥感技术为主要手段，以地理信息系统为平台，建立煤田火区动态监测系统，可为煤矿防灾、减灾、环境监测和治理以及政府决策提供依据。中国煤炭地质总局开展了中国北方地下煤火遥感探测技术研究，并在内蒙古乌达煤田、宁夏汝箕沟矿区等地实践。建立了具有“四高”（高分辨率、高光谱、高频率、高精度）和“四个三维”（三维地质模型、三维探测技术、三维反演技术、三维可视化技术）特点的地下煤火四层空间探测体系，在煤田火区遥感精细探测和动态监测工程实施方面取得重大突破，为火区治理提供了决策依据（谭克龙等，2007；张建民等，2008）。

6.2.2.6 煤炭资源开发状况调查和监测

应用高分辨率遥感图像，通过解译和对比分析，结合煤矿地质资料，从矿山辅助设施、道路、煤堆和煤矸石堆的新鲜程度等特征出发，可以快速查明煤炭资源开发状况和煤炭资源开发的合法性（界内开采、界外开采、越界开采等），为煤矿安全生产及维护矿业秩序提供有效的动态监测手段（聂洪峰等，2007；乔玉良等，2008）。

6.2.2.7 矿区生态环境调查与动态监测

遥感技术在煤矿区环境调查、矿区生态环境影响调查评价和动态监测、高硫煤开采利用引起的酸沉降污染监测等方面得到广泛应用。通过遥感技术与地面监测相结合的方法，对矿区范围内的自然环境背景、社会环境背景和环境污染背景进行系统的解译及调查；系统分析、总结矿区环境质量特征及分布规律，提供系统完整的矿区环境背景图件、数据、报告，为矿区环境污染综合治理决策提供技术支撑。

6.2.2.8 矿区地表开采沉陷监测

遥感技术能从宏观到微观的范围快速而有效地获取多时相、多波段的遥感图像信息，实现沉陷区的动态综合监测，并绘制多种专题图，及时掌握沉陷区的状态和发展变化，为矿区环境治理提供科学依据。中煤航测遥感集团有限公司采用航空遥感图像和高分航天遥感图像与数字高程模型相结合，在山西晋城矿区开展了煤矿区地表沉降研究（宁树正、万余庆、孙顺新，2008）。2020 年，青海省祁连山南麓木里矿区、青海片区生态环境修复与治理项目采用航空激光扫描（ALS）技术，对整个修复治理工程进行实时监测，并实时测算治理土石方量。

6.2.2.9 矿山地理信息系统与数字矿山建设

数据源是矿山地理信息系统建设的关键。利用遥感影像获取数据源更新基本信息库，建设矿山地理信息系统，已经在实践中成为共识。高分辨率遥感卫星为建立矿山地理信息系统提供了多源、多平台、多时相、多层次、多领域的实时、丰富、准确、可靠的数据源。

6.2.3 煤系矿产资源高分辨率地球物理精细探测技术

地球物理勘探是一门探明隐伏矿体或者深部矿产发展起来的学科。近年来，地球物理勘探在矿井隐蔽致灾因素预测预报中发挥着重要作用。地球物理勘探方法包括地震勘探、电法、磁法、重力以及地球物理测井等。

矿产资源是我国实现“两个一百年”奋斗目标的物质基础，随着浅部资源的日渐枯竭，“深地探测”战略提出向地球深部进军。新时期煤炭地质勘查产业地球物理探测技术创新包含以下几个方面。

6.2.3.1 多维高分辨率地震勘探技术

三维地面高分辨率地震勘探技术主要被用来探测煤矿构造、解释岩性、检测裂隙带、圈定煤层厚度以及预测瓦斯范围等。近年来，隐蔽致灾因素已成为煤矿重大灾害事故的主要原因。查明矿井隐蔽致灾因素，特别是瓦斯富集区、隐伏陷落区、老窑采空区、富水区、构造煤、不明地质体在地应力下形成的灾害地质体等是地震勘探的主要任务。①高分辨地震勘探技术在精度上要求在条件好的地区达到查明 700 米深度、断距大于等于 3 米的断层；在条件较差的矿区达到查明断距大于等于 5 米的断层，突破了国际上煤炭三维地质勘探精度只能查清 500 米深度、断距大于等于 8 米断层的技术纪录。②高分辨率地震勘探技术要形成隐蔽致灾因素地面、井下立体式精细勘探的模式。研究井下高分辨率槽波、地震透视技术在探查小断层、陷落柱、煤层分叉与变薄带、构造煤范围、应力集中区、充水采空区及废弃巷道等方面的应用技术。井下二维地震勘探能探测深度 100 米范围落差 3 米以上的断层、宽度大于 1 米的巷道和采空区。③研发复杂地质构造探测技术。研制以前段信号调理电路、网络分布式控制和全数字、三分量检波一体化技术为核心，体积小、重量轻的便携式矿井防爆多波地震仪装备，可在井下探测出 150 米范围断距大于等于 1.5 米的断层和地质异常体。研发实时处理、高精度的矿井地质雷达，并在高功率电线防爆技术、地质雷达快速采集技术和矿井环境下天线屏蔽技术上取得突破，使研制装备具备探测距离远（从 20 米扩大到 35 米）、精度高（以 1.5 米提高到 0.5 米）和方向性强的特点（彭苏萍，2018）。

6.2.3.2 大深度高精度广域电磁勘探技术

传统电磁法在探测深度、探测精度和探测准确度方面存在不足，成为“深地探测”战略的关键瓶颈。何继善院士（2019）研发了具有大深度高精度的广域电磁法探测技术与装备，攻克了人工源频率域电磁法大深度高精度勘探的关键核心难题，将人工源频率域电磁法的探测深度由 1500 米提升至 8000 米，频率数据密度提高 7 倍以上，实现了电磁法由粗放到精细的跨越，能满足“深地探测”战略“形成 3000 米以浅矿产资源勘探技术，储备5000米以深资源勘查前沿技术”的要求，成为“深地探测”战略的关键支撑技术。

6.2.3.3 数字化精细测井技术

测井技术作为认识和识别地层及其相关性质的重要手段，是石油十大学科之一。测井领域重点发展的关键技术是成像测井、核磁共振测井、超声多参数工程测井、井间声波/电磁成像测井、随钻测井、过套管测井、地层电阻率测井及测井信息处理和解释一体化技术等。

6.2.3.4 录井技术

录井的基本任务是取全、取准各项资料、数据，及时掌握井下地层层序、岩性，初步掌握钻遇地层的含油、气、水等情况，为地质勘探和开发提供可靠的第一手资料。现场录井具有成本低、简便易行、了解井下地质情况及时、资料的系统性强等优点。因此，现场录井在地质勘探上具有显著重要性。新时期地质勘查工作对录井提出的新要求，是向随钻化、精细化、集成化、信息化、全自动可视化以及多学科协同综合录井技术方向发展。

6.2.4 煤系矿产资源大口径、长距离精准定向钻探技术

钻探技术是实现取得地下实物资料、验证地下信息推断与解释、圈定矿体、计算储量、评估品位最重要的技术手段。近年来，钻探技术已经被应用到地质灾害预防、矿山救援、矿井水害防治等众多领域。

6.2.4.1 深孔、超深孔钻探技术

随着浅部、地质条件简单的煤炭资源开发减少，为满足市场需求，必须持续增加开采深度。此外，2018年国家重点研发计划“深地资源勘查开采”重点专项，将储备一批5000米以深资源勘查前沿技术，油气勘查技术能力扩展到6500~10000米，加快“透明地球”技术体系建设，提交一批深地资源战略储备基地，支撑扩展“深地”资源空间。深部钻探作为必要的技术手段之一，我国目前尚缺失5000米以深地质岩心钻探技术与装备，而油气钻井与岩心钻探因差异较大以致无法直接应用。为响应党中央“向地球深部进军”的号召，全面实施深地探测、深海探测、深空对地观测和土地工程科技“四位一体”的科技创新战略，亟须开展大深度钻探关键技术与装备的研发，为探索地球深部奥秘、勘探深部资源等提供有力的技术装备支撑。

对于深孔、超深孔钻进，随着深度不断延深，孔内情况也会越来越复杂，遇到的困难与挑战可概括为地层多变性、连续取心难、环空间隙小、孔壁摩阻大、地表驱动难、送钻精度低、钻孔口径小、钻具输出弱。随着钻孔深度的不断增加、工作难

度的持续增大，深孔施工过程中钻孔事故率大幅度增加，其中不同程度地存在着因钻柱极限承载力低、韧性不足致使钻杆断裂、螺纹拉脱，以及因口径系列不匹配致使冲洗液环空压力降偏大，易发生钻孔漏失和孔壁不稳定等技术问题，而且采用常规工艺技术难以满足深部钻探施工要求。针对以上问题，深孔、特深孔钻探技术创新应包含：①深孔、特深孔地质岩心钻探钻孔结构、钻具级配等技术；②大深度高性能薄壁绳索取心钻杆的研制；③高效系列钻具研究；④环保冲洗液体系与废浆处理技术；⑤钻探技术装备集成。

6.2.4.2 地面精准定向钻探技术

随着固体矿产、石油天然气、煤层气、地热和地下水资源勘探和开发的日益扩大，许多项目施工要求也在不断提高，在达到同样施工目的前提下，定向钻进能大大减少钻进工作量及施工费用，精准定向钻进的应用将越来越广。快速精准钻探技术是利用先进钻探技术，通过优化机械参数和泥浆配置与准确定位目标层的有机组合，实现实际钻孔轨迹与设计轨迹偏差最小的快速钻探技术。地面精准定向钻探技术创新应包含两个方面。①精准长距离定向技术。钻孔精准定向技术是保证工程成功的关键因素，定向井井眼造斜段采用导向钻井技术监测井眼轨迹方位、井斜、工具面角等参数，通过调节井下马达上造斜装置的方向来实现定向控制；目的层段的水平井眼通过随钻监测地层自然伽马值和电阻率值来判断钻头是否在目的层中钻进。调整工具面、钻井参数及钻进方式，随时调整井眼轨迹，实现稳斜钻进及调整方位的目的，保证目的层段钻遇率。②大口径定向钻探技术。大口径钻探工程在经济建设中被广泛应用，如煤矿瓦斯孔、电缆孔、排水孔、井检孔、水文水井试验孔、地热、煤层气钻孔、大口径救援井等。地面精准定向钻探技术自然也离不开井身结构优化技术、钻具组合优化技术、钻头选型优化技术等，结合导向测量技术达到快速精准钻井。

6.2.4.3 井下精准定向钻探技术

我国 90% 以上的煤矿以井工开采为主，复杂的煤层赋存条件给煤矿安全生产造成严重威胁，瓦斯爆炸、煤与瓦斯突出、矿井突水、冲击地压等造成了严重的人员与财产损失（林柏泉、常建华、翟成，2006；诸利一等，2018）。随着煤炭开采强度、开采深度的增加和机械化采煤程度的提高，其所面临的灾害类型、灾害发生强度更趋复杂化（袁亮等，2018），如何防范生产过程中发生的矿井灾害并提升生产效率，已成为制约我国煤矿安全高效开采的瓶颈。其中，煤矿井下坑道钻探作为最直接、最有效的手段在矿井灾害防治、隐蔽致灾地质因素探查、煤层气资源开发等方面发挥着关键作用（石智军等，2008）。尤其是井下定向钻进技术可以对异常区域进行精确定位，且能够采用开分支技术实现大区域范围内隐蔽致灾地质因素精准探查，同时定向钻孔又作为灾害防治的通道，实现一孔多用。2020 年，我国井下定向长钻孔创造了孔深 3353 米新的世界纪录。

目前，我国煤矿井下坑道钻探处于从机械化向自动化转型的阶段，智能化水平和实用程度有待进一步提高，有许多关键技术仍待解决，煤矿井下智能导向工具的研发处于起步阶段，多参数随钻测量系统缺乏，井下高速稳定通信技术难题仍有待攻克，智能化定向钻机可供选型的高性能和高可靠性防爆类元器件还非常有限，这都成为制约井下定向钻探技术装备发展的瓶颈。井下精准定向钻探技术创新应包含以下几种。①自动化定向钻机集成控制。煤矿井下自动化定向钻机是实现自动化定向钻进的核心装备，通过自动化控制技术与电液比例控制技术、传感器检测技术、网络通信技术、可视化监测技术、防爆控制设计技术的深度融合和高效集成，实现井下自动装卸钻杆、自动钻进、自主调节、远程控制等功能，同时能满足爆炸性气体环境、封闭受限空间作业环境和复杂多样地质环境下作业要求。②多参数随钻测量信息融合。随钻测量工具、随钻测井工具主要用于实时采集钻孔轨迹参数、地质参数、工程参数，轨迹参数包括倾角、方位角和工具面向角，主要为实现钻孔轨迹空间定位；地质参数包括自然伽马、电阻率、声波、岩性密度等，主要为地层评价提供依据。工程参数包括孔底钻压、扭矩、钻头转速、外环空压力、温度等，主要为反映孔底钻具的实际受力情况，然后通过数据传输通道将随钻测量信息上传至孔口防爆计算机处理分析，判断孔底钻具状态和钻遇地层特征，为钻孔轨迹精确调控提供依据，为地层快速评价提供参考，保证钻孔轨迹在煤层或目标岩层中有效延伸，提高目标地层钻遇率，同时也提升钻进的安全性能。③基于预定轨迹的高精度导向钻进技术。结合煤矿井下旋转导向钻进与地质导向钻进的优势进行钻孔轨迹的高精度导向控制，是自动化定向钻进的显著特征。旋转导向钻进可实现对钻孔轨迹的随钻测量和控制，能够在钻杆柱旋转状态下连续和实时调控钻孔轨迹，确保实钻轨迹与预定轨迹在偏差范围内，具有钻进效率高、轨迹平滑、延伸能力强、孔内清洁度高的优势，可满足井下超长和超大直径定向钻孔施工需要。地质导向钻进可实现对地质参数的实时测量与地层评价，它是以随钻测量地质信息为基础，通过不断修正和精确控制钻孔轨迹命中目标，实现最优化导向钻进。④冲洗液循环自动处理系统。根据钻孔施工工艺和钻遇地层的不同，实时采集钻孔返渣中的固相含量、密度、黏度等参数，然后通过自动控制系统调整和改变离心机的运行参数，确保离心机始终处于最优化工作状态，经处理后的冲洗液能满足井下正常钻进需要，从而减少冲洗液的消耗量，尤其在北方干旱缺水的煤矿区，发展冲洗液循环自动处理系统具有重要意义。此外，煤矿井下定向钻进技术在水敏性或破碎性地层中的适应性差，利用冲洗液循环自动处理系统可建立控压主动护壁模式，解决近水平定向钻孔无液柱压力条件下复杂地层孔壁失稳难题。

6.2.5 煤系矿产资源新一代高精度分析测试技术

地质、钻探、化验三足鼎立，三分天下有其一。1953 年，我国著名地质学家、首任地质部部长李四光就指出了地质实验测试在地质工作中的重要地位和作用。近 70 年来，我国地质实验测试工作为地质科学研究、矿产资源及地质环境评价等地质工作提供了技术和信息支撑，成为相关地质工作不可缺少的重要依据。目前应用的主流测试技术包括无机元素分析技术、元素形态分析测试技术、有机地球化学实验测试技术、同位元素分析测试技术、野外分析测试技术、绿色分析技术、样品制备技术。煤系矿产资源分析测试技术从样品采集和制备，煤的工业分析、元素分析，煤岩的物理化学性质及机械性质、工艺性质，煤岩鉴定等方面取得了长足进步，形成了相应的行业或国家标准和技术规范，保障了煤系资源矿产勘查、评价及相关的地质研究、资源开发。随着科学技术的不断进步，分析测试仪器的自动化和智能化水平日益提高，煤炭地质勘查产业对分析测试技术提出了更高甚至是高精度的要求。

新时期煤炭地质勘查产业分析测试技术方面的创新包含以下几项内容。

6.2.5.1 X 射线荧光光谱定量分析

X 射线荧光光谱法是一种非破坏性的仪器分析方法，它是依据二次激发产生的化学元素的 X 射线光谱线的波长和强度进行定性及定量分析（祁景玉，2006），分析元素或含分析元素的物质，根据含量与 X 射线强度变化求得分析值。

6.2.5.2 X 射线衍射分析

X 射线衍射分析简称 XRD，是利用晶体形成的 X 射线衍射，对物质进行内部原子在空间分布状况的结构分析方法。其特点在于可以获得元素存在的化合物状态、原子间相互结合的方式，从而进行价态分析。

6.2.5.3 电子探针 X 射线显微分析

电子探针 X 射线显微分析简称电子探针，是一种微区成分分析仪器。它利用聚焦成小于 1 微米的高速电子束轰击样品表面，由 X 射线波谱仪或能谱仪检测从样品表面微区体积内产生的特征 X 射线的波长和强度，从而得到该体积约为 1 立方微米微区的定性或定量的化学成分。首先，利用电子探针可以方便地分析从 4Be 到 92U 的所有元素。与其他化学分析方法相比，分析手段大为简化，分析时间也大为缩短。其次，利用电子探针进行化学成分分析所需样品量很少，而且是一种无损分析方法。更重要的一点是，由于分析时所用的是特征 X 射线，而且每种元素常见的特征 X 光谱线一般不会超过一二十根（光学谱线往往多达几千根，有的甚至高达两万多根），所以释谱简单且不受元素化合状态的影响。因此，电子探针是目前较为理想的一种微区化学成分分析手段。

6.2.5.4 红外光谱分析

红外光谱分析是利用红外光谱对物质分子进行分析和鉴定，是将一束不同波长的红外射线照射到物质的分子上，某些特定波长的红外射线被吸收，形成这一分子的红外吸收光谱。红外光谱分析既可用于研究分子的结构和化学键，也可以作为表征和鉴别化学物种的方法。红外光谱具有高度特征性，可以采用与标准化合物红外光谱对比的方法来做分析鉴定。当前，已有几种汇集成册的标准红外光谱集出版，可将这些图谱储存在计算机中，用以对比和检索，从而进行分析鉴定。可利用化学键的特征波数来鉴别化合物的类型，并可用于定量测定。

6.2.5.5 综合热分析

热分析是在程序控温下测量物质的物理性质与温度关系的技术。物质在受热过程中会发生各种物理化学变化，可用各种热分析方法跟踪这种变化。热分析可以用于研究物理变化（如晶型转变和化学变化、熔融、升华以及吸附等）和化学变化（如脱水、分解、氧化和还原等）。热分析不仅提供热力学参数，而且能给出有参考价值的动力学参数。因此，热分析在煤岩研究和选择上、在热力学和动力学的理论研究上都是很重要的分析手段。

6.2.5.6 紫外–可见吸收光谱分析

紫外–可见吸收光谱分析是基于分子内电子跃迁产生的吸收光谱进行分析测定的一种仪器分析方法，其波长范围为200~800纳米。紫外–可见吸收光谱被广泛应用于有机化合物和无机化合物的定量分析中，具有灵敏度高、准确度好、选择性优、操作简便、分析速度快等特点。紫外–可见吸收光谱分析应用，主要包括：①定性分析，推断官能团、推断构型；②化学平衡研究，一元酸（或碱）离解常数的测定、多元酸（或碱）离解常数的测定；③定量分析，单组分定量分析、多组分定量分析；④吸收光谱法的反应动力学研究；⑤相对分子质量的测定。

6.2.6 基于现代地球信息科学的煤系矿产资源地质勘查信息化技术

随着信息技术的飞速发展，各行各业都在倡导信息化建设，地质勘查信息化建设也显得尤为重要。地质勘查信息化建设可以有效地实现地勘业由粗放型向集约型的转变，增强地质勘查单位的市场竞争力，也是地勘业的发展方向。地质勘查信息化技术应包含以下几项内容。

6.2.6.1 地质勘查信息的数字化采集技术

在地质勘查信息化过程中一个至关重要的环节便是原始数据的采集工作，它一直是地质勘查的重点和难点，应综合利用遥感、钻探、测井、物探等勘查技术手段，开发通用性数据采集系统，对地质信息进行全面的获取，形成地质大数据，为以后的计算机数据管理、资料分析处理提供基础。

6.2.6.2 地质大数据分析技术

目前，对地质大数据分析技术的运用在煤炭地质勘查行业仍处于研究阶段。存储管理数据挖掘，多源数据信息的集成、整合和同化是勘查地质大数据多维化展示的难点，需要对运用遥感影像、野外踏勘、钻探、物探样品测试等不同技术手段产生的多源、多分比率、多类型的地质大数据，进行有效的分类整合、关联、处理、利用，形成勘查成果的数字化、多维化。

6.2.6.3 三维空间建模及可视化技术

在地质大数据分析的基础上建立三维地质可视化模型，其主要目的是揭示地质构造的形态与构造关系，以及反映地质体属性的变化规律，利用三维形式真实地为用户揭示实际地质环境，高效地提取地矿信息，并实现这些信息的有效转换，快速成图，实现煤层赋存条件和地质构造、陷落柱、瓦斯等致灾因素的高清透视，大幅降低安全生产事故，为煤炭智能化高效开采奠定基础。利用三维图示技术，更加立体化地展现地质数据信息，具有三维、动态等特征，可视化技术将结合虚拟现实、体视化仿真、动态模拟等技术，实现三维可视化的“数字资源矿产勘查”，有效地帮助用户做出科学决策，可用于煤系矿产勘查、地下水模拟、矿山开采、矿产资源储量评价、城市地质、岩土工程等各领域。

6.2.7 生态地质勘查与综合修复治理技术

党的十九大报告中提出“两步走”新战略，强调到 2035 年确保生态环境根本好转，“美丽中国”目标基本实现。随着国家对保障能源安全、保护生态环境、应对气候变化等问题的日益重视，生态地质勘查、监测与修复技术应逐渐成为保障能源和矿产资源勘探开发的重要手段，助力和加快推进生态文明建设。

生态地质勘查、监测与修复的对象既包括各类自然地质灾害，也包括资源开发引起的环境破坏，这其中虽有自然因素，但更多的是人为因素。生态环境修复要运用多种勘查技术手段，有目的地开展生态环境地质评估、调查、治理、修复，服务于人类改造、修复、重塑生态地质环境，进而实现资源与生态环境的科学合理利用。长期以来，由于缺少对自然资源勘查、开发、利用科学系统的规划布局，对生态环境保护重视不够，高强度、掠夺式的开采造成了极大的资源浪费和严重的生态环境问题。

新时期煤炭地质勘查单位在生态地质领域应结合自身优势，重点提升以下五个方面：①因资源开发利用导致的植被、土壤、地下水污染检测与修复技术；②关闭矿山的资源勘查与综合利用技术；③资源型城市废弃土地治理与利用技术；④地质灾害区土地治理与利用技术；⑤山体滑坡、泥石流、山体崩塌、地面塌陷、地面沉降等地质灾害的勘查与监测技术。总之，生态环境保护和修复治理既是煤炭地质勘查产业布局的新方向，也是地质勘查工作的又一项重要任务。

6.2.8 煤系矿产资源综合开发利用地质技术

我国煤系中共伴生矿产种类很多，有高岭岩（土）、耐火黏土、铝土矿、膨润土、硅藻土、油页岩、石墨、铁矿、石膏、硬石膏、石英砂岩和煤层气等；含煤地层的基底和盖层中有石灰岩、岩盐、矿泉水等。这些矿产分布广泛，储量丰富。从现状看，由于受到多方面因素的影响，我国煤系矿产资源的综合开发利用效率还比较低，尚需进一步加强对煤矿资源综合开发利用的研究，并在实践中积极总结经验。特别是在经过煤炭的采动破坏之后，许多其他矿产资源已无法再进行开采利用，这无疑是巨大的损失，应该在核准煤炭开采的工作中，对因煤炭开采可能造成其他矿产资源破坏的那部分资源的利用价值做可行性研判。

首先，国家缺少资源综合利用方面的法律、法规，因此应该尽快起草建立资源综合利用的相关法律，使这一工作进入法律程序。其次，政府对煤炭行业虽有许多的扶持补贴款项，但对于资源综合利用项目这一具有公益性的事业却没有具体的政策和资金扶持。虽然一些大型企业出于自身考虑进行了这方面的工作，但多数小型企业是空白。因此，在没有法律约束的情况下，应该用扶持补贴款项政策鼓励企业的综合开发利用工作。另外，矿产资源综合利用的技术成熟度也是一个重要的制约因素。要以科技为先导引导“产、学、研”一体的发展道路，解决综合开发利用和提高企业经济效益关系的问题，在现有经济技术条件下，建立煤系矿产资源综合开发利用的指标，将会给我国的资源综合利用事业带来无限的前景。

6.3 煤炭地质勘查产业装备智能化方向

2015 年 5 月，国务院印发的《中国制造 2025》发展规划提出，要实现关键工序智能化、关键岗位机器人替代、生产过程智能控制以及建设重点领域智能工厂，这为煤炭地质勘查产业的发展提供了指导。当前正处于第三次工业革命与第四次工业革命的历史交汇期，应用信息技术、智能制造技术和人工智能技术发展的成果，实现煤炭安全高效绿色开采和清洁高效利用，发展智慧煤矿成为煤炭工业发展的必由之路（袁亮，2017；王国法等，2018）。煤炭地质勘查产业的转型升级给装备制造提出新的更高要求。此外，装备智能化也是新时期煤炭地质勘查产业转型升级的重要方式，传统地质勘查、煤矿生产、矿山修复与治理的矿山全生命周期地质服务，以及地质勘查延伸业涉及的重点装备智能化是煤炭地质勘查产业的发展方向，不同的方向在智能化装备上既保持自己的特色，又相互交叉。

6.3.1 传统地质勘查业装备智能化方向

传统的地质勘查技术手段有物探、钻探、化探、遥感、测量、测试等，在勘查业中扮演着重要角色，其相应的仪器设备装备目前主要依赖人工操作，且数据的处理依靠人工经验，解释性较差。存在复杂工况下操作参数控制精度低，实施过程中存在复杂地质条件、不确定性强等一系列问题，尤其在面临国家对深地资源进行探测时，其装备难以满足安全、高效、精准的要求。新时期地质勘查工作对地质装备智能化提出了新的、更高的要求。

传统地质勘查业装备智能化攻关方向应瞄准地质勘查技术手段与物联网、大数据、云计算、人工智能等现代信息技术深度融合，向智能化成套设备及控制系统研发，开展精准探测，实现数据、信息、知识三层架构下的全息透明，推动建立“透明矿井”，实现煤层赋存条件和地质构造、陷落柱、瓦斯等隐蔽致灾因素的高清透视，大幅度降低安全生产事故，为煤炭智能化高效开采奠定基础。

钻探装备智能化的重点研发方向包括智能钻探设备、大深度地质岩心钻探智能技术与装备。开展复杂地层钻进智能控制、岩心钻机关键技术、大深度高性能钻杆等钻探技术装备的集成研究，通过系统创新和研发，突破智能控制、自动化、轻量化与模块化等关键技术，形成深孔、特深孔岩心钻探技术体系，提高我国资源勘探的深度和勘查效率，积极响应党中央“向地球深部进军”的号召，践行深地、深海、深空对地观测和土地工程科技“四位一体”的科技创新战略。2020 年 11 月，全自动地调局 5000 全自动智能钻机平台通过验收。

基于综合勘查技术的发展和需求，其相应的装备智能化方向主要包括七个。①煤炭资源遥感设备智能化。通过智能化遥感设备提供的图像数据，一方面准确、迅速地查明地形、地貌、露头岩性组合等方面的信息，另一方面可以利用其与地表、地下信息的相关关系，作为后续工作的信息源。②高精度地球物理勘查（含测井）智能化设备及仪器。其重点研发方向在于智能化采集数据、处理和解释，针对地球物理数据分析解释中面临的海量数据、多源数据、多解性、主观性等技术难点和挑战，应用机器学习尤其是深度学习新技术进行地球物理数据的分析与解释，摆脱或降低对人工经验的依赖，克服人工解释的主观性和低效率，大幅度提升数据分析解释的客观性、可靠性、适应性和工作效率，实现可视化的虚拟“透明地球”。③快速地质钻探智能化设备及仪器。根据我国煤炭地质条件复杂、含煤区多样性的特点，可因地制宜地采用多种钻进工艺及相应的智能化设备。例如，空气泡沫钻进工艺、潜孔锤反循环钻进工艺、气动潜孔锤钻进工艺、液动冲击回转钻进工艺、受控定向钻进技术等相配套的智能化钻探设备及仪器，可实现快速、安全、高效钻进。④大深度地质岩心钻探智能技术与装备。开展复杂地层钻进智能控制、岩心钻机关键技术、大深度高性能钻杆等钻探技术装备的集成研究，通过系统的创新和研发，突破智能控制、自动化、轻量化与模块化等关键技术，形成深孔、特深孔岩心钻探技术体系，提高我国资源勘探深度和勘查效率。⑤测量设备的智能化。采用智能化测量仪器所具备的人机界面，使仪器的操作更加简单方便，操作者只需要通过键盘输入命令，测量仪器就能实现测量、数据处理、显示及打印等多种功能。⑥样品测试与化验仪器智能化。以多种先进的传感器技术为基础，同计算机系统结合，在合适的软件支持下，自动完成数据采集、处理、特征提取和识别，以及多种分析与计算，从而获取被测项目的结果。⑦信息数据的三维化及透明化，设备仪器智能化。在充分结合资源勘查数据、探测空间信息等基础上，开发相应的软件平台，实现数据、信息、知识三层架构下的全息透明，实现具有透视功能的地球物理科学支撑下的“互联网＋透明地球”，对煤层赋存进行真实反演，实现对断层、陷落柱、矿井水、瓦斯等致灾因素的精确定位。

6.3.2　煤炭开采装备智能化方向

2020 年 3 月，国家发改委等八部委联合印发了《关于加快煤矿智能化发展的指导意见》，明确我国煤矿智能化发展的三个阶段目标，提出了煤矿智能化对地质保障技术的新要求。煤矿智能化开采凝聚了煤炭工业高质量发展的行业共识，不但成为煤炭工业转型升级的发展趋势，还为今后煤炭地质保障系统的创新发展指明了方向。2016 年 4 月，国家发改委印发的《能源技术革命创新行动计划（2016—2030 年）》中明确提出，我国 2030 年实现智能化开采，重点矿区基本实现工作面无人开采。煤矿智能化开采是煤炭产业转型升级和煤炭工业技术改革的核心，必须紧跟信息时代的发展步伐，应用信息技术的成果，将数字化、人工智能、大数据等技术应用于煤炭开采过程中，攻关智能化开采核心技术难题，逐步实现煤矿开采全过程的智能化监控，通过远程监控实现井下少人甚至无人作业，彻底改变传统的煤矿生产方式，使煤炭行业适应信息时代的发展，走可持续发展的道路。

我国煤炭以井工开采为主，经过多年发展，我国煤炭综采技术装备已从依赖进口到全部国产化。最近十年来，通过智能化开采技术与装备的创新研发，突破了多项关键技术，在薄和较薄煤层智能化综采、大采高和超大采高智能化综采以及特厚煤层综放开采智能化技术与装备方面实现领跑。例如，建成了陕西黄陵智能化开采示范矿井，拥有兖矿金鸡滩煤矿世界首套 8.2 米超大采高综采成套技术与装备等这些标志性成果（王国法等，2018）。由于煤矿开采条件的复杂性和多样性，大多数智能化工作面远没有达到理想效果。目前，我国煤炭智能化开采尚处于初级阶段，未来的智能化开采将基于“透明矿井”融合大数据、人工智能、区块链等技术，形成万物互联、自主感应、自学习、自决策、自控制和执行的高度智能系统。

煤炭开采装备智能化方向主要包括五个。①精准地质信息系统及随掘随采探测技术与装备。煤矿地质信息是一种随着采掘活动在时间与空间不断发生变化的四维动态信息，精准地质信息作为掘进与开采的基础，是智能化决策的前提条件。因此，开发工作面随掘随采探测关键技术及装备，实现地球物理数据和随掘随采数据的自动采集、处理和解释，建立精准四维动态地质－巷道模型，搭建多源、全方位信息透明的矿井 4D-GIS 云平台，实现地质、测量及生产动态信息的“一张图”管理，是实现智能智慧煤矿的先决条件。实现精准地质信息探测核心技术的研发方向包括矿井 4D-GIS 云平台构建，研发测井岩性识别技术，全数字高密度三维地震数据采集、处理、解释方法，采煤工作面随掘随采地震监测装备，提高地震资料的岩性解释水平和随掘随采工作面地层与构造的快速探测精度。②智慧煤矿物联网技术与装备。对环境、设备状态的感知是实现智能决策、控制的先决条件，物联网技术旨在打破数据壁垒，实现设备之间、设备与环境之间、设备与人员之间的数据互联，最终实现万物互联（毛善君等，2018）。针对煤矿物联网技术，关键是实现以下两个方面的突破：一是建立井下位置服务与空间感知场，实现人员设备的准确定位；二是提供边缘计算与云计算服务，实现设备数据互联。③巷道智能化快速掘进技术与装备。作为煤矿生产的重要前端环节，巷道掘进的主要难题是采掘失调，掘进工序及装备分散，辅助装备落后、工艺复杂，掘、锚工序在掘进工作面有限空间交替作业成巷效率低，制约了掘进作业的快速化、机械化、智能化。目前，巷道快速掘进亟须解决的关键技术及装备包括：一是快速支护及掘支平行作业技术；二是自主导航与自主连续截割技术；三是远程智能管控平台技术；四是适应各类条件的高效无人掘进成套装备。④智能化无人开采关键技术与装备。煤矿智能化无人开采系统是建立一个从开采准备、工艺规划到开采过程实时控制、设备管理，直至远程监控服务的煤炭生产全过程无人或少人的智慧生产系统。煤矿智能化无人开采技术与装备研发的关键内容包括：一是工作面装备位置检测及多信息驱动的三维场景实时再现；二是围岩－装备耦合自适应协同控制系统研发；三是智能装备关键元部件及可靠性技术研发；四是煤流及两巷辅助作业智能化系统研发。⑤煤矿机器人。煤矿生产系统庞大复杂，作业环境恶劣，靠人工操作机械的方式，无法有效减少井下一线作业人员。为实现无人作业，用机器人开展井下作业、安控和应急救援是实现煤矿智能化开采的新要求。国家应急管理部发布了《煤矿机器人重点研发产品目录》，引导企业在关键岗位、危险岗位，大力使用煤矿机器人。煤矿机器人发展方向主要包含掘进类机器人、采煤类机器人、运输类机器人、安控类机器人和救援类机器人 5 类 38 种。

煤炭在我国经济发展中占有举足轻重的地位，煤炭智能化开采将拥有较大的需求和市场，未来的煤矿生产将成为一个人工智能非常强大的工业领域。在未来的煤矿，我们将不再看到满面煤灰的煤矿工人，替代他们的将是一批智能化装备和机器人。到那时，整个采煤过程的操作将变得简单、安全、高效，“穿西装、打领带，坐在地面采煤”成为现实，煤矿工人的操作环境极大改善，煤炭行业的传统形象彻底改变。我国煤矿生产将最大限度地解除各类安全隐患，节省成本，提高效率。

6.3.3 矿山修复与治理装备智能化方向

煤炭开采面临着大气污染、水资源破坏、土地沉陷、矸石堆放等生态环境问题，极大地影响了煤炭工业的可持续发展。开展矿区生态环境治理，推进煤炭开发对环境“近零损害”是生态环境安全和“美丽中国”建设的迫切需要。近年来，随着我国经济实力的增强和生态环境保护意识的提升，人们越来越关注对废弃矿山的生态修复及改造利用，并挖掘其蕴含的价值。我国对矿山废弃地生态修复的研究起步较晚，开始于 20 世纪 80 年代，90 年代以后才初步形成一定的规模，研究领域主要集中在煤矿废弃地植被覆盖等。

矿山修复与治理内容包含矿山环境恢复治理、煤炭自燃治理、有害气体综合治理、固废危废处理、土地整治与塌陷区修复等，相应的关键智能化装备研发主要包括地面智能化探测设备、智能化地质环境和地质灾害调查与监测设备、煤矿井下瓦斯防治无人化关键技术与装备和矿山修复机器人等。

6.3.4 地质勘查延伸业装备智能化方向

新时期，煤炭地质勘查的方向发生了重大转变，从单一煤炭资源勘查服务向服务于包括矿产资源在内的山水林田湖草多种自然资源综合勘查转变，从传统地质科学理论向地球系统科学理论转变。地质勘查装备也相应地进行了转型升级，信息技术、人工智能等跨界技术的快速发展，为地质勘查业实现智能化提供了可能。

应牢固树立山水林田湖草生命共同体理念，实现装备建设向支撑服务地球系统科学研究转变。在原有体系基础上加强对生态、大气、河流、土壤等环境调查设备的配置，增强适应地球系统科学的装备能力建设。围绕深地、深海等探测需求实现装备智能化配置。增强野外调查、监测、取样、实验测试全流程设备智能化建设。要在保持现有装备体系中对地探测装备、海洋地质装备和实验测试装备国际先进水平的同时，不断拓展对地探测、地质环境装备的应用领域，细化和完善对地探测和地质环境装备对实现山水林田湖草整体自然资源管理的支撑能力。加强遥感、便携式钻机、水质检测仪、土壤分析仪等新时期地质调查装备的建设，重点加强航空测量、便携式钻机和同位素测试仪器等环境监测及生态地质装备的建设。加强地下水动态监测，配备 Mini-Diver、CTD-Diver 等自动监测采集设备及配套传输设备。加强地质灾害监测，配备自动雨量计、测斜仪、裂缝位移计、土压力传感器、孔隙水压力监测仪、土体含水率监测仪、泥石流地声预警仪等监测设备。加强生态文明建设和土地质量调查装备建设，重点加强对大元素形态分析、有机污染物分析、土壤修复等技术装备的研发与推广。实现实验测试装备应用领域的完善和转变，由以往侧重于矿产分析、测试，向水、土壤、污染物检测领域拓展。

地球系统科学的迅速发展，促进了地球科学新思维的形成。对圈层相互作用、地球系统过程和整体行为的研究，对人类活动与地球系统之间相互作用和影响的研究越来越受到广大科学界和公众的关注，新时期地质调查工作指导理论由传统的地质科学向地球系统科学转变。装备建设应加强以土壤、包气带、含水层为重点的地球关键带方面的综合调查和监测设备，加强基于数据基础建立三维地质模型能力，为资源开发、环境保护、生态改善、灾害防治提供科学依据。地球科学与生物科学、健康科学、生态科学等其他相关科学日益深度交叉、融合，装备体系的建设应顺应地球系统科学发展的新态势，不断进行调整、优化和完善，提升现有装备体系在气候变化监测、土地利用变化监测、生态地质调查、自然灾害监测、水资源管理等方面的智能化。

6.4 煤炭地质勘查产业管理数字化转型方向

当前，以5G、大数据、人工智能以及物联网等新兴技术为代表的新一轮技术革命正在席卷全球，传统行业和企业在“互联网+”“人工智能+”的大潮推动下开始向数字化转型，更多的企业通过借助数字化转型实现超越，为了顺应数字化技术广泛应用带来的生产力提升，需要重构新经济时代的企业管理。传统的管理是“表单+流程+效率”，体现的是19世纪泰勒的科学分工等一些传统的思想，是一种风险控制思想的体现。而新经济是“数据+协作+创新”，体现的是数字化技术的赋能，数据可变现的价值，企业组织扁平化，员工自组织、自流程以及对员工个体创新的激活。其核心是激活个体、激活组织，体现“我为人人，人人为我”的新的商业哲学和价值观。

管理数字化转型可以大大提升劳动生产率，降本增效。通过人与机器的重新分工，产生新的价值创造点，能够为企业带来商业模式的创新和变革；通过建立囊括单位内部数据（如商业开发、项目管理、专业工作、企业运营、工厂/设施等）和外部数据（如地缘政治、经济环境、供应商/分包商等）的大数据平台，从各个维度帮助公司提供商业决策前的数据分析，可以通过可量化的分析结果为其商业策略提供更全面及更客观的事实依据，从而做出适合公司发展方向的最佳决策。

目前，虽然行业不尽相同，但在数字化管理过程中，大多使用了类似的数字化系统，包括办公自动化系统（OA）、企业资源计划系统（ERP）、人事系统（HR）、财务系统、生产管理系统、客户关系管理系统（CRM）、BI大数据体系等，但这些系统大多是独立建设的，没有统一的接口标准，产生的数据也是独立存放的。而管理涉及各个方面，这就更加需要有一套信息化系统，将这些分散的系统进行整合与汇聚分析，从而能够实时分析、监控乃至预测管理中所面临的各种风险。

新时期煤炭地质勘查产业在竞争日益激烈的行业环境中，要想不被淘汰、占有一席之地，就必须紧跟时代的步伐，逐步升级为全面数字化管理模式。数字化转型方向不仅要有上面所述管理中各个方面的数字化系统，更重要的是利用前沿数字化技术建设统一信息化平台，对管理所涉及的组织体系、制度体系、运行机制和文化建设进行全流程管控，这体现在人事、财务、生产以及 CRM 等核心系统联通，通过一个平台就可以监控整个管理的全流程。

数字化转型是一个漫长及循序渐进的过程，更不存在唯一的成功准则，寻找适合自身成熟度及发展战略的数字化转型方案是其前提，管理的数字化转型将为传统的煤炭地质勘查产业注入新的活力，开启绿色、高效、安全生产的新时代。

参考文献：

[1] 陈进斌 . 矿山生态修复技术与行业现状分析 [J]. 科技创新与应用，2017（30）：71，73.

[2] 丁恩杰，赵志凯 . 煤矿物联网研究现状及发展趋势 [J]. 工矿自动化，2015，41（4）：1–5.

[3] 丁雪辰，柳卸林 . 大数据时代企业创新管理变革的分析框架 [J]. 科研管理，2018，39（12）：4–12.

[4] 范京道，王国法，张金虎，等 . 黄陵智能化无人化工作面开采系统集成设计与实践 [J]. 煤炭工程，2016，48（1）：84–87.

[5] 葛世荣 . 煤矿机器人现状及发展方向 [J]. 煤炭学报，2019，45（7）：18–27.

[6] 何继善 . 大深度高精度广域电磁勘探理论与技术 [J]. 中国有色金属学报，2019，29（9）：1709–1816.

[7] 李太启，高荣久 . 采煤塌陷区综合治理问题分析与建议 [J]. 金属矿山，2015（4）：169–172.

[8] 李艳峰，赵文举 . 我国地质钻探技术装备现状分析及发展建议 [J]. 山东工业技术，2015（15）：88.

[9] 李玉倩，王德利 . 新常态下矿山地质环境的生态修复 [J]. 中国资源综合利用，2017，35（5）：69–71.

[10] 李增学，王佟，王怀洪，等 . 多能源矿产协同勘查理论与技术体系研究 [J]. 中国煤炭地质，2011，23（4）：68–72.

[11] 李周，孙若梅 . 中国生态安全评论［M］. 北京：金城出版社，2014：45–46.

[12] 林柏泉，常建华，翟成 . 我国煤矿安全现状及应当采取的对策分析 [J]. 中国安全科学学报，2006，16（5）：42–46，146.

[13] 路明秀 . 大数据背景下企业人力资源管理创新 [J]. 中国市场，2020（1）.

[14] 马素娣 . 现代企业人力资源管理数字化转型 [J]. 上海信息化，2019（5）.

[15] 宁树正，万余庆，孙顺新 . 煤矿区沉降与遥感监测方法探讨 [J]. 中国煤炭地质，2008，20（1）：10–12.

[16] 彭俊松 . 卡特彼勒数字化转型案例及其对工业互联网的启示 [J]. 今日工程机械，2019，223（1）：39–43.

[17] 彭苏萍 . 煤炭资源强国战略研究 [M]. 北京：科学出版社，2018.

[18] 钱鸣高，缪协兴，许家林 . 资源与环境协调（绿色）开采 [J]. 煤炭学报，2007，32（1）：1–7.

[19] 钱鸣高，许家林，缪协兴 . 煤矿绿色开采技术 [J]. 中国矿业大学学报，2003，32（4）：343–348.

[20] 钱鸣高 . 煤炭的科学开采 [J]. 煤炭学报，2010，35（4）：529–534.

[21] 秦格 . 生态环境损失预测及补偿机制：基于煤炭矿区的研究 [M] . 北京：中国经济出版社，2011：23–41.

[22] 秦晓敏，王森，许霄霄，等 . 基于遥感和高程差异特征快速调查采煤塌陷地的方法研究：以山东省为例 [J]. 山东国土资源，2018，34（1）：56–60.

[23] 石智军，胡少韵，姚宁平，等 . 煤矿井下瓦斯抽采（放）钻孔施工新技术 [M]. 北京：煤炭工业出版社，2008.

[24] 孙天学，文孝贵，刘宝川 . 浅谈 TRT 及钻探综合地质超前预报技术在矿山的应用 [J]. 地质装备，2013，14（1）：37–40.

[25] 谭克龙，周日平，万余庆，等 . 地下煤层燃烧的高光谱及高分辨率遥感监测方法 [J]. 红外与毫米波学报，2007，26（5）：349–358.

[26] 田成金 . 煤炭智能化开采模式和关键技术研究 [J]. 工矿自动化，2016，42（11）：28–32.

[27] 王国法，杜毅博 . 智慧煤矿与智能化开采技术的发展方向 [J] . 煤炭科学技术，2019，47（1）：1–10.

[28] 王国法，范京道，徐亚军，等 . 煤炭智能化开采关键技术创新进展与展望 [J]. 工矿自动化，2018，44（2）：5–12.

[29] 王国法，刘峰，庞义辉，等 . 煤矿智能化：煤炭工业高质量发展的核心技术支撑 [J]. 煤炭学报，2019，44（2）：349–357.

[30] 王国法，庞义辉，任怀伟，等 . 煤炭安全高效综采理论、技术与装备的创新和实践 [J]. 煤炭学报，2018，43（4）：903–913.

[31] 王华中，王海山 . 试论综合物探技术在地质勘查中的应用 [J]. 城市建设理论研究，2013（9）.

[32] 王如柠 . 煤矿废弃地景观生态环境修复与可持续利用研究 [D]. 大连：大连工业大

学，2014.

[33] 谢和平，高峰，鞠杨，等 . 深地煤炭资源流态化开采理论与技术构想 [J]. 煤炭学报，2017，42（3）：547–556.

[34] 谢和平，王金华，申宝宏，等 . 未来煤炭工业的发展应以科学科学产能 [J]. 煤炭学报，2012，37（7）：1069–1079.

[35] 谢和平，王金华，王国法，等 . 煤炭革命新理念与煤炭科技发展构想 [J]. 煤炭学报，2018，43（5）：1187–1197.

[36] 徐水师，王佟，孙升，等 . 中国煤炭资源综合勘查技术新体系架构 [J]. 中国煤炭地质，2009，21（6）：1–5.

[37] 严若森，钱向阳 . 数字经济时代下中国运营商数字化转型的战略分析 [J] . 中国软科学，2018，328（4）：177–187.

[38] 袁亮，姜耀东，王凯，等 . 我国关闭 / 废弃矿井资源精准开发利用的科学思考 [J]. 煤炭学报，2018，43（1）：14–20.

[39] 袁亮，张农，阚甲广，等 . 我国绿色煤炭资源量概念、模型及预测 [J]. 中国矿业大学学报，2018，47（1）：1–8.

[40] 袁亮，张平松 . 煤炭精准开采地质保障技术的发展现状及展望 [J]. 煤炭学报，2019，44（8）：2277–2284.

[41] 袁亮 . 开展基于人工智能的煤炭精准开采研究，为深地开发提供科技支撑 [J]. 科技导报，2017，35（14）：1.

[42] 袁亮 . 煤及共伴生资源精准开采科学问题与对策 [J]. 煤炭学报，2019，44（1）：1–9.

[43] 袁亮 . 煤炭精准开采科学构想 [J]. 煤炭学报，2017，42（1）：1–7.

[44] 袁亮 . 煤与共伴生资源精准协调开采：以鄂尔多斯盆地煤与伴生特种稀有金属精准协调开采为例 [J]. 中国矿业大学学报，2017，46（3）：449–459.

[45] 袁亮 . 推动我国关闭 / 废弃矿井资源精准开发利用研究 [J]. 煤炭经济研究，2019，39（5）：1.

[46] 袁亮 . 我国煤炭资源高效回收及节能战略研究 [J]. 中国矿业大学学报（社会科学版），2018，20（1）：3–12.

[47] 张东宝 . 煤巷智能快速掘进技术发展现状与关键技术 [J]. 煤炭工程，2018，50（5）：56–59.

[48] 张建民，管海晏，曹代勇，等 . 中国地下火研究与治理 [M]. 北京：煤炭工业出版社，2008.

[49] 张进峰，陶周延 . 矿山区域生态修复和景观再生的原则和操作策略 [J]. 环境与发展，2017，29（9）：165+181.

[50] 张林霞，李艺，周红军，等 . 我国地质找矿钻探技术装备现状及发展趋势分析 [J].

探矿工程—岩土钻掘工程，2012，39（2）：1–8.

[51] 张文若，谢志清 . 煤炭领域 3S 技术的应用与发展 [J]. 地球信息科学，2007，9（2）：3–5.

[52] 郑岩，韩维蜜 . 金融科技赋能数字化转型：第五届中国互联网金融发展战略研讨会召开 [J]. 金融电子化，2018（11）：38–40.

[53] 朱万存，曹卫孝，井伟峰，等 . 地质勘查钻（坑）探作业危险性分析及安全防护对策 [J]. 探矿工程—岩土钻掘工程，2013，40（5）：80–83.

[54] 诸利一，吕文生，杨鹏，等 . 2007—2016 年全国煤矿事故统计及发生规律研究 [J]. 煤矿安全，2018，49（7）：237–240.

[55] 自然资源部部署重点区域露天矿山生态修复 [J]. 有色冶金节能，2019，35（3）：60–61.

7 新时期煤炭地质勘查产业链重构展望

我国煤炭地质勘查产业经过近70年的发展，从经济发展角度来看，经历了四个发展期：单一发展期、多种经营期、大地质期、转型升级期。从煤炭地质勘查产业链发展方向来看，经过三次纵向延伸、三次横向拓展，最终形成了一个以我国主体能源煤炭为中心产业链、以清洁能源为辅助产业链、以地质勘查技术服务为技术服务链的多链宽领域产业链。中国煤炭地质总局于2020年明确提出了新时代煤炭地质勘查工作总体奋斗目标，即建设"透明地球""美丽地球""数字地球"；三大任务，即保障国家能源安全、实施生态环境安全和践行"一带一路"倡议；以及四个发展新方向，即进一步加强对国家能源安全的保障，确保国家能源和战略性新兴矿产的需求必须立足国内自给；积极投身"美丽中国"建设，将生态环境地质勘查工作提升到与资源勘查同等重要的位置抓紧抓好；煤炭地质勘查产业链从前期的地质勘探延伸到矿井地质勘查，再次延伸到绿色矿山治理，最终延伸到深地地质。形成一条服务于主体能源、保障主体能源的完整产业链。伴随着我国改革开放的不断深入，煤炭地质勘查产业完成了三次横向拓展，从地质勘查行业拓展到房屋、道路、桥梁的基础勘查，又拓展到清洁能源勘查，再拓展到城市地质、农业地质、灾害地质工程。

进入新时期，煤炭地质勘查产业链有必要进行重构，只有这样才能更好地保障主体能源的安全，提供更优质的地质技术服务。煤炭地质勘查产业的实质是一个提供地质技术服务的产业，通过地质勘查数据为相应的主业提供地质技术服务。重构煤炭地质勘查产业链，必须以全过程地质技术服务为纽带，形成连续、专一、不间断的质勘查技术服务，以主题能源、清洁能源为核心，以绿色可持续发展为宗旨，兼顾为人民的美好生活提供优质地质技术服务。

进入新时期，第五次科技革命将世界带入了电子、信息、数字时代，第三次工业革命将人类带入了智能化时代。新时期，世界正站在科技革命与工业革命的交汇点。新时期，世界正经历百年未有之大变局，回首70年风雨历程，我国煤炭地质勘查产业经历了从无到有、从弱到强的飞速发展，形成了自己的优势，也留下了不少短板。新时期，煤炭地质勘查必须重构产业链，构建一个能够为国家煤炭能源保障提供地质勘查技术服务的产业链，同时能够为国家能源保障提供新型绿色能源供给，能够为新时期绿色智能矿山提供专业的勘查技术服务，能够为人民美好生活提供优质的城市地质、农业地质、灾害地质技术服务。

新时期煤炭地质勘查产业，要不断强化新能源勘查产业链，寻找新型能源来保障国家能源安全。优化传统勘查产业链，要减少劣质供给、强化优质供给，发挥勘查业强项、补齐短板。打造精准专业化、专一化全过程服务链，为煤矿地质灾害防治、绿色智能开采、透明矿井系统、智慧矿山系统、矿山修复与治理提供优质地质技术勘查服务。构建一条煤炭地质勘查技术服务链，为建设绿色、环保、美丽的中国提供优质地质勘查技术服务。

7.1　强化煤炭地质勘查产业优质供给

全球逐步减少煤炭消费是减缓全球变暖的必由之路，煤炭消费是造成大气污染的元凶，治理大气污染就必须减少煤炭消费，著名的“伦敦雾”事件是导致英国下决心减煤的导火索。此后几乎所有的国家包括中国，只要治理大气污染，就先从减少煤炭消费开始。

1992 年通过的《联合国气候变化框架公约》要求，到 20 世纪末，全球的温升与工业化初期相比不超过 2℃。2015 年签署、2016 年生效的《巴黎协定》强化了这一要求，进一步提出为控制在 1.5℃以内而努力。这一目标的能源含义就是在 21 世纪下半叶实现近零碳排放。减煤的最终目的是减碳。煤炭是碳强度最高的能源，因此减碳首先要减煤。

要彻底改变人类能源消费理念。人类之所以大量使用煤炭是因为它是最便宜的能源。但是将治理大气污染和减碳的外部成本叠加到煤炭身上之后，煤炭成了“最昂贵”的能源。即使在美国，不考虑减碳的压力，仅仅是减少大气污染，煤电也要比天然气发电、风电、太阳能发电昂贵。因此，美国、欧盟、英国以及日本，都在减少煤炭消费。

为了落实《巴黎协定》，联合国要求全球所有国家提交面向 21 世纪下半叶的国家低排放发展战略，现在已经有 70 多个国家提交了国家战略，近 40 个国家要在 2050 年实现所谓的“碳中和”（到 2050 年，化石能源燃烧排放的二氧化碳要全部被自然系统吸收），这意味着化石能源排放的二氧化碳要比 1990 年减少 85%。为此，英国决定到 2022 年全部淘汰煤炭，北欧国家大多在 2030 年左右淘汰所有煤电，德国要在 2048 年淘汰所有煤电，韩国要在 2050 年停用煤电。

我国减少煤炭供给压力最大，由于制度、技术、资源等障碍，使得我国能源配置与生产效率较低、能源强度高，能源生产与消费污染过重，碳排放强度过高。为此，国家出台了相关政策和行动计划，如《大气污染防治行动计划》和《能源发展战略行动计划（2014—2020 年）》等。国家能源局指出，解决新常态下能源发展面临的传统能源产能过剩、可再生能源发展瓶颈制约、能源系统整体运行效率不高等突出问题，必须创新能源体制机制，大力推进能源供给侧结构性改革。据煤炭工业协会统计：通过持续不断推进关井压产、淘汰落后、整顿关闭、资源整合与兼并重组，全国煤矿数量由 20 世纪 80 年代的 8 万多处减少到 2005 年的 2.48 万处，2019 年底的 5000 处左右（其中，正常生产煤矿 4000 处左右）。目前，全国建成年产 120 万吨及以上的大型现代化煤矿 1200 处左右，产量占全国的 80% 左右。其中，建成了千万吨级煤矿 36 处，产能 6.2 亿吨 / 年，在建和改扩建千万吨级煤矿 34 处，产能 4.3 亿吨 / 年。建成了目前世界上单井生产能力最大的井工煤矿——补连塔煤矿，井型规模 2800 万吨 / 年；建成了年人均生产效率达到或超过万吨的大型现代化煤矿 80 多处，煤炭生产力水平的提升，为煤炭行业由高速度增长向高质量发展提供了有力支撑。

地勘产业属于技术与资本密集型产业，具有较强的市场、政策和环境依赖性。当前，地质工作供给侧结构性矛盾依然突出，主要是传统矿产勘查产品供应过剩，新型资源环境类产品供应不足。从供给端来说，部分地质勘查单位提供的结构相对单一的地质勘查产品，已难以满足生态文明建设和经济社会发展对地质工作的强劲需求，有效供给不足。从需求侧来说，环境地质、农业地质、灾害地质和城市地质等领域潜力很大，新兴战略性产业所需矿产勘查刚刚起步，在这方面还有大量地质工作要做。供给侧结构性矛盾的主要原因是地质勘查产品供给与地质勘查市场需求的不匹配、不协调、不平衡，突出表现为供给不能适应需求的重大变化并做出及时调整。此外，地质勘查单位探索产业转型升级的模式并不具有广泛的普适性，很多时候只是为了应对短期发展困难而进行的被动选择，因此还需要进一步探索供给侧与需求侧有机衔接的长效机制，形成可复制、易推广的经验做法。

地质勘查单位装备水平偏低、人才短缺、创新能力不足，已成为地质勘查单位能力提升的三大瓶颈因素。大多数地质勘查单位的设备仪器得不到及时更新，高、精、尖设备更是缺乏。

2015 年，国家首次提出供给侧结构性改革，加快产业升级，培育经济新动能。党的十九大报告把深化供给侧结构性改革摆在贯彻新发展理念、建设现代化经济体系这一重要部署的第一位。能源的供给侧结构性改革必然带动煤炭地质勘查产业的供给侧改革，煤炭地质勘查产业必须优化产业链，去除劣质供给，保障优质供给，发挥勘查强项，补齐勘查短板。

据中国自然资源经济研究院地质勘查行业研究所 2019 年度报告：2019 年全国地质勘查单位总收入 2289.02 亿元。其中，财政拨款收入 342.33 亿元；地质勘查业收入 374.19 亿元，收入占比 16.35%；工程勘察与施工收入 1025.86 亿元，收入占比 44.82%；矿业权转让收入 5.45 亿元，收入占比 0.24%；矿产开发收入 53.06 亿元，收入占比 2.32%。除上述收入外的其他收入（多种经营）488.13 亿元，收入占比

21.32%。

2019年，全国地质勘查业收入仅占16.34%。第一位是服务于城市地质、农业地质、勘查地质的地质服务业，占比44.82%。第二位是社会服务业，占比21.32%。煤炭地质勘查产业链重组，应该以三个服务主体为目标：一是保障国家能源基石煤炭产业安全；二是保障国家能源安全；三是服务城市、农业、勘查业。具体操作包括：第一，我们应动用20%的优质装备、人员，组建一支野战团队，保障国家煤炭能源安全，同时为生产矿井提供精准地质技术服务。第二，我们应动用30%的人员、装备，投资组建一支深地地质勘查、清洁能源勘查队伍，保障国家能源安全。第三，我们应利用自身地质技术优势，用剩余50%的队伍服务城市地质、农业地质、灾害地质、绿色矿山地质，逐步退出社会服务行业。不断强化地质技术研究，不断更新地质装备、淘汰落后设备、组织专项技术攻关，打破技术壁垒，不断增强科技创新力，突破制约地质勘查行业的三大瓶颈。

7.2 重构煤炭地质勘查产业技术服务体系

新时期，煤炭地质勘查产业与飞速发展的煤矿开采新需求、国家对绿色矿山生态环境的需求、国外先进的勘查技术相比，我国现有的勘查技术还存在很多短板。

7.2.1 煤矿智能化开采地质精准探测与煤岩自动识别技术

伴随着煤矿开采机械化程度的提高，对煤矿地质、构造、瓦斯、水文、冲击地压等控制精度要求越来越高。开采技术条件是智能开采的基础和先行者，必须对开采地质条件进行精准勘查，只有实现煤岩自动识别、地质数据推演、地质智能分析模型、地质隐蔽致灾的智能探测、地质信息可视化，才能保证新时期煤矿建设的需求。这些方面急需开展研发与攻关。现阶段的煤矿勘探对复杂地质问题未形成多种探测技术综合配套；未建立静态数据与动态地质分析相结合的煤炭地质精准勘探技术方法；大数据技术、人工智能技术、图形图像技术在地质勘探及综合分析中的应用较少；智能分析预测、精准判别煤层及地质灾害问题不能满足未来智能开采的要求。

我国正在开展攻关研究，通过将地质、钻探、物探（高密度电法，CT、两宽一高地震勘查技术等）等勘探技术与大数据、人工智能、物联网、VR等技术融合，建立精准勘探地质评价方法，研究煤岩自动识别技术、地质灾害智能分析预测技术，研发综合勘探—地质数据处理—智能地质模型与动态三维交互—智能预测分析一体化智能精准勘探地质保障系统，提高煤炭地质勘探的精度，实现通过“主动感知、动态分析、智能预测、精准勘探”来解决煤矿智能勘探最基础的地质问题。

7.2.2 煤炭开采近零污染排放技术

煤炭开采过程中产生的矿井水、煤矸石，以甲烷为主的烃类气是矿井实现废水、固废、废气近零排放的难题。以美国为首的西方国家在10年前就已经开始强制推行零排放开采技术。我国的内蒙古从2019年开始强制推行，目前还有较大差距。矿井水处置方面，主要手段为减排、回灌（深部封存）与综合利用一体化技术。目前我国正在试验，虽已经取得突破，但大规模回灌监测、环境影响评价、高矿化废水封存等方面还存在较大不足。煤矸石处置方面，当下综合利用制取建筑材料、化工材料存在利用率低、成本高、难以形成规模化问题。我国开展煤基固废地下处置技术研究，通过将矸石粉碎、分选后地下注浆回填的方式，进行分级利用、处置，虽初步形成了新型覆岩离层注浆充填技术，但是该技术在浆液导控、浆液扩散区域控制等方面存在不足，易造成失压沉降、跑浆问题；矿物分选技术成本较高，难以实现较好的经济效益。矿井瓦斯方面，国家强制开展“先抽后采”的要求，但是存在低渗、低含量瓦斯难以抽取，且低浓度瓦斯难以利用问题。

7.2.3 煤矿区煤层气（瓦斯）井上井下联合抽采关键技术

过去相当长的一段时期，在我国煤矿一次死亡10人以上特大事故中，瓦斯事故占到80%以上。地面井抽采和井下抽采两者相互融合，取长补短将是未来煤矿区煤层气开发的必由之路。一方面，井下煤层群卸压区域内煤层气抽采仅依靠井下工程将难以满足生产需要，迫切需要引入地面钻井抽采，同时抽采卸压瓦斯和采空区瓦斯，实现“一井两用”；另一方面，地面煤层气井普遍产量低、不稳定，容易造成瓦斯抽采盲区，在一些低渗煤层抽采不仅效果不理想，而且影响煤炭的开采。需要研究煤层瓦斯增透技术来提高煤层的透气性，通过井下采动卸压和外加的煤层瓦斯增透技术可以提高煤层的透气性，提高地面煤层气的产量。目前，美国在煤矿区煤层气地面抽采方面处于领先地位，我国在煤层气井下抽采方面具有一定优势，如何将地面抽采与地下抽采融合发展，是目前面临的难题。

7.2.4 煤炭开采水害防治及水资源保护利用技术

我国煤炭开采96%是井下开采，采空塌陷是对生态环境造成的最大伤害，主要是对地下水系的不可修复性破坏。据原国土资源部统计，传统粗放式高排放煤炭开采，采煤塌陷0.3公顷/万吨。我国已经形成采煤沉陷区的面积达到20000平方公里，已取得矿权的矿区面积超过60000平方公里，每年增加600平方公里。涉及27个省（自治区、直辖市），这些矿区主要集中在晋陕蒙、黄淮海、云贵川及黑吉辽等区域。

其中，山西、陕西、贵州、内蒙古、山东5个省份取得采矿权的区域面积较大，均超过5000平方公里，其中山西矿区面积最大，超过10000平方公里。排名前5的省区矿区面积总计接近40000平方公里，约占全国取得采矿权矿区面积的60%。我国中东部矿区水害严重，需要防治水；西部矿区缺水严重，需要保护水（保水采煤），即使在西部严重缺水矿区，也存在严重的水害威胁。煤炭开采水害防治及水资源保护利用仍是当前我国煤矿安全生产和科学开采面临的重大难题。

对于中东部地区奥灰水的治理，目前主要采用基于突水系数法的底板区域治理的技术，不仅会造成奥灰水的污染，还造成极大的经济损失。西部地区的煤矿区含水层均位于煤层顶板上，矿井涌水量可达到10万立方米/天，远远超出以往预测。针对西部煤矿区超大量高矿化度矿井水的问题，我国目前正在研究矿井水减量技术，并提出了电动化学注浆、生物注浆、采动空间注浆等技术应用到我国中西部煤矿区超大量高矿化度矿井水减量及治理领域的技术，虽然有望在该领域取得突破，但是尚未在工程实践中得到应用，也尚未形成技术体系。

7.2.5　煤中共伴生战略性金属探测与提取技术

我国煤炭赋存规律的第二大优势，就是煤炭伴生、共生矿产资源非常丰富。2020年，由中国煤炭地质总局主持的地质调查项目，对我国煤层、煤系中共生、伴生的金属元素及矿产资源进行了系统研究。研究发现，在我国35种战略矿产资源中，煤系共伴生矿产资源中就发现了18种。总结了煤中金属元素矿产研究方法，确定了煤中金属元素矿产综合评价指标，初步摸清了全国煤中金属元素矿产资源家底，预测煤中锗、镓、锂、铝、稀土矿产资源量分别为1.17万吨、188.02万吨、86.49万吨、195746.90万吨、1130.00万吨。首次划定了全国煤中金属元素成矿区带，发现一批新矿点，圈定了地质工作远景区。上述成果表明，煤中金属元素矿产资源潜力和价值巨大，是我国“三稀”矿产资源的重要组成部分。该项目的实施拓展了煤炭地质工作新领域，对指导煤系矿产资源综合勘查和开发利用具有重要意义。

对于煤中战略性关键金属的研究，我国虽然起步较早，但资源化研究进展缓慢。煤中金属元素赋存状态的揭示及其提取技术仍是制约我国煤中战略性金属资源化开发的难题，而美国等通过集中系统攻关，目前煤中稀土等的提取技术已经进入中试阶段，大大增加了其战略性矿产的保障及供给能力。

7.2.6　深井勘查技术

当前，我国陆地地球物理勘查技术已达到世界领先水平。地球物理勘查技术方面，海洋地球物理勘查技术虽有差距，但已经能够生产先进的地震装备、时频电磁、大地电磁装备。

7.2.7 绿色勘查模式

我国在 2016 年 4 月正式提出将绿色勘查纳入《国土资源“十三五”规划纲要》；5 月，原国土资源部发布《绿色勘查行动宣言》，号召全国地质勘查行业实施绿色勘查。2017 年 3 月，原国土资源部等六部门联合印发《关于加快建设绿色矿山的实施意见》，要求健全绿色勘查标准体系。

党的十九大报告提出，必须树立和践行“绿水青山就是金山银山”的理念，坚持节约资源和保护环境的基本国策，像对待生命一样对待生态环境。因此，绿色勘查作为一种科学的发展理念和先进的发展方式，是矿产勘查领域贯彻落实中央生态文明战略的重要举措，不仅是保持我国地质勘查行业可持续健康发展的必由之路，更是绿色矿业发展的基本要求。我国绿色环保设备、绿色施工工艺、绿色勘查施工管理、绿色勘查理念，与世界先进国家相比还有很大差距。

绿色勘查模式是以绿色发展理念为指导，通过调整对生态环境影响较大的地质找矿工作手段和技术，运用先进的找矿手段、方法、设备和工艺，最大限度地减少对生态环境的负面影响，实施地质勘查全过程环境影响最小化控制，实现找矿和环保双赢的一种全新的勘查模式。

随着煤系矿产研究和勘探开发的不断深入，势必将部署大量的钻井工作以便获取储层参数或产能。同时，推行绿色勘查技术将直接影响整个行业的绿色发展，乃至生态文明建设的整体大局。因此，对以煤系气为代表的煤系矿产钻探施工工艺又提出了新的要求。目前，在煤系矿产的勘探开发过程中，固体矿产多以部署直井为主，而煤系气钻井施工更加多样，工艺更加复杂，采用的井型一般包含了直井、U 形井、水平井、丛式井等，主要使用的成井技术有绳索取芯、潜孔锤钻井、控压或欠平衡钻井、煤层造穴、旋转导向、随钻测量等。另外，鉴于煤系气储层的特点，对钻井液性能的要求也有别于固体矿产。在煤系矿产的勘探开发中，无论采用何种方式，背后都存在诸多“非绿色”的问题亟须解决：钻井施工过程中产生大量的废弃物，处理不当会对环境造成污染；钻井施工后土地复垦不完善，会导致土地资源损坏；成井过程中钻遇含水层，会对水资源造成污染，甚至影响当地居民生活用水；采用不当的钻井液体易造成储层污染，降低气体矿产的资源产量；煤系矿产开发过程中形成的采空区或离层带，会使当地生态环境及地表建筑遭受破坏。

为了保障经济社会快速发展，实现煤炭地质勘查行业可持续发展，我们必须顺应时代潮流，全面推广绿色勘查，大力推进绿色勘查，努力实现资源保障和生态保护的双胜利。从理念、政策到技术，以生态保护优先统领地勘工作，在城市地质、农业地质、工程地质勘查中，推广声频无泥浆钻机。在勘查施工中尽量采用“一基多孔、一孔多支”，减少机台及设备搬迁；使用轻型机具等改变搬运方式，减少道路修建；“以钻代槽”，减少槽探对植被的破坏；在必须使用泥浆钻进时，实现泥浆不落地，减少施工过程中“三废”对环境的影响。通过研发推广使用绿色勘查的新技术、新方法、新设备和新工艺，最大限度地减少对环境的影响或扰动。煤炭地质绿色勘查工作将为国家绿色矿山建设、生态文明建设、构筑人类命运共同体提供有力保障。

我们必须改变以往大规模、粗放式的矿产勘查理念、方法、技术。例如，槽探、坑探会导致地表植被破坏、边坡失稳、水土流失；地震勘探会对植被景观、浅层地下水、土地等造成危害；钻探会导致地表土壤及植被的破坏等。特别是，同行业的重复勘查，不同行业的交叉、重复勘查，严重破坏了当地的环境，对我国生态环境带来了很大的负面影响。

总之，我们应该通过技术攻关使我国绿色环保设备、绿色施工工艺、绿色勘查施工管理、绿色勘查理念快速赶上世界先进国家。

7.2.8 煤炭地质勘查产业链的重构

煤炭地质勘查产业链的重构，应以全过程地质技术咨询服务为主线，以保障地质技术资料的连续性、完整性，保障技术服务的连续性，最终保障绿色矿山的修复治理。产业链以国家主体能源、清洁能源的安全保障为前提，产业布局必须以保障主体能源安全为中心。在保障主体能源的前提下，服务于城市建设、农村建设、基础设施建设。

7.3 保障国家能源安全

煤炭因为价格低廉在过去相当长的时间里是世界主体能源，在我国能源结构中煤炭成为绝对主体能源，在改革开放后的32年里占比一直高达70%以上，最高达到77.8%。人类大量使用煤炭是因为它是最便宜的能源，但是将治理大气污染和减碳的外部成本叠加到煤炭身上之后，煤炭便成了“最昂贵”的能源。因此，我们必须加快寻找新的可替代能源。

据国家能源局统计分析：我国水电已经开发到了理论极限75%，没有再扩大的潜力；石油、核电、天然气对外依存度太高，2019年我国核原料对外依存度达90%，石油依存度达72.5%，天然气依存度达43.2%。我国可再生能源光电、风电的不稳定性还没有解决办法；可燃冰、干热岩、海洋能还无法量产。因此，在今后相当长的时间里，煤炭仍是中国能源的基石，其主体地位不可动摇。

我国主体能源可控制的资源量储备不足。根据第四次全国煤田预测资料，预测埋深在2000米以浅的煤炭资源量约5.2万亿吨。埋深在1000米以浅、预测可靠、具有普查找煤前景、近期适宜安排普查找煤工作的预测资源量只有约3000亿吨。为保障我国能源安全，煤炭地质勘查必须向深部地质进军。

地质勘查产业要积极开展基础性、战略性、紧缺性能源资源勘查，同时积极寻找水、地热、浅层地温能、干热岩等清洁、低碳、安全、高效的能源资源。快速推进煤层气、页岩气、地热、油页岩、油砂矿勘查开发工作。加大对清洁能源、关键矿种、紧缺资源等领域的勘查力度。同时，加大对新型战略性矿产资源的勘查力度，为国家资源安全保障提供支持，积极参与对贵金属、铜多金属、钒钛和稀土、锂辉石、石墨等战略性新兴矿产资源进行科学有序的勘探开发，加大为钾盐以及战略性新兴材料工业领域和为国家的资源保障提供应有的专业技术支撑。

不断加快新能源勘查步伐。2017 年 9 月，我国宣布青海省水文地质工程地质环境地质调查院在共和盆地钻获温度达到 236℃以上的干热岩体。这是青海继 2009 年在全国首次发现陆地可燃冰之后，在新能源领域的又一重大发现。据初步测算，地壳中 3~10000 米深处干热岩所蕴含的能量极为可观，相当于全球石油、天然气和煤炭所蕴藏能量的数十倍。原国土资源部中国地质调查局相关负责人表示，我国的干热岩资源量与美国的干热岩资源量约在同一数量级。经过初步评价，全国陆域干热岩资源量为 856 万亿吨标准煤，根据国际标准，以其 2% 作为可采资源，全国陆域干热岩可采资源量达 17 万亿吨标准煤。这是我国目前发现的唯一可替代煤炭成为国家主体能源的新能源。

7.4 构建煤炭全过程地质勘查技术咨询服务链

新时期，传统煤炭地质勘查产业链重构需要强化专一精准服务，而传统的煤炭地质勘查产业已经无法完成。新时期煤矿生产地质技术服务，因为伴随着煤矿开采机械化程度的提高，对煤矿地质、构造、瓦斯、水文、冲击地压等控制精度要求越来越高。开采地质条件是智能开采的基础和先行者，必须对开采地质条件进行精准勘查，只有实现煤岩自动识别、地质数据推演、地质智能分析模型、地质隐蔽致灾的智能探测、地质信息可视化，才能保证新时期煤矿建设的需求。

同时，传统煤炭地质勘查产业链很长，服务时间跨越百年。根据煤矿矿井设计规范，矿井生产服务年限根据矿井规模分别是 40 年、50 年、60 年、70 年，勘查及建井时间一般 10~20 年，绿色矿山修复 10~20 年。由此，必须有一条主线将地质勘查产业链连接起来，只有这样一个服务主体才有可能提供可靠的技术服务，才能保证地质基础资料的连续性，否则每个阶段都存在因缺失资料而重复施工的风险。2019 年，国家发改委能源局要求能源行业必须提供全过程地质技术服务，就是要求一个服务主体提供全程地质技术服务，以保证地质资料的连续性、完整性、可靠性，只有这样才能避免绿色矿山修复时期的盲目性。目前，我国石油系统已经完成全过程地质技术服务团标修订，中国煤炭建设协会完成了中国煤炭建设项目全过程地质技术服务团标修订，而地质分会应组织修编煤炭地质勘查全过程技术咨询服务团标。

新时期的煤炭地质勘查产业全过程技术咨询服务模式，是由一个联合体完成时间跨越近百年的煤炭地质勘查产业链全过程技术服务，即从煤炭地质勘查到矿井地质，最后到矿井关闭后的绿色矿山治理。

现在的地质勘查产业是阶段式地质技术服务。勘查阶段是勘查单位进行地质技术咨询服务，原始资料在施工单位保存；建井阶段由设计院方提供地质技术咨询服务，原始资料在矿井建设单位及设计院保存；生产阶段由矿方地测处完成地质技术咨询服务。在矿井生命周期里跨越两三代人，地质资料分别保存在三个单位。到绿色矿山修复阶段基本无法得到相关地质资料，必然严重影响矿山修复成果。

地质学是一门逆演科学，地质资料越丰富，地质结论越接近实际，如果地质技术咨询服务人员保持相对连续，服务水平将有质的飞跃。构建全过程地质勘查技术咨询服务链，就是为了保证提供连续、可靠的地质技术服务体系，服务人员连续、服务单位连续、服务资料连续。近百年的矿井生命周期里，地质资料是在不间断累积的，连续的地质技术服务将为绿色矿山建设提供可靠的技术保障。

7.5 服务生态文明和“美丽中国”建设

国家《煤炭工业发展“十三五”规划》明确：要“牢固树立绿色发展理念，推行煤炭绿色开采，发展煤炭洗选加工，发展矿区循环经济，加强矿区生态环境治理，推动煤炭供给革命。”国家强力推行节能减排和低碳经济、绿色发展，正是适应了我国“富煤、贫油、少气”能源结构的鲜明特点。虽然煤炭在能源结构中的主体地位在短期内难以改变，但煤炭的清洁高效利用又是不得不解决的重大命题。实践证明，煤炭在开采、转化、发电与终端消费等过程中，存在着巨大的清洁化和低碳化空间。发展洁净煤技术是当前煤炭产业的现实选择，神华集团推行电厂技术改造达到“近零排放”的案例说明，推广煤炭更清洁、更低碳、更高效的利用方式是完全可行的，大有可为，前景广阔。

建立绿色矿山、绿色能源、绿色煤电新理念。我国煤炭行业，由于多年来大规模、高强度、持久性的无序开采，导致一系列环境问题凸显，如地面沉降、植被破坏、水体污染、资源浪费等。最近十年来的煤炭结构调整和转型升级，尤其是2016年国家去产能政策的实施，使大量低效无效煤矿相继关闭。据煤炭工业协会统计：全国煤矿数量由最多时的1988年的6.5万处，经过多年持续不断的规范管理、淘汰落后，缩减到2019年末的4300处。退出的资源枯竭、长期亏损、安全基础差的煤矿达6万处以上。但是，煤矿开采期造成的诸多问题并没有随着煤矿的关闭而消失，煤矿采空区的安全、环境、生态方面产生的诸如环境污染、生态破坏、土地资源化、地下空间利用等问题依然存在，而且在强调生态环境建设的今天尤为突出。同时，煤炭又是我国的主体能源，这种能源消费结构在未来较长时期不会改变。我们只能改变传统观念、改变开采理念、提高能源利用率，这是今后从业者的重要任务。

7.5.1 矿山开采前的绿色矿山理念

绿色矿山理念即建立完整的绿色矿山体系，给所有共伴生的矿产资源制定详细开采顺序，综合并充分利用一切共伴生资源，提高回采率以最大限度回采煤炭资源。2009 年，何满潮带领团队创新研发了“无煤柱自成巷开采技术”。该技术是我国具有自主知识产权的原始创新技术，可将矿井采出率从 40% 提高到 70% 左右。2016 年，该技术再次取得突破，矿井采出率可以达到 90% 左右。国家能源局和住建部分别制定无煤柱自成巷开采技术国家能源局行业标准（NB）、住建部国家强制标准（GB），强制要求矿井采出率必须达到 70% 以上。对煤炭生成过程中每吨煤炭伴生 450 立方米可燃气体资源，要进行有序开发，以全面提升矿山价值，减少环境破坏。

7.5.2 矿山开采过程的绿色矿山理念

煤矿开采过程中会产生污染及破坏问题：一是气体污染，包括甲烷、二氧化碳、粉尘；二是固体污染，包括矸石山及矸石山二次污染；三是液体污染，包括矿井水污染、洗煤厂污染。用现有技术完全可以解决开矿造成的这三种污染，煤矸石发电、煤矸石建材及制品、复垦回填以及煤矸石山无害化处理等综合利用煤矸石技术已经很成熟。矿井水是珍贵的水资源，在开采过程中及矿井关闭后都应进行净化处理，并有效利用。气体资源应在开矿前先行抽采，充分利用这一清洁能源。

开采过程会产生两大破坏：一是地下水系破坏，二是地面沉降环境破坏。采用覆岩分区隔离注浆采煤技术，完全可以防止地面连续塌陷，降低对地下水系的破坏，减少地面环境破坏，同时可以利用煤矸石粉作填充料，既消灭了煤矸石的污染，又利用了煤矸石的价值。

7.5.3 矿山关闭后的绿色矿山理念

“绿水青山就是金山银山”，国家对关闭矿山的综合利用非常重视。由于关闭矿山仍然会产生连续污染，如回采丢弃煤炭的降解、燃烧产生的气体污染物，关闭后矿井水污染，矿山开采过程废弃物污染等。现在，我国对于关闭矿山的综合开发利用，已经有不少成功的案例，将很快在全国推广实施，包括对关闭矿山地下空间的开发利用，矿区自然资源的再开发利用，矿区污染治理，矿区环境恢复治理等。

目前，我国煤炭消费主要分布在以下几个方面：一是燃煤发电，每年燃煤 18 亿 ~20 亿吨，占煤炭消费总量的 50% 左右；二是冶金炼焦，每年消耗洗精煤 6.5 亿吨左右（包括兰炭），占 17.5%；三是煤化工，目前每年用煤 2.5 亿吨左右（不含炼焦），占 6.8%；四是锅炉用煤（含建材窑炉和供热供暖），每年大约 7.5 亿吨，占 20% 左右；五是民用散煤，每年大约 2 亿吨，不足 6%。如果前三部分即占消费总量

75% 的煤炭能完全实现清洁、高效、低碳利用，排放指标达到天然气燃烧标准，那么我们不需要替换煤炭，就可以实现绿色煤电。

尽管我国能源基石在今后相当长时间里仍然是煤炭，但是我们必须改变传统观念、理念，相信依托最先进的节能和环保技术，煤炭完全可以更清洁。要树立与环境更友好、更符合科学可持续发展的理念，重新审视对煤电的认识，放心地在城市建设真正的绿色煤电。

新时期煤炭地质勘查产业链的主链是以主体能源煤炭为主的化石能源链，副链是以煤层气、煤系气为主的清洁能源链，双链并行伴随煤矿全生命周期。

参考文献：

[1] 程光华，苏晶文，杨洋，等 . 新时代地质工作战略思考 [J]. 地质通报，2018，37（7）：1177–1185.

[2] 储征伟，杨娅丽 . 地理信息系统应用现状及发展趋势 [J]. 现代测绘，2011，34（1）：19–22.

[3] 郭衍敬 . “一带一路” 背景下中国煤炭经济发展路径思考 [J]. 煤炭经济研究，2017（2）.

[4] 何淑贞，王日远 . 数字地球：知识经济的巨大信源库 [J]. 湖南中医药导报，1999（12）.

[5] 侯慎建，宋中强，张玉峰，等 . 新时期煤炭地质勘查产业链重构展望 [J]. 中国煤炭地质，2021，33（1）：8–12.

[6] 黄建新 . 地质矿产调查中的物探技术的运用探析 [J]. 科技与企业，2015（20）：134.

[7] 黄朋，潘桂棠，王立全，等 . 青藏高原天然气水合物资源预测 [J]. 地质通报，2002，21（11）：794–798.

[8] 江露露 . 矿山水工环地质勘查中的技术应用研究 [J]. 科学技术创新，2018（5）：55–56.

[9] 李德威，王焰新 . 干热岩地热能研究与开发的若干重大问题 [J]. 地球科学（中国地质大学学报），2015，40（11）：1858–1869.

[10] 李刚 . 探究煤炭地质勘查技术现状与发展 [J]. 区域治理，2019（6）：175–176.

[11] 李维 . 简析我国煤矿区水文地质勘查与环境地质评价的现状及发展趋势 [J]. 黑龙江科学，2013（11）：245–245.

[12] 李志刚 . 煤炭地质勘查技术现状与发展 [J]. 中国石油和化工标准与质量，2019（24）：223–224.

[13] 刘国云 . 浅谈我国煤炭地质勘查技术现状与应用发展 [J]. 科技风，2012（12）：64.

[14] 刘海东 . 基于煤炭地质综合勘查技术的分析 [J]. 中国新技术新产品，2018（6）：86–87.

[15] 刘树臣 . 发展新一代矿产勘探技术：澳大利亚玻璃地球计划的启示 [J]. 地质与勘探，

2003，39（5）：53-56.

[16] 卢德芳 . 煤炭地质勘查技术现状与发展趋势 [J]. 内蒙古煤炭经济，2016（3）：37.

[17] 牟祥国 . 对提高地质找矿效果、实现找矿突破的探讨 [J]. 世界有色金属，2017（7）：191.

[18] 彭芳乐，乔永康，程光华，等 . 我国城市地下空间规划现状、问题与对策 [J]. 地学前缘，2019（3）.

[19] 彭菲菲 . 矿山水工环地质勘查中的技术应用研究 [J]. 区域治理，2018（26）：85-85.

[20] 秦道军 . 煤炭地质勘查技术现状与发展趋势 [J]. 资源信息与工程，2017，32（5）：41.

[21] 苏豪亮，龚秀容 . 地质找矿勘查的现状与发展趋势 [J]. 江西建材，2013（4）：256-257.

[22] 田寨飞 . 矿产地质勘查理论及技术方法分析 [J]. 世界有色金属，2019（21）：138.

[23] 王双明，杜华栋，王生全 . 神木北部采煤塌陷区土壤与植被损害过程及机理分析 [J]. 煤炭学报，2017，42（1）：17-26.

[24] 王佟，邵龙义，夏玉成，等 . 中国煤炭地质研究取得的重大进展与今后的主要研究方向 [J]. 中国地质，2017，44（2）：242-262.

[25] 王佟，张博，王庆伟，等 . 中国绿色煤炭资源概念和内涵及评价 [J]. 煤田地质与勘探，2017，45（1）：1-13.

[26] 王玮琪 . 简析矿产地质勘查技术 [J]. 世界有色金属，2018（15）：131.

[27] 吴查查 . 对煤田地质勘查中水文地质问题的研究 [J]. 低碳世界，2014（9）：142-144.

[28] 吴冲龙，刘刚 ."玻璃地球"建设的现状、问题、趋势与对策 [J]. 地质通报，2015，34（7）：1280-1287.

[29] 吴传芝，赵克斌，孙长青，等 . 天然气水合物开采研究现状 [J]. 地质科技情报，2008，27（1）：47-52.

[30] 武强，申建军，王洋 ."煤－水"双资源型矿井开采技术方法与工程应用 [J]. 煤炭学报，2017，42（1）：8-16.

[31] 谢和平，高峰，鞠杨，等 . 深地煤炭资源流态化开采理论与技术构想 [J]. 煤炭学报，2017，42（3）：547-556.

[32] 徐春平 . 当前煤田地质勘查工作现状分析 [J]. 科技创新与应用，2015（9）：74.

[33] 叶建平，陆小霞 . 我国煤层气产业发展现状和技术进展 [J]. 煤炭科学技术，2016，44（1）：24-28，46.

[34] 油新华，何光尧，王强勋，等 . 我国城市地下空间利用现状及发展趋势 [J]. 隧道建设（中英文），2019，39（2）：173-187.

[35] 袁亮，张农，阚甲广，等 . 我国绿色煤炭资源量概念、模型及预测 [J]. 中国矿业大学学报，2018，47（1）：1-8.

[36] 翟丽娟 . 煤矿水害勘查与治理技术新进展及发展趋势 [J]. 中国煤炭地质，2018，30（7）：44-47，67.

[37] 赵平 . 新时代煤炭地质勘查技术及发展方向思考 [J]. 中国煤炭地质，2018，30（4）：1–4.

[38] 赵平 . 新时代生态地质勘查工作的基本内涵与架构 [J]. 中国煤炭地质，2018，30（10）：1–5.

[39] 郑翠，张玉峰，龙陆军 . 新时期我国主体能源消费结构调整优化研究 [J]. 中国煤炭地质，2021，33（S1）：49–51.

[40] 周海龙 . 浅谈现有煤炭地质勘查技术的现状及技术不足 [J]. 黑龙江科技信息，2016（33）：147.

[41] 周嵩 . 我国煤矿区地质勘察与环境地质评价现状 [J]. 科技创新导报，2014（36）：26–26.

附录：典型案例

案例一　煤炭资源勘查项目

新疆巴里坤纸房勘查区煤炭整装勘查

一、项目背景

新疆巴里坤哈萨克自治县地处新疆东北部，境内煤炭资源丰富，目前已发现两大煤田（巴里坤煤田和三塘湖煤田），预测远景资源量超过 500 亿吨。纸房勘查区位于巴里坤煤田的中部，由于以往地质勘查工作程度较小且大面积被第四系覆盖，煤炭资源分布、埋藏条件以及煤质煤类不清。新疆保利宝翔能源有限公司在纸房地区进行风险勘查工作，寻找新的煤炭资源基地。

受新疆保利宝翔能源有限公司委托，江苏煤炭地质局江苏长江地质勘查院于 2010 年 8 月—2012 年 3 月在纸房勘查区先后完成了煤炭“预查—普查—详查—勘探”工作，编制提交了《新疆巴里坤哈萨克自治县纸房勘查区煤炭预查报告》《新疆巴里坤哈萨克自治县纸房勘查区煤炭普查报告》《新疆巴里坤哈萨克自治县纸房勘查区煤炭详查报告》《新疆巴里坤县巴里坤矿区纸房一井田煤炭勘探报告》，并顺利通过了新疆维吾尔自治区矿产资源储量评审中心组织的专家评审及备案。

二、项目概况

新疆巴里坤纸房勘查区位于巴里坤哈萨克自治县城西北方向约 170 公里处，行政区划属于巴里坤哈萨克自治县管辖。勘查区内仅有哈密到乌鲁木齐的 203 省道，交通运输条件单一。

1. 项目实施过程

本项目实施周期为 2010 年 8 月—2012 年 3 月。

2010 年 8—12 月，江苏长江地质勘查院对纸房勘查区进行了预查，共完成二维地震测线 10 条，地震测线总长 167.68 公里，物理点 7460 个；施工钻孔 14 个，工程量 7551.99 米；各种样品测试 10 件（组）；编制并提交了《新疆巴里坤哈萨克自治县纸房勘查区煤炭预查报告》，于 2011 年 1 月 21 日通过了由新疆保利宝翔能源有限公司组织的专家审查。

2011 年 2—5 月，江苏长江地质勘查院对纸房勘查区进行了普查，共施工钻孔 29 个，工程量 17958.08 米；各种样品测试 22 件（组）；编制并提交了《新疆巴里坤哈萨克自治县纸房勘查区煤炭普查报告》，于 2011 年 5 月 26 日通过了新疆保利宝翔能源有限公司组织的专家审查。

2011 年 6—9 月，江苏长江地质勘查院对纸房勘查区进行了详查，共完成地震测线 7 条，测线总长 51.57 公里，物理点 2750 个；施工钻孔 32 个，工程量 16583.79 米；各种样品测试 287 件（组）；编制并提交了《新疆巴里坤哈萨克自治县纸房勘查区煤炭详查报告》，于 2011 年 9 月 3 日通过了新疆维吾尔自治区矿产资源储量评审中心组织的专家评审及备案。

2011 年 10 月—2012 年 3 月，江苏长江地质勘查院对纸房勘查区进行了勘探，共完成三维地震 10 平方公里，物理点 8107 个；施工钻孔 89 个，工程量 30038.32 米；各种样品测试 435 件（组）；编制提交了《新疆巴里坤县巴里坤矿区纸房一井田煤炭勘探报告》，并顺利通过了新疆维吾尔自治区矿产资源储量评审中心组织的专家评审及备案。

图 1　纸房勘查区项目部

图 2　野外地质填图

图 3　钻机施工现场

图 4　现场检查指导

2. 完成的主要工作量

本项目从开始至结束历时 20 个月，共施工完成了 1：10000 地形及综合地质图修测 304.25 平方公里；二维地震测线 17 条，测线总长 219.25 公里，物理点 10210 个；三维地震 10 平方公里，物理点 8107 个；施工钻孔 164 个，总工程量 72132.18 米；各类样品测试 754 件（组）。

3. 取得的主要成果

本项目通过地质填图、二维地震、三维地震、地质钻探、地球物理测井、采样化验等多种勘查方法和综合分析研究，在纸房勘查区共探获煤炭资源量 90412 万吨，均为长焰煤。其中，探明的内蕴经济资源量（331）16969 万吨，控制的内蕴经济资源量（332）18175 万吨，推断的内蕴经济资源量（333）55268 万吨。另有预测资源量（334）？ 4100 万吨。

纸房勘查区整体为一单斜构造，构造复杂程度中等，主要含煤地层为侏罗系西山窑组，含可采煤层 4 层，平均总厚度 13.10 米，B4、B3 煤层为本区主采煤层。各煤层均为低灰分、高挥发分、低硫、高热值的长焰煤，可作为动力用煤和民用燃料用煤。水文地质条件简单，工程地质、环境地质条件中等。

三、项目效益及影响

新疆巴里坤纸房勘查区煤炭整装勘查项目完成了 300 平方公里以上区域从预查到勘探全周期的煤炭勘查任务，采用地质填图、地球物理勘探、地质钻探、地球物理测井、采样化验测试等综合勘查方法。勘查方法选择合理、互相配合、综合运用，实现了从找煤到提供建井报告的一体化勘查技术服务，创造了煤炭勘查的“中国速度”，树立了“长江勘查”“江苏二队”的铁军品牌。

新疆巴里坤哈萨克自治县是一个以牧业为主的农牧业结合县，工业以矿产开发、矿产品加工为支柱，经济欠发达，是国家级贫困县。纸房矿区规划设计煤矿的生产规模为 600 万吨原煤 / 年，服务年限为 75 年。矿区的开发建设对于实施“稳疆兴疆、富民固边”战略，推进新疆地区跨越式发展和长治久安具有重要的经济意义，助推了繁荣富裕、和谐稳定的美好新疆建设，对于地方经济发展、促进就业具有良好的社会效益。

本项目提交的《新疆巴里坤哈萨克自治县纸房勘查区煤炭详查报告》荣获中国煤炭工业协会第十六届优秀地质勘查报告二等奖和新发现矿产资源报告奖；《新疆巴里坤县巴里坤矿区纸房一井田煤炭勘探报告》荣获中国煤炭工业协会第十七届优秀地质勘查报告特等奖和自然资源部找矿突破战略行动优秀找矿成果奖。

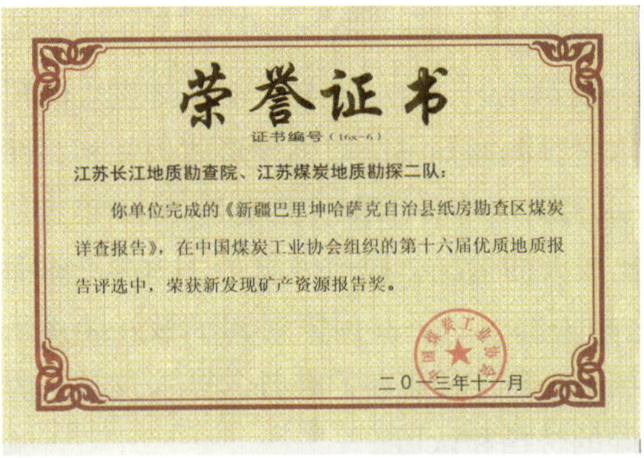

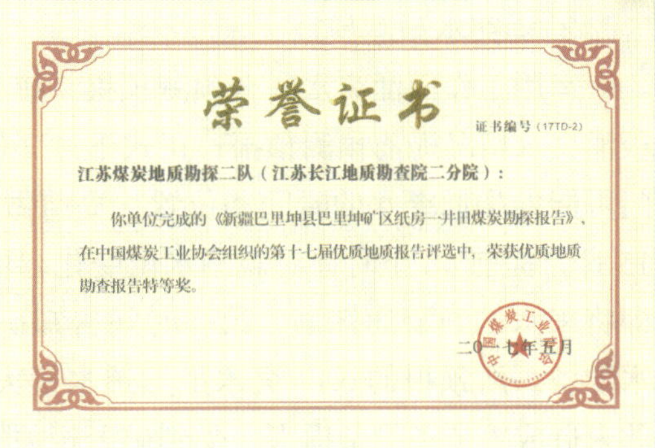

图 5　本项目所获荣誉

案例二　矿山生产地质项目

崔木煤矿综放开采技术

一、项目概况

崔木煤矿综放开采过程中顶板涌突水事故时有发生，造成了重大的财产损失，严重危害了矿井生产安全。因此，崔木煤矿委托陕西省一八六煤田地质有限公司承担崔木煤矿防治水工程，主要完成了水文地质探查、地下水及采动覆岩动态监测、地面及工作面物探、水源井施工等工程项目。同时，开展综放开采条件下煤层顶板地下水害形成机理及防治关键技术研究。

二、施工过程

1. 地面探查试验钻孔

在崔木煤矿 21301、21302 等工作面施工的探查观测孔 G1 孔、G2 孔、G3 孔、G4 孔、G5 孔和 G6 孔，累计进尺 2965.97 米，完成了含（隔）水层水文地质特征探查、覆岩工程地质特征测试、采动变化等地质任务，建立了首采盘区地下水动态监测系统。

2. 地面直通式导流泄水钻孔

在 21302、21305、21306、21308、22302、22305 等 8 个工作面完成地面直通式导流泄水钻孔 20 个，钻井进尺合计 10199.66 米。地面直通式导流泄水钻孔，有效预防了工作面离层积水涌突事故，保证了崔木煤矿正常的开采进度，避免了水害事故的发生。目前，崔木煤矿所有新开工作面均采用地面直通式导流泄水钻孔技术。

3. 涌突水预测预报

运用工作面涌突水联合预测预报系统，分别对1.9、1.27、5.10、6.17等发生的顶板涌突水情况提前预测预报，正式下达7份水害预测通知书，以书面形式告知相关部门可能发生涌突水的时间和位置，提前做好水害防治准备工作。尤其是2014年6月15日，提前48小时针对观测水位变化起伏比较大的情况，提前做出了21303工作面即将来水的预警通知书，第一时间告知矿上相关部门，下发预警通知单做好迎接来水准备。所预报的6.17突水虽然透水量大，但由于提前做好了准备，排水及时，因此未造成人员和设备损害，受到矿上相关领导的赞扬和认可。

三、主要技术路线与创新点

（1）发现了白垩系沙砾岩含水层下深埋特厚煤层综放开采条件下煤层顶板离层水害形成机理，提出了一种新的水害成因观点，即次生离层积水涌突致灾观点。综合运用采掘资料，提高了水害防治探查精度。

（2）发现煤层顶板离层积水赋存的两种类型，即裂隙型离层积水与空腔型离层积水，且空腔型离层积水涌突是造成工作面涌突水灾害的主要水源，为此类水害研究和防治指明了工作方向。

（3）提出了考虑采厚、采深和工作面长度的导水裂隙带高度计算公式，这一成果突破了导水裂隙带高度计算只考虑采厚的传统经验公式。与现行方法比较，具有更好的适用性。

（4）提出了以地面直通式导流泄水孔与井下探放水孔相结合的以离层积水疏放为主要手段，和以控制采高、推进速度、强化疏排为主要措施的离层水害综合防治关键技术体系。运用工程手段和技术措施相结合的综合防治技术，消除了突水灾害，提高了生产效率，应用效果良好。

（5）发现了顶板涌突水与白垩系沙砾岩含水层水位变化、覆岩破断等之间的联动规律，建立了以“监测孔水位＋覆岩破断距＋工作面来压＋支架异常状态＋围岩异常＋瓦斯释放速率突增”为核心指标的离层积水涌突联合预测预报关键技术系统。其所确定的水害联合预警的核心指标，提高了突水灾害预报精度，减少了安全事故，降低了生产成本。

（6）首次将研究区划分为自然保水开采区、可控保水开采区和保水限采区，提出了巨厚沙砾岩含水层下深埋特厚煤层保水采煤关键技术，以及矿区地下水灾害防治与矿井水资源化开发利用的新思路，从根本上解除了白垩系沙砾岩地下水对矿井开采的危害，并缓解了矿区供水紧缺的矛盾。首次提出巨厚沙砾岩含水层下保水开采，达到了兴利除害、绿色开采目的，提高了资源综合利用率。

四、工程效果和取得认识

基于对综放开采条件下深埋特厚煤层顶板导水裂缝带发育高度的探查分析，给出了黄陇煤田侏罗系特厚煤层综放开采导水裂缝带高度计算公式。提出了煤层顶板离层积水赋存的两种类型，即裂隙型离层积水和空腔型离层积水，且空腔型离层积水涌突是造成工作面涌突水害的主要水源。揭示了白垩系洛河组厚层沙砾含水层下深埋特厚煤层综放开采条件下煤层顶板离层水害形成机理，提出了研究区次生离层积水涌突致灾的观点；提出了以地面直通式导流泄水钻孔与井下探放水孔相结合的离层积水疏放为主要手段，以控制采高、推进速度、强化疏排为主要措施的离层水害综合防治技术体系。建立了以“监测孔水位 + 覆岩破断距 + 工作面来压 + 支架异常状态 + 围岩异常 + 瓦斯释放速率突增”为核心指标的离层积水涌突联合预测预报体系。

五、社会效益及经济效益

1. 社会效益

通过该项目的成功实施及技术应用，使该项技术成果极大地促进了黄陇侏罗纪煤田综放开采煤层水害防治工作的开展，也可应用于指导类似开采地质技术条件下的其他矿井的水害防治工作，极大地降低了煤矿水害事故的发生概率和水害事故给煤矿造成的损失，有效地保障了煤矿安全生产，保证了煤矿生产进度，保障了矿井采煤工人的生命安全，既推动了当地的经济发展，也维护了煤矿区的和谐稳定与发展。该项防治水技术推进了煤炭行业科技进步，提出了以地面直通式导流泄水钻孔技术为主的离层积水涌突综合防治体系。该技术的成功，不仅在理论上填补了次生离层积水涌突水害类型的空白，也为此类型水害的防治探索了一条有效途径。

2. 经济效益

在崔木煤矿开展的顶板水害预测及综合防治水技术工作，包括井下防治水钻探、地面泄水孔及相关技术服务，新增产值 4 亿多元，新增利润 1 亿多元。

案例三　煤炭资源开发项目

陕西郭家河井田煤炭资源开发

一、项目概况

郭家河井田位于陕西省黄陇侏罗纪煤田麟游北部勘查区。陕西省煤田地质局于 2000 年自筹资金开始在麟游北部地区实施地质调查工作，开展了 1 ∶ 50000 地质填图350平方公里，完成钻探进尺3216.76米；2002年10月，依法获得麟游北部普查勘查许可证，2003年5月—2004年5月完成普查工作，普查区面积180平方公里，完成钻探进尺9612.62米；2004年6月—2005年3月，完成详查工作，开展1：25000地质填图210平方公里，完成钻探进尺18154.24米。2007年7月—2008年6月，完成郭家河井田勘探工作，完成钻探进尺45424.34米。郭家河井田面积约94.61平方公里，可采储量4.29亿吨，煤层平均厚度11.57米，煤类为不黏煤（BN31），低中灰、低硫、高热值，有害元素含量低，平均发热量达到5300千焦/千克以上，是良好的化工及动力用煤。该矿井相对瓦斯涌出量为2.65立方米/吨，绝对瓦斯涌出量为28.6立方米/分钟，属低瓦斯矿井。

2008年6月，按照陕西省政府意见，依法将区块的一部分——郭家河井田探矿权转让给陕西郭家河煤业有限公司，由陕西郭家河煤业有限公司在该井田内建设陕西郭家河煤矿。

二、矿山建设情况

陕西郭家河煤业有限公司是徐州矿务集团、陕西省煤田地质局、宝鸡市国资委分别按照60.0%、32.5%、7.5%的股比于2007年12月合资组建的公司，注册资本9.5亿元。

陕西郭家河煤业有限公司建设的郭家河煤矿位于宝鸡市麟游县两亭镇，紧临210省道，距陇海铁路宝鸡东站100公里、虢镇站80公里，距宝汉高速约70公里。郭家河煤矿总投资约42亿元，服务年限约61年，是苏、陕两省经济合作的示范项目。

矿井自2009年3月开工建设，至2011年2月试生产，仅用了1年9个月的时间，创造了国内同类型矿井建设速度最快的“郭家河速度”。

矿井采用一井一面设计，主副井筒均为6°缓坡斜井，辅助运输采用无轨胶轮车，回风井和措施井为立井。矿井为一井、一区、一面，配套建设选煤厂及污水处理厂等。矿井设计生产能力500万吨/年，选煤厂年入洗能力1000万吨，采用世界一流的美国泰戈特技术，实现了全自动化控制，配套建设国内首家自动化汽车装车计量站，日装车能力最高达到2.6万吨，火车日装车能力达1万吨以上。矿井建设按照“国际领先、国内一流”的要求，建成了本质安全型矿井、生态环保矿井、数字化矿井，成为“产煤不见煤、是矿不像矿”的中国煤炭工业典范。

郭家河煤业全力打造“第四代”矿井，井上、井下均采用国际一流的高端装备，主要设备采煤机、工作面转载机、刮板运输机、支架铲运车、搬运车、多功能车、井下运人车、指挥车、工作面移变、泵站等均从德国、澳大利亚、英国等国进口，综合采煤机械化程度达到100%，综合掘进机械化程度达到100%，满足高效高产的生产能力。

郭家河煤矿地面建筑由国内一流的3个设计院联合设计，贯穿低碳经济、生态环保理念。汽车运输快速装运站是国内第一家安装全自动化汽车、火车装运技术，精确定量装车，平均每辆车装车时间小于60秒；井口房、太阳能原煤仓、成品仓、污水处理站、选煤厂等建筑均加装环保节能的太阳能发电设备；工业广场绿化率已达到60%以上。

三、绿色煤矿建设

陕西郭家河煤业公司自建设以来，强化生态环保的建设理念，突出“绿色矿井、科技矿井、人文矿井”主题，大力建设中国煤炭工业生态文明品牌矿井。

陕西郭家河煤业公司在国内率先将矿井开发建设与生态人文景观设计融为一体，同步开发“生产景观、环境景观、人文景观”，特别是矿区地面建筑设计贯穿低碳经济、生态环保理念，美观、实用、环保相结合，加大太阳能发电、太阳能热水等设施的应用，颠覆了传统的粗放型煤矿建设理念，从而实现人与自然的和谐并存，人与环境的和谐共存。

陕西郭家河煤业公司先后投资1664万元，对遭到破坏的护坡植被进行重新绿化，护坡绿化面积达到了1.32万平方米。在矸石山建设拦渣坝、排水渠、导流管等，矸石采用分层堆放，每层使用结束后覆土，并在覆土层种植植被，恢复原有样貌从而因地制宜保护矸石山环境，每年矸石合规处置率达100%。矸石山覆土造林累计投资2000余万元，覆土量约50万立方米，种植紫穗槐、草种800余千克，栽植松树15000余株。

陕西郭家河煤业公司将处理后的矿井水回用于井下防尘、灌浆、消防、地面绿化用水等，多余矿井水达标外排，矿井污水中煤泥经选煤厂压滤破碎后全部销售，避免了煤泥的二次污染。生活污水处理后全部回用于选煤厂工业用水。选煤厂煤泥水实现一级闭路循环不外排。

陕西郭家河煤业公司不断强化噪声、空气、煤尘等污染防治工作，2017年投资270余万元，对现用锅炉除尘脱硫系统进行改造，将除尘脱硫工艺改为布袋除尘+单碱法脱硫的工艺，进一步降低大气污染；并加大清洁能源利用，完成太阳能热水及地源热泵项目建设，投资2400余万元，安装太阳能发电板，所产生电量基本满足了路灯照明使用。

陕西郭家河煤业公司在生态环保建设方面做出突出成绩，先后获得首届陕西低碳绿色示范单位，宝鸡市环境保护工作先进单位，水利部黄河水利委员会水土保持先进单位，中国煤炭工业协会和中国煤炭加工利用协会评选的第七家生态文明矿井、煤炭工业节能减排先进企业等荣誉。

案例四　闭坑矿山修复治理项目

广州市白云区龙归硝盐矿闭坑矿山灾害治理

一、项目背景

龙归硝盐矿矿区位于广州市白云区太和镇永泰庄高桥庄，行政区划隶属广州市白云区太和镇管辖，面积3.084平方公里，矿山采用钻孔水溶法开采地下470~575米标高石盐及伴生无水芒硝矿。经过20年开采，矿区范围地下形成体积为909×10^4立方米的溶腔。在矿区开采期间，出现明显的地面沉降并且沉降速度较快。一采区在2015年出现轻微地震，于2016年6月30日全面关停，采卤井全部退出生产。矿区范围地表持续下沉，在采区及周边可见建（构）筑物裂缝、倾斜以及开采井管地面震动等现象，为缓变性地质灾害，沉降量大于50毫米明显沉降区面积达到1.03平方公里。在2018年末，Ⅰ采区最大沉降量达到1295毫米，Ⅱ采区最大沉降量达到1610毫米，对上覆的广州市轨道交通、北二环高速公路、广铁货运站场以及矿区内的房屋构筑物造成了影响。

二、项目主要内容

自2016年起分别收到广州市地质调查院、广州市地铁集团、广东南方碱业股份有限公司委托对龙归硝盐矿进行了灾害的勘查、评估及治理。

（1）受广州市地质调查院委托，实施了“龙归硝盐矿采空区可控源音频大地电磁法勘探”和“龙归硝盐矿采空区可控源地震波法探测”，精细查明溶腔发育位置、沉降影响范围及埋深，圈定盐溶腔范围或溶蚀边界，为龙归硝盐矿采空区地面沉降机理分析及防治评价提供依据。

（2）受广州市地铁集团委托，实施了广州市轨道交通14号线、3号线北延段龙归硝盐矿段安全评估勘查。该项目通过物探和钻探相结合的方法，探测溶腔的发育现状，塌落影响范围，进一步明确溶腔、矿层对构筑物的影响。结合已有地勘、沉降、变形观测、开采、封井等资料进行综合分析，对盐矿上覆的轨道14号线、3号线运行进行了安全评估。

（3）受广东南方碱业股份有限公司委托，实施了广州市白云区龙归硝盐矿闭坑封井工程1期、2期、3期（地质灾害治理）。该项目通过封堵采卤井实施了闭坑矿山灾害治理，因井内套管变形严重，施工条件复杂，通过边摸索边施工，施工方法采用从直封到铣封再到帷幕注浆，不断改进封井工艺，有效防止含水层之间连通造成卤水污染，减缓地面沉降。

（4）依托龙归项目，中煤地质总局广州局与中科院武汉岩土所合作进行了“龙归硝盐矿地面沉降灾害评估专项研究”联合攻关，开展了溶腔形态的探测和三维形态的综合分析，对矿区的沉降机理进行了分析，并应用 FLAC3D 三维数值模拟对沉降进行了反演和预测，评估了地面沉降对轨道交通设计、运营的影响。

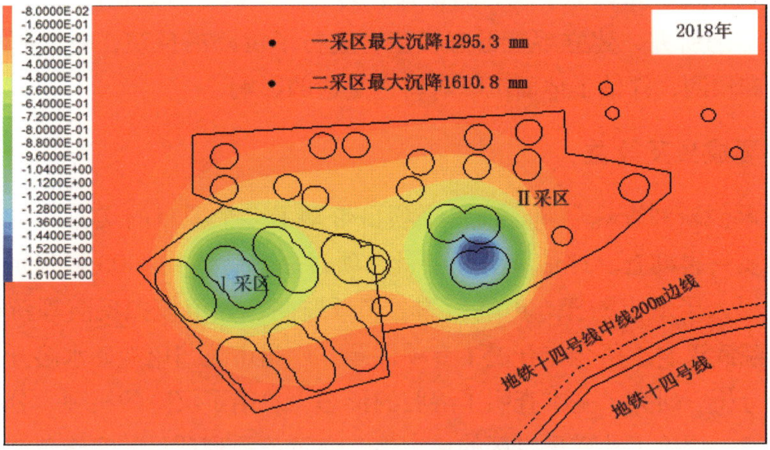

图 1　龙归硝盐矿地面沉降反演

图 2　陈毓川院士来龙归硝盐矿项目指导

三、主要技术（研究）手段及解决的问题

（1）物探、钻探。可控源音频大地电磁法，可控源地震波法，高密度电阻率法，钻探、综合测井，声呐探测、光纤监测、采样岩石力学分析等。

为龙归硝盐矿采空区地面沉降机理分析及稳定性评价提供依据，精细查明溶腔发育位置、沉降影响范围及埋深，探测溶腔的发育现状、塌落影响范围，明确溶腔、矿层对地表构筑物、轨道交通设计、运营以及广铁货运站场的影响等。

（2）闭坑矿山灾害治理。对闭坑硝盐矿用封堵采卤井进行地质灾害治理，施工方法采用从直封到铣封，有效防止含水层之间连通造成卤水污染，同时阻止或者延缓硝盐矿的溶解，减缓地面沉降。

（3）专项课题研究。基于现有的钻探、物探、测试分析数据以及沉降监测数据，开展了溶腔形态研究，建立溶腔形态模型，进行了沉降的反演，对地面沉降的规律进行了分析和预测，评估了地面沉降对轨道交通的影响。

四、主要成果及效益

通过技术创新和管理创新，以一个项目带动了多个项目的实施，系统筹划了龙归硝盐矿地质灾害勘查、评估和治理项目，项目总造价达到4000多万元。该项目实施过程中，引入了城市物探、声呐探测、光纤监测、数值模拟反演等新技术、新方法，与中科院武汉岩土所合作开展了专项课题“广州市龙归硝盐矿水溶开采溶腔研究及地面沉降分析”研究，基本查明了溶腔的形态，总结了沉降的机理，分析预测了地面沉降的规律，评价了盐矿采空区的稳定性，通过该系列项目的实施总结提炼了“盐矿采空区地下溶腔复杂形态地下地上联合探测技术”“复杂变形卤井封井经验”，挖掘了“一种简易洗井器”“一种封井用树脂柱塞”两个实用新型专利，获评了中国煤炭地质总局2019年优秀成果奖。切实为地方政府减灾排灾做出了贡献，履行了企业的社会责任，取得了较好的社会效应。同时，通过评估治理提升了土地增值空间，为后续的土地整治及综合利用创造了可能。

案例五　“一带一路”沿线国家地质技术服务项目

吉尔吉斯共和国比什凯克市供水及排水系统修复工程

一、项目概况

为响应习近平总书记提出的“一带一路”倡议，陕西省煤田地质集团积极实施“走出去”战略，积极鼓励所属子公司发挥自身优势开拓国际市场，立足全球配置资源，开展国际化经营。部署陕西天地地质公司（以下简称“陕西天地”）大力开拓中亚地区地质技术服务市场，并于2017年8月以269.5908万欧元中标吉尔吉斯共和国比什凯克市供水和排水系统修复工程（第二阶段）奥尔托－阿雷什水源地35座钻井钻探工程。

二、工程实施

2017年11月10日，陕西天地在比什凯克市设立吉尔吉斯斯坦工程部，12月5日，该项目正式开工。比什凯克市市长伊布伊拉莫夫·奥比克·萨比拉比克维奇参加了开工仪式。

该工程施工区地层复杂，涌水量大，水井孔径大，极易出现钻具断裂、探头石卡钻、井斜过大等事故，成井困难，且工人缺乏在该地层的施工经验。陕西天地工程部坚持每天召开例会，组织各机长分析交流并解决当天现场出现的安全隐患、质量风险等问题，边生产边学习，在生产中提高经验；并根据地层地质情况，及时改进施工工艺（变“成井—下管”为“成井—下管—成井—下管”），降低施工难度和事故发生概率，调整施工顺序（变“成井抽水单线施工”为“成井抽水双线平行施工”，变“先抽水后平台”为“先平台后抽水”，变“先施工完再善后”为“边施工边善后”），减少辅助等待时间，提高施工效率。

陕西天地工程部严格落实安全责任制，编制专项安全施工措施及应急预案6份，消防应急演练1次，整改各类安全隐患50次，实现了无上等级安全事故发生的目标。

2018年6月20日，比什凯克市副市长伊萨克·埃尔金贝克·库门诺维奇先生代表市长参加了中期验收活动，对陕西天地按期完成15口水井中期任务，缓解比什凯克市南部居民供水压力所做的工作表示感谢。

三、工程效果

该项目于2018年12月20日完成了野外工程。2019年6月18日，吉尔吉斯斯坦国家监察委员会组织专家组对该工程进行了评审验收，验收质量优质。项目共完成水源井35口，钻探进尺6000延米，完成产值267.9万欧元（约合2080万元人民币），项目净利润超过10%，比合同工期提前3个月竣工。

该项目极大地缓解了比什凯克市南部居民供水压力，受到了业主方和比什凯克市市长的肯定和感谢。

老挝万象平原班海矿区钾盐勘查开发

一、项目背景

我国是全球钾肥消费量最多的国家，但钾矿资源极其缺乏，约80%的钾肥依赖进口。老挝万象平原蕴含巨大的钾镁盐矿藏。2000年11月，我国原国土资源部与老挝政府签订了勘查开发万象盆地钾盐的原则性协议。2006年2月，中国水电建设集团国际工程有限公司积极实施“走出去”战略，充分利用国内外“两种资源，两个市场”，与老挝政府签订了老挝万象平原钾盐矿战略合作协议。2007年，中国水电矿业（老挝）钾盐有限公司在老挝首都万象市注册成立，注册资本为3000万美元，此后取得了老挝万象平原1360平方公里钾盐矿探矿权。

2009年，江苏煤炭地质局通过公开招标中标此勘查项目，综合采用地震、重力、钻探、测井、化验测试等勘查手段对老挝万象平原进行钾盐勘查。

二、项目概况

万象平原位于老挝人民民主共和国的中部，属万象首都和万象省管辖。其西北及北部为中低山区，南以湄公河与泰国隔河相望。班海勘查区位于万象平原的东部。

1. 项目实施过程

本项目工作起止时间为2009年12月—2011年2月。

2009年12月—2010年1月，江苏煤炭地质局依据前期地质资料研究分析，对勘查区钾盐赋集潜力较大的班海地区展开了1∶50000的重力勘查工作，共完成重力工作面积70平方公里，重力点数合计281个，质量检查点19个，编制并提交了《老挝班海地区钾盐矿1∶5万 重力勘查报告》。

2010年2—3月，江苏煤炭地质局组织开展并完成了1∶25000专项水工环地质调查，调查面积277平方公里，观测路线468公里；完成重点区专项水工环1∶10000地面调查20平方公里，观测路线96公里。

2010年2—5月，江苏煤炭地质局组织实施并完成了重点工作区二维地震工作，共完成地震测线21条，测长93.89公里，物理点4065个（其中，试验物理点19个，生产物理点4046个），比设计多完成29个。

2010年2月—2011年2月，江苏煤炭地质局在矿区内组织施工了钾盐勘探孔14个，总工程量6982.11米。其中，抽水孔1个，工程量466.66米，综合测井6937.20米，钻孔综合评定均为甲级孔。

图1 项目设计论证会

图2 野外踏勘

图 3　地震施工现场

图 4　钻探施工现场

图 5　钻探施工现场

2. 完成的工作量

2009 年 12 月—2011 年 2 月，江苏煤炭地质局在老挝万象平原班海重点工作区，采用重力测量、水工环调查、二维地震、钻探、测井、样品分析测试等综合勘查方法，共完成 1 ： 50000 重力测量 70 平方公里；1 ： 25000 专项水工环地质调查 277 平方公里，1 ： 10000 专项水工环地质调查 20 平方公里；二维地震测线 21 条，测线长 93.89 公里，物理点 4065 个；钻探孔 14 个，总进尺 6982.11 米，其中水文孔 1 个，工程量 466.66 米，抽水试验 1 次；物探综合测井 6937.20 米；采取并化验基本化学分析样 391 件，组合分析 46 件，全分析 20 件，光谱分析 11 件，岩石物理力学样 32 组，岩矿鉴定样 27 件，小体重样 60 件，水化学分析样 24 件。

3. 取得的主要成果

本项目通过重力、二维地震、水工环调查、地质钻探、地球物理测井、采样化验等多种勘查方法和综合分析研究，在班海勘查区内通过二维地震勘探圈定的重点工作范围超过 80 平方公里，通过地质钻探圈定出纳格浩和温嘎包 2 个钾盐赋存较稳定的矿段，其中纳格浩矿段圈定的资源量范围为 8.52 平方公里，温嘎包矿段圈定的资源量范围为 2.62 平方公里。

本次对班海工作区的施工，详细查明了工作区内的地层层序、时代及构造特征，以及塔贡组下段（第一旋回）第一亚段顶部为区内赋存较稳定钾盐主矿层。地震勘探揭示重点含矿区纳格浩矿段构造相对简单，地层倾角较缓，一般为 5°~20°。钻探揭露地层层序明确，矿层较厚。

班海工作区含矿地层为塔贡组 3 个旋回（上段、中段、下段），在纳格浩矿段发育齐全，厚度较稳定，各旋回上亚段为泥岩，下亚段为石盐岩，局部第三旋回石盐岩缺失，仅残余一层硬石膏层。本次勘查把赋存与各个旋回的钾盐矿层分别用 1 矿层、2 矿层、3 矿层命名。第一旋回顶部钾盐矿层厚度为 2.45~106.35 米；第二旋回顶部矿层较薄，未估算资源量。

本次勘查估算了钾盐矿石量和氯化钾（KCl）资源量的同时，对钾盐矿层中的氯化钠（NaCl）、氯化镁（$MgCl_2$）及溴（Br）矿也进行了资源量估算，本次采用的估算方法为地质块段法。

截至 2011 年 2 月 28 日，估算老挝万象平原班海勘查区内主矿产（KCl）资源量：KCl 资源量 11906 万吨，矿石资源量 75628 万吨，平均品位 15.74%。其中，探明的 KCl 资源量（331）4667 万吨，平均品位 15.01%；控制的 KCl 资源量（332）1303 万吨，平均品位 16.52%；推断的 KCl 资源量（333）5936 万吨，平均品位 16.20%。

其他矿产：$MgCl_2$ 资源量 15345 万吨，平均品位 20.29%；Br 资源量 749896 吨，平均品位 0.0992%；NaCl 资源量 2.88 亿吨，平均品位 38.08%。

三、项目效益及影响

2009 年 12 月 28 日，中国水电矿业（老挝）钾盐有限公司在老挝万象平原获批 39.33 平方公里区域钾盐矿开采权，该项目在 5.8 平方公里矿区内已探明氯化钾矿石储量约 7000 万吨，公司拟投资 9465 万美元进行 12 万吨 / 年钾肥试生产加工。

2010 年 1 月—2013 年 6 月，中国水电矿业（老挝）钾盐有限公司引进、消化、吸收了德国先进的选择性溶解开采技术和热溶结晶加工工艺，在中国水电各级领导密切关注、运筹帷幄并亲临现场指导下，钾盐公司与设计、监理、施工、厂家单位紧密配合，并肩战斗；广大职工遵守指令，认真操作，克服了高温、多雨、潮湿气候，攻克了初期卤水浓度低、设计不完善、设备故障多等诸多困难，顺利完成了中国水电矿业（老挝）钾盐有限公司钾盐一期 120 千吨 / 年项目的工程设计、施工建设、设备采购、安装调试、投料试车等工作。

2013 年 6 月 27 日，中国水电矿业（老挝）钾盐有限公司第一批钾盐胜利产出，经过检测，产品氯化钾含量超过 98%，质量为一类优品。这标志着中国水电矿业（老挝）钾盐有限公司钾盐一期 120 千吨 / 年项目通过两个月的投料试车，钾盐生产的工艺流程已全部贯通，采输卤设备、加工设备通过了初步验证，运行队伍得到了系统锻炼。

图 6　带式过滤机上正在浓缩的钾盐

图 7　已包装的中国水电矿业（老挝）钾盐有限公司第一批钾盐

图 8　2013 年 8 月中国驻老挝大使关华兵一行视察老挝钾盐矿项目工厂

图 9　2013 年 5 月公司领导到老挝钾盐矿项目现场视察指导工作

图 10　2013 年 12 月中水股份公司领导赴老挝钾盐矿项目现场调研指导

2014 年 3 月，中国水电矿业（老挝）钾盐有限公司氯化钾累计产量突破 10000 吨。同年 10 月，中国水电矿业（老挝）钾盐有限公司氯化钾累计产量突破 20000 吨，并在全体员工的共同努力下，单月氯化钾产量首次突破 5000 吨大关。2014 年，中国水电矿业（老挝）钾盐有限公司全年累计生产合格氯化钾产品达到 30004 吨，年产量成功突破 30000 吨大关，完成了公司年度生产任务。

2015 年 1 月，中国水电矿业（老挝）钾盐有限公司在全体员工的共同努力下，单月产量首次突破 6000 吨大关，当月生产合格氯化钾 6291 吨。

现在，中国水电矿业（老挝）钾盐有限公司一期 120 千吨 / 年项目已顺利达产，产品销往新加坡、美国等国家。远期将建成年产 100 万吨的钾盐生产规模。

截至 2017 年底，中国对老挝累计直接投资达 68.9 亿美元，占中国对“一带一路”沿线国家直接投资存量 1437.7 亿美元的 4.8%，项目 771 个，几乎涉及其经济的各行业。老挝已成为“一带一路”沿线接受中国海外投资企业数排名第四和中方海外园区数第三位的国家。

案例六　地下工程勘察、施工项目

20世纪80年代中后期，在做好煤炭地质勘查主业的同时，广东煤炭地质局（以下简称“广东煤地”）经过结构调整，响应国家地质勘查单位多种经营的号召，积极适应广东省改革开放及经济发展的需求，依托自身地下专业技术、施工设备状况、管理人才优势等条件，以“中煤江南”作为央企驻粤品牌，获得了原建设部首批核定的地基与基础工程专业施工壹级、工程勘察综合类甲级等地下工程高等级资质。初步构建“小局大公司”框架，在创业初期，以“摸着石头过河”的探索精神，在原来人员紧张、设备简陋的情况下，不断发展壮大，打造出了地基与基础工程专业施工行业的“中煤江南”品牌。近年来，在广东省、广州市各级领导的关心支持下，广东煤地立足广东、服务广东、贡献广东，进一步投身于城市地下空间研究与探测、基础设施建设及各项发展建设，逐步形成了“工程勘察、岩土设计、基础施工”“三位一体”的发展格局，积极参与全国轨道交通运输、基础设施、重大工程的建设，充分融入地方经济发展。

先后参建了广州市人民桥、广州新白云国际机场、广州地铁、广州大学城、广州亚运会场馆、广州塔、广州科技产业园等省、市、区重点地下勘察及基础工程建设；承接了天津、江苏、浙江、云南、江西、湖南、湖北等十几个省份的地铁项目及重点项目施工建设；参与了援坦桑尼亚取水，及我国香港西部铁路建设、澳门轻轨、澳门工业园、珠澳口岸等多个项目，共完成了各类项目5000余项。多次获得优秀工程奖项，包括“广东省建设工程优质奖（金匠奖）”、广东省“安全文明样板工地”等，并连续18年被授予广州市“守合同重信用企业”，获得AAA级诚信企业认证。基于多项国家级工法专利的创新研发，获得“高新技术企业”认证，荣获“广东省基础工程施工强企”“中国基础工程施工企业十强”等称号。

图1　武汉恒隆广场发展项目

图2　施工澳门氹仔地下停车场工程

图 3　珠江新城 N5-1 地块基坑支护工程

图 4　广州猎德综合发展项目基坑支护

图 5　武汉中城国际深基坑工程

图 6　宁夏中卫黄河盾构隧道穿越工程

图 7　广州塔建设项目

图 8　珠海万菱环球中心基础工程

一、工程勘察案例

1. 广州市轨道交通 12 号线 KC-8 标段（岭南广场站—大学城南站段）岩土工程勘察项目（地铁工程勘察）

项目勘察线路长约 12.1 公里，包括 8 站 7 区间及大学城南停车场和出入场线。区间均采用盾构法施工，车站主要采用明挖法施工。勘察方法完备，种类齐全。初勘和详勘总共完成钻孔 1901 个，总进尺 79400 米；进行了地质调查与测绘；原位测试进行了标准贯入试验、重型动力触探、旁压试验、波速测试、抽水试验等；物探检测采用电阻率测试、地温测试、有毒有害气体测试、氡气测试等方法；采取水、土和岩样进行相应的室内物理和力学试验。通过勘察，查明了场地的工程地质和水文地质条件，分析评价了地基、围岩及边坡稳定性，预测了可能出现的岩土工程问题，提出了地基基础、围岩加固与支护、周边环境保护方案建议，提供了设计、施工所需的岩土参数，满足了隧道施工图设计要求。

广东煤地先后完成了广州地铁 21 号线、11 号线和 12 号线的岩土工程勘察工作，培养了地铁勘察的专业尖兵，获得了广州地铁建设集团的认可，参加的 21 号线岩土工程勘察获得了广州市 2020 年度优秀工程勘察设计行业一等奖（勘察 / 岩土组）。

2. 东海岛石化产业园区港南大道（含延长线）项目（市政工程勘察）

该项目主要由 4 个部分组成：①港南大道主线，路线长度约 7.25 公里；②港南大道东延线，路线长度约 3.89 公里；③连接疏港公路与港南大道主线的 3 条通道，路线总长度 0.84 公里；④中科园区一、二、三号规划路，路线长度约 2.65 公里。勘察采用钻探取样、原位测试（含标准贯入试验）、室内土工试验等综合工艺。项目现场具有较多水域，最终完成的水上钻孔达 254 个，进尺 15724.7 米；陆地钻孔 177 个，进尺 7206.8 米。本次勘察共组织了 8 台水上钻机，在不同于陆上场地环境的条件下，采用水上钻探浮平台，通过锚体固定克服了地表水体波动带来的勘察扰动，获得了可靠的地质资料。通过勘察，查明了工程地质条件，对道路、箱涵、桥梁地基基础方案提出了合理建议，为编制施工图设计、施工文件提供了地质依据。

根据市政勘察工程特点，成立了专门的市政勘察精兵。特别是，针对水上勘察，经过多个项目的磨炼，形成了完善的水上勘察作业工艺，从水上勘察操作、质量到安全，建立了广东煤地勘测自己的一套体系，把广东煤地勘测从单一的“陆军”转变为“水陆两栖”勘察队伍，拓展了公司营业范围，提升了公司市场竞争力。

3. 广州设计之都 D 地块、F 地块岩土工程勘察项目（房建工程勘察）

该项目场地隶属广州市白云区管辖范围，其中 D 地块总用地面 10230.00 平方米，地上建筑面积约 5735.57 平方米，地下建筑面积约 18142.55 平方米。F 地块总用地面积 7121.88 平方米，地上建筑面积约 169.00 平方米，地下建筑面积约 12561.60 平方米。勘察综合采用收集资料、钻探、标准贯入试验、抽水试验、波速测试、采取土（岩、水）试样进行室内试验等多种方法和手段进行详细勘察工作，共施工详勘钻孔 77 个，进尺 3181.81 米。通过勘察，查明了场地的工程地质、水文地质条件，分析评价了地基稳定性，预测了可能出现的岩土工程问题，提出了地基基础处理方案建议，提供了设计、施工所需的岩土参数。特别是，场地是灰岩区，目前场地实施的 77 个钻孔中揭露有溶洞的有 39 个，钻孔见洞隙率达 50.6%，为岩溶强烈发育场地，可能造成地面沉陷，对工程设计与施工不利，需充分考虑溶洞对本工程的影响，必要时进行处理。

对于南方的房建项目，岩溶这种不良地质是影响其地基基础的重要因素。从最基本的岩溶钻探工艺研究入手，形成了一整套岩溶勘察方法，运用于广东、广西等灰岩地区勘察工作中，取得了极好的效果。该项目为公司在传统的房建工程勘察领域，打造了勘察优势拳头产品，增加了房建勘察水平厚度，提高了房建勘察市场优势，保持了勘察公司在传统房建勘察领域的竞争力。

4. 四川泸州机场迁建工程岩土工程详细勘察项目（机场工程勘察）

迁建的四川泸州机场为军民合用机场，民用部分飞行区规模 4C，军用部分等级为军用三级，建设内容包括跑道、滑行道、机坪、民航航站区与工作区、军队营区、阵地等，总投资 81 亿元。建筑场地为红层浅丘地貌，地形坡度一般为 0~15°，最大填方高度 43 米。主要为第四系植物土（Q4 pd）、粉质黏土（Q4 dl+el、Q4 al+pl）和下伏侏罗系沙溪庙组上段（J2s 2）砂岩、泥质粉砂岩，其物理力学性质、厚度、分布范围在纵向和横向上差异均较大，为典型不均匀地基。主要工程地质问题为：地基不均匀性问题，软弱土问题，地下水问题，填方边坡稳定性问题，全强风化砂岩和泥岩遇水崩解软化问题，全强风化砂岩压实问题，砂层、粉土和全强风化砂岩施工振动液化问题，尤其是大面积红层填筑地基稳定性问题严重制约了建设工期和投资。

针对场区地形地貌特征、水文地质工程地质条件、存在的工程地质问题展开勘察工作，并结合工程实践进行“红层地区机场勘察技术方法体系”“大面积红层填筑地基地下水工程效应”“大体积全强风化红层砂岩原状土样采样及保护方法”等研究，查明了场地的地质条件、岩土工程特性、红层土石比、大面积填筑地基地下水工程效应等，提出了合理的地下工程抗浮水位，大面积红层填筑地基地下水位监测方法、要求，道槽区、主沟区、水平排水层和填方边坡区地基处理和土石方工程密实的方法、要求和建议等。勘察和研究成果被采纳，节约投资 3500 万元以上，缩短工期 235 天。

二、地下工程施工案例

1. 珠海万菱环球中心桩基础工程项目

该项目位于广东省珠海市香洲区水湾南路西侧、侨光路南侧、莲花路东侧，场地内拟建 2 栋超高层建筑及裙楼，4 层地下室。本场地现状为旧楼的 3 层地下室结构需要拆除。本场地南侧有多栋多层房屋，其他三侧均为市政道路。基坑底面标高为 -19.9 米，基坑开挖深度 17.45~20.65 米，基坑内边周长约 450 米，基坑面积约 11300 平方米。本基坑支护工程为临时性结构，安全等级为一级，基坑设计使用年限为一年。本工程主体基坑采用“地下连续墙 + 四道混凝土内支撑（板）”，地下连续墙同时作为止水帷幕及新楼地下室侧壁（两墙合一），连续墙顶设置冠梁。

珠海万菱环球中心总建筑面约 28.7 万平方米，将打造成为涵盖“商务区、住宅区、商业区”的大型城市综合体，出现高达 337 米的主塔与 208 米高的副塔建筑，成为拱北新地标。珠海万菱广场复（扩）建工程地处拱北口岸旁，从 20 世纪 90 年代筹建到如今改（扩）建，横跨两个世纪，一举一动都引人注目，合同额约 1.75 亿元，地下室由两层改（扩）为四层，技术难度大，众多单位望而却步，有的进场后束手无策而退场。公司勇挑重担迎难而上，通过不断的技术革新，一举解决了大厚底板切割技术、废旧管桩处理技术、旧地下室底板加固技术、底板面成桩技术、超深超大桩成孔技术、悬空段泥浆回流技术，为项目顺利实施打下坚实的基础。现在项目正在有序推进，建成后将成为拱北的新地标。该项目也吸引了同行业的考察参观。通过该项目有效印证了广东煤地在地下空间领域的攻坚克难、能打硬仗的能力和在行业中的独特地位。（广东煤炭地质局，2018）

2. 龙光深圳前海项目桩基础项目

深圳前海 48 亩项目基坑面积 28949 平方米，基坑周长约 665 米，基坑深度 5.1~10.4 米，坑中坑深度 1.7~5.1 米。该项目支护桩 826 根，工程桩数 578 根，工程桩最大桩径 2.6 米，最深达 85 米以上。该项目合同额 1.75 亿元，合同工期 65 天。项目地处前海，场内分布深厚淤泥和抛石回填地层，地质条件复杂，成孔难度大，且场地面积小，不利于全面部署施工。

广东煤地勇挑重担，迎难而上，项目一开工就进入高峰期，大型施工设备超过 80 台套，土方车、混凝土车约 400 辆，狭小的场地上施工设备和运输设备虽密布，但运行井然有序，用 60 多天时间安全地、保质保量地完成了 1.7 亿元施工任务，展现了“深圳速度”，赢得了行业内和业主的高度认可。（广东煤炭地质局，2020）

3. 武汉恒隆广场桩基础项目

该项目位于湖北省武汉市汉口硚口区，占地 8.2 万平方米，开挖面积约 7.8 万平方米，总建筑面积约 72 万平方米。包括一栋 348 米高的办公大楼、三栋公寓式酒店（分别高约 157 米、176 米、198 米）、裙房（高约 50 米）及三层地下室。此项目为集办公、公寓式酒店及商业为一体的综合商业广场，是武汉市标志性建筑。造价近 8 亿元，基坑周长约 1291 米，基坑开挖面积约 7.8 万平方米，基坑开挖深度最深位置达 27.3 米。基坑支护结构采用地下连续墙加四道混凝土支撑，三轴搅拌桩作止水。工程桩、立柱桩共 5162 根。土方 152 万立方米。累计投入大型施工机械 100 余台，管理人员 135 人，各类设备操作手、技术工人 574 人（高峰期达 700 人以上），专职安保人员 25 人。（广东煤炭地质局，2014）

案例七　地质技术服务乡村振兴项目

广东仁化夏富村地质文化村调查与建设示范

一、项目概况

该项目为中国地质环境监测院承担的“全国地质遗迹立典调查与评价”子项目之一，由中国煤炭地质总局广东煤炭地质局勘查院实施。项目周期为 2019 年 4 月至

2020年11月。通过在夏富村开展地质遗迹调查并结合环境地质调查，系统查明并综合研究夏富村内的各类自然资源，尤其是地质遗迹资源及人文资源，进行科普创作，建设科普解说系统；建设“地质+自然教育”模式的夏富地质文化村。

二、广东仁化夏富村简介

夏富村隶属广东省韶关市仁化县丹霞街道，地处丹霞山世界地质公园核心，距离仁化县城约15公里，距离广州市260公里，依锦江而建，水口盘旋，奇峰秀丽，水美粮足，地杰人灵。自南宋理宗年间建村至今已有近800年历史。京广铁路、南韶高速、乐广高速公路通过区内，阅丹公路、环丹碧道从村中经过，交通十分便利。夏富行政村共有8个自然村12个村民小组，户籍人口625户2567人。夏富村耕地面积2407亩，山林面积5万余亩，山林覆盖率70%以上，空气质量上乘。丹霞山石斛种植面积500多亩，种植户数53户，水稻种植面积3711亩。地质文化村建设主要为夏富自然村（夏富古村），占地面积300多亩，李姓人口1739人，占村人口总数的90%。全村经济主要是种植业，发展了沙田柚、柑橘、篙竹三大农特产品产业，村集体收入13.96万元/年，2019年人均纯收入达到2.07万元。村里瞄准乡村旅游的商机，逐渐发展了农家乐、民宿等经济。

村中至今保留着许多明清、民国时期的原始建筑，2011年被列入广东省第三批古村落，2013年被评为“广东省最美古村落”，2015年被列入广东省旅游名村。

地质遗迹资源。夏富村坐落于锦江下游的最后一块河漫滩平原，东临龟尾子、倚头岭，西望姐妹峰、上天龙、童子拜观音等象形丹霞地貌及由其构成的西部群峰景观。丹霞地貌主要为一套白垩纪丹霞组与长坝组，属河湖相红色碎屑堆积地层。锦江夏富村段长约8公里，整体呈大S形。河流地貌类型丰富，发育有江心洲、曲流河、河漫滩、河流阶地、边滩沉积等，局部可见古河道沉积二元结构。夏富村北西南三面丹山横亘，临东一湾锦水抱绕田园，丹山碧水相辉映，异彩纷呈。

动植物资源。特殊地质条件孕育独特生境。丹霞山拥有丰富的自然资源及生物多样性，已知高等植物有2266种、动物有1540种，为夏富村科普、研学搭建了优越的平台。夏富古村内有树龄在300年以上的古榕树7棵，荷花池塘多处，巴孖园铁皮石斛培育基地和沙田柚果园多处，春可赏花，夏可观荷，秋可摘果，冬可品味，依山面水，广有田园，是生态宜居的最佳选择。

其他自然资源。夏富村内的泉水出露少，地下水资源不丰富，土壤类型以赤红壤与红壤为主，适合种植多种植物，富含对人体健康有益的硒、锌元素，造就了夏富地沃人勤、粮米丰足，养出了夏富“五个三”特产，即夏富三宗宝，黄糖、淮山、沙田柚；夏富三特产，酸笋、萝卜、红花藕；夏富三点心，糖瓜、煮柚皮、花生；夏富三盘菜，石螺、坭鱼、红烧肉等。

社会与人文资源。夏富村历史源远流长，自李子乙携族人迁居于此建村，至今

（a）江心洲

（b）曲流河

（c）二元结构

（c）上天龙

（d）童子拜观音

（e）姐妹峰

（f）仙山琼阁

图 1　夏富村典型特色遗迹资源

（a）夕阳下古榕树

（b）荷花池塘

（c）油菜花地

（d）沙田柚

（e）铁皮石斛

图 2　夏富村特色植物资源

已有近800年历史，曾是锦江下游的第一商埠，文化底蕴深厚，主要包括宗族文化、建筑文化、民俗文化和其他文化。夏富村内完整保存了明清、民国时期的中西结合建筑4处、青砖古瓦式徽派建筑10多处，较为典型的有明代李氏宗祠和中西结合式古门楼。李氏宗祠是夏富村宗族文化的代表，其内厅有副对联写着“派出陇西世泽绵绵多先哲，卜居夏富瓜瓞芍芍有后贤”，道出了夏富先人的由来及对子孙后代的美好祝福与期望。村内地质元素随处可见，除了大量由不同岩性的鹅卵石堆砌而成的墙壁以外，还可见大量由红砂石加工制成的各类生活用具和建筑材料，如石井、石磨、石阶、石柱、石墩等。许多传统建筑仍保留有“门当户对”建筑装饰构件，纹饰美观。“门当”常由一对红色砂岩制成的石墩或石鼓组成。“户对”指的是大门顶部装饰门框的木质门簪，通常呈正方形或圆形，刻有八卦、花朵、同心圆状的雕纹。

夏富村民俗文化活动更是多姿多彩，作为市级非物质文化遗产，“装故事”和“闹春牛”是夏富古村的传统民俗活动，迄今已有300年以上的历史。

1. 成果简介

（1）系统查明特色地质遗迹及相关资源。丹霞山已调查的地质遗迹点共387处。通过对夏富村各类自然资源与人文资源的系统调查，全面摸清了夏富村及其周边地区的34处地质遗迹点，主要包括地貌景观和地质灾害两大类，最具特色的地质遗迹主要有曲流河、江心洲、河漫滩等河流地貌，以及姐妹峰、上天龙、童子拜观音等象形丹霞地貌。夏富村锦江河东岸是观西部群峰、赏丹霞日落最佳点，两岸竹林、田园风光与西部群峰构成的仙山琼阁景象令人流连忘返，后期在这里可设置观景台，打造成为网红摄影打卡点。

（2）通过分析测试及评价分析，查明了村内土地质量环境和水资源环境，生物资源具有多样性和代表性，为科普研学提供了理论支撑和现场教学素材。

基于“地质 + 自然教育”的建设模式进行科普创作，建设科普解说系统。编制科普解说牌21块、指示牌12块。

科普广场：夏富村文明实践广场作为科普活动场所，用以组织知识竞赛及其他活动。

科普长廊：在新村委会办公楼对面建设科普长廊1处，统一摆放10块科普解说牌，从地质遗迹资源、人文资源两方面，叩问“山从哪来、山到哪去；水从哪来、水到哪去；人从哪来、人到哪去”，追溯夏富村的前世今生，科普河流地貌与丹霞地貌的地质成因和形成过程。

地质科普一角：村文化室设置地质科普一角，用以摆放丹霞地貌、河流地貌形成过程、丹霞地貌研究历程及其他科普宣传材料，石磨、石凳等红砂岩制成的生活用品和各类岩性的鹅卵石标本。

设计开发多种地学文化产品与人文产品。编制了夏富地质文化村Logo、科普导游手册、研学手册、丹霞山地质科普学堂宣传折页、地质年代成长尺、《丹霞诗记》、

（a）夏富古村

（b）李氏宗祠　（c）文星里大门

（d）徽派建筑　（e）中西结合建筑　（e）鹅卵石墙

（f）马头墙　（g）古井　（h）古井　（i）石磨

（j）石阶　（k）石柱　（l）户对　（j）门当

图 3　夏富古村特色建筑

（a）Logo

（b）地质科普一角

（c）科普长廊

图 4　夏富村科普设施

（a）导游手册

（c）研学手册

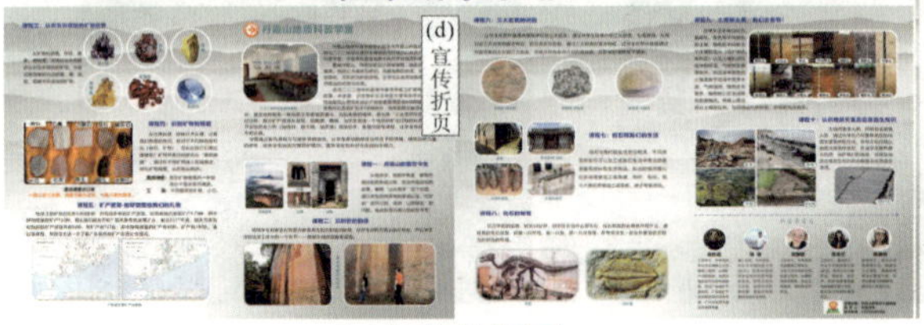

（d）宣传折页

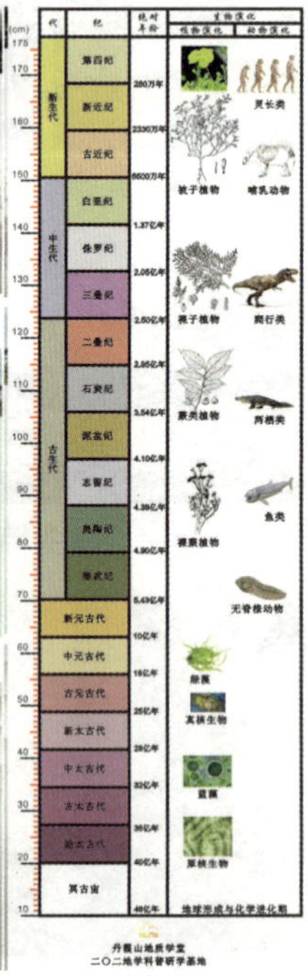

（b）成长尺

图 5　部分地学文化产品

夏富地质文化村宣传视频、夏富地质文化村图集等。其中，地质文化村标志以草书“富”为框架，融入了“童子拜观音”“曲流河”等地质元素和特色“居民建筑”特点。

（3）发展“地质 + 自然教育”的科普研学产业，助力乡村振兴。

设计 3 条科普研学路线，分别是夏富古村 – 红石情缘科普路线、河流地貌 – 农耕科普路线、锦江绿道科普路线。

创办丹霞山地质科普学堂。该学堂设在夏富村，成功入选 2020 年丹霞山科普小镇科普学堂（达人），开设 10 门地质科普研学公益讲座，组织地质寻宝活动、地质工作体验、认识三大岩类等科普体验活动。村中已有沙田柚、贡柑、莲藕等种植与采摘，制作豆腐、糍粑等美食，摄影、绘画、素描、雕刻等特色古建筑，“装故事”“舞春牛”等风土民情研学体验活动。

（a）认识沉积韵律

（b）化石的秘密

（c）地质寻宝活动

（d）制作糍粑、豆腐

图 6　研学体验活动

打造“民宿 + 科普学堂”模式的特色民宿。地质文化村建设将与“丹霞彩虹”夏富新村项目融合，在拟建的 26 栋 76 户民居中嵌入地质年代、岩石、化石、矿物等地质元素，打造以地质为主题的“民宿 + 科普学堂”模式特色民宿，作为研学课程设计的寻宝点，为自然教育科普研学提供室内教学场所，带动夏富村特色农家乐经济的发展，助力乡村振兴。

2. 成果意义

丹霞山世界地质公园丹霞山科普小镇将科学名山与当地社区融合发展，形成了全国独一无二的科普产业化社区，提供了优质的生态旅游和特色科普服务，创造性地建立了“民宿 + 科普学堂”特色民宿模式，成为中国世界地质公园的一张名片。

夏富村由于地处丹霞山世界地质公园、丹霞山世界自然遗产的核心区域，限制了夏富经济发展。丹霞山管理委员会、仁化县政府、仁化县自然资源局和夏富村委会等大力支持夏富地质文化村建设。该项目依托丹霞山科普小镇，充分发挥夏富村地质地貌、人文资源的优势，与夏富新村规划融合，建设以“地质 + 自然教育”为主题的地质文化村，阅丹公路、丹霞碧道、锦江曲流河等景观将大大拓宽夏富农家乐活动，丹霞山地质科普学堂丰富了丹霞山科普小镇地学科普，吸引了更多游客、研学团队到夏富古村，形成以地质为主题的自然教育科普研学产业，助推夏富经济发展，使夏富地质文化村成为丹霞山科普小镇的又一特色名片，为地质勘查单位转型升级、地质工作服务、生态文明建设和乡村振兴提供科学参考。

案例八　生态环境恢复治理项目

青海省木里矿区采坑、渣山一体化治理

一、项目概况

木里矿区位于青海省海西蒙古族藏族自治州天峻县和海北藏族自治州刚察县境内，地处黄河重要支流大通河的发源地，是祁连山区域水源涵养地和生态安全屏障的重要组成部分，生态地位极为重要。木里矿区同时地处高原高寒草原沼泽湿地地区，冻土普遍发育，植被抗干扰能力弱，区域生态敏感脆弱，一旦遭破坏，就难以恢复，属于青藏高原典型的生态脆弱区。木里矿区既是青海省最大的煤矿区，也是西北地区重要的炼焦煤资源产地，由聚乎更区、江仓区、弧山区和哆嗦贡玛区四部分构成，其中聚乎更区和江仓区开发强度相对较大，对生态环境扰动和破坏明显，严重影响黄河上游大通河流域生态环境，木里矿区生态修复刻不容缓。

2020 年 8 月，青海省委、省政府邀请中国煤炭地质总局、中国煤炭科工集团有限公司、中国核工业集团有限公司、中国地质大学（北京）等单位，采用多专家联手、多学科交叉、多部门协同的方式，按照省厅要求，通过现场调研、专家咨询、交流讨论等环节，在短时间内编制了《青海省木里矿区采坑、渣山一体化治理总体规划和方案大纲》。通过地貌重塑、土壤重构、植被恢复和保护保育等工程技术措施对木里矿区采坑、渣山等进行整治和修复，实现景观协调、生态修复、资源保护、水

源涵养功能等生态功能提升，筑牢国家西部生态安全屏障，打造高原高寒生态综合治理样板工程。

2020 年 8 月至 2021 年 9 月，木里矿区生态整治项目（标段一）第一阶段采坑、渣山治理，（标段一）第二阶段覆土与种草复绿工作已全部完成，达到了设计要求。该项目顺利通过了青海省木里矿区以及祁连山南麓青海片区生态环境综合整治工作领导小组办公室组织的相关专家和政府部门的考核验收。

二、治理思路

遵循“山水林田湖草是一个生命共同体”理念，以“技术可靠、经济合理、景观融合、贴近自然”为出发点，基于现场调查成果和工程、水文地质条件，根据矿区生态地质特征和开采现状，按照“一坑一策、水源涵养、冻土保护、生态恢复、资源储备、分区管控、依法依规、经济合理、创新支撑、实现生态保护与节约优先，自然恢复与资源保护有机结合”和“地质 + 生态”治理思路、“自然恢复 + 工程治理”的综合治理思路，围绕提升生态系统服务功能、遏制生态系统退化、规范地形地貌、防范生态环境风险、加强技术支撑及提升监管能力和水平，因地制宜，“一坑一策”，建立“三工程一保障”综合治理体系，即采坑整治、边坡与渣山治理和保留采坑积水形成的高原湖泊或水系修复重塑三类工程措施，及长效监测监管机制，加强对木里矿区生态环境的保护、治理、监督与管控，尽最大可能恢复原有生态系统功能，打造高原高寒地区矿山生态环境修复示范工程。

三、治理效果

1. 采坑、渣山一体化治理效果

（1）聚乎更三号井工程治理效果。基于综合三号井开采现状，结合工程地质和水文地质条件，对三号井按照既定的“边坡阶梯整治 + 坑底部分平整复绿 + 引水代填形成高原湖泊”的修复治理模式开展工作。经过第一阶段的整治，三号井南北两侧坑顶的渣山大部分区域进行了绿化，绿化效果较好。本次治理工程不对三号井周边渣山进行开挖，重点对采坑边坡进行清理修整，对坑底局部区域进行整平，并覆盖煤层露头，最后从东侧将下哆嗦河引入坑内，以水代填，整体整治效果达到设计要求。

（2）聚乎更四号井工程治理效果。基于综合四号井开采现状，结合工程地质和水文地质条件，对四号井按照既定的“保留采坑积水形成的高原湖泊 + 边坡与渣山整治 + 覆土恢复植被 + 水文定期监测”的修复治理模式开展工作。经过第一阶段的整治，已按照设计要求达到整治要求。

（3）聚乎更五号井工程治理效果。基于综合五号井开采现状，结合工程地质和水文地质条件，对五号井采用了“采坑部分回填 + 边坡与渣山整治 + 植被复绿 + 地表水系自然连通”的修复治理模式开展工作。经过第一阶段的整治，已按照设计要求达到整治要求。

（4）聚乎更七号井工程治理效果。基于综合七号井开采现状，结合工程地质和水文地质条件，对七号井按照既定的“资源保护 + 采坑部分回填 + 边坡与渣山整治 + 水系自然连通 + 植被复绿”的修复治理模式开展工作。经过第一阶段的整治，已按照设计要求达到整治要求。

（5）聚乎更八号井工程治理效果。基于综合八号井开采现状，结合工程地质和水文地质条件，对八号井采用了“边坡与渣山平整 + 植被复绿 + 地表水系自然连通”的修复治理模式开展工作。经过第一阶段的整治，已按照设计要求达到整治要求。

（6）聚乎更九号井工程治理效果。九号井开采深度较小，治理思路以“局部回填 + 边坡按原地形修整”为主，工艺包括土方回填碾压、渣山取土开挖和残煤清运等，整体整治效果较好。

（7）哆嗦贡玛矿区工程治理效果。基于综合八号井开采现状，结合工程地质和水文地质条件，对八号井采用了“采坑回填 + 边帮整形 + 坑底就势整平 + 覆土复绿 + 景观协调”的修复治理模式开展工作。经过第一阶段的整治，已按照设计要求达到整治要求。

2. 覆土复绿治理效果

本项目在地貌重塑的基础上，对土壤重构进行了土壤与有机质拌和实验，筛选出最优配比，确定了配比技术参数，并对分析了不同粒径、不同渣石质量含量条件下改良土壤含水率的变化规律及影响，分析了渣石对改良后土壤持水性及有效水性影响，对矿区改良后土壤肥力及重金属风险进行评价，并确立了从煤炭生态地质勘查角度进行新的探索，形成了地形地貌重塑、土壤重构及植被修复、水系自然连通、煤炭资源保护、边坡稳定性综合监测五大创新关键技术与创新点，逐步实现生态环境的正向恢复演化。

青海木里矿区第二阶段覆土复绿工程，聚乎更矿区及哆嗦贡玛矿区共计完成覆土与种草复绿 20826 亩，其中聚乎更三号井种草面积 3919 亩，四号井种草面积 4452 亩，五号井种草面积 4881 亩，七号井种草面积 3264 亩，八号井种草面积 1383 亩，九号井种草面积 1544 亩，哆嗦贡玛种草面积 1383 亩；翻耕面积为 4074 亩，翻耕土方量 1101792 立方米，覆土 16382 亩，覆土方量 2817389 立方米；种子进场 296820 千克，牧草专用肥 315050 千克，羊板粪 662519 立方米，有机肥完成量 34357.23 吨，无纺布 16016600 平方米，网围栏 144071 米。经州级、省级验收后，各井、各图斑的出株数和覆盖度远超平地 1200 株 / 平方米，坡地 1000 株 / 平方米的考核指标数。

后记

我国煤炭地质勘查产业经过70年发展，从经济发展角度来看，经历了单一发展时期、多种经营时期、大地质时期和转型升级期四个发展期；从煤炭地质勘查队伍发展状况来看，重点集中于建井前的煤炭资源勘查领域；从产业角度来看，煤炭地质勘查产业延伸到基础工程建设、清洁能源领域，再延伸到城市地质、农业地质、灾害地质等领域，而在矿井设计、建设、开采以及矿山修复等地质服务领域的延伸则不够系统、深入。煤炭地质勘查产业尽管形成了一个以我国主体能源煤炭为中心产业，以清洁能源为辅助产业，以地质勘查技术服务为技术服务产业的格局，但进入新时期煤炭地质勘查主产业链仍有必要进行重构，这样才能更好地保障主体能源的安全，提供更优质的地质技术服务。

煤炭地质勘查产业要不断强化新能源勘查产业链，寻找新型能源以保障国家能源安全。优化传统勘查产业链，要减少劣质供给、强化优质供给，发挥勘查业强项作用、补齐短板。要打造精准专业化、专一化全过程服务链，为煤矿地质灾害防治、绿色智能开采、透明矿井系统、智慧矿山系统、矿山修复与治理提供全方位、更优质的地质技术服务体系。构建清晰的煤炭地质勘查技术服务链，为建设绿色、环保、美丽的中国提供优质的地质勘查技术服务。

本书是对煤炭行业“十三五”期间煤炭供给侧结构性改革等重大成果的进一步归纳总结。全书共分七章。第一章概述了产业、产业链的内涵及相关理论，产业结构演变的需求、供给及其他影响因素。第二章概述了我国煤炭地质勘查产业现状及发展定位。从产业链角度来看，煤炭地质勘查产业的发展历程经过三次纵向延伸，从建井前的地质勘查延伸到矿井地质，再延伸到矿山修复地质、深地地质；又经过三次横向延伸，从煤炭地质勘查产业延伸到基础工程建设领域、清洁能源领域，再延伸到城市地质、农业地质、灾害地质等领域。第三章分述了煤炭地质勘查行业三大板块。我国含煤地层分布广泛，煤炭地质勘查和研究中不断在煤层中发现具有工业应用价值的锗、镓、铀、锂、铝、稀土等新兴战略性矿产资源，在煤层中发现了资源规模巨大的煤层气、页岩气、油页岩、天然气水合物、砂岩型铀矿等能源矿产，以及高岭土、石墨、黏土矿等其他非金属矿产。第四章论述了煤炭地质勘查产业多元化发展。随着计划经济向市场经济转变，地质勘查单位陷入“无活可干、无米下锅”的窘境。随着市场经济的深入发展，煤田地质单位走向市场，利用自身人员、技术、设备及资料优势，积极延伸地质技术服务产业链，向“大地质、大资源、大生态、大市场、大服务”领域拓展。第五章分析了煤炭地质勘查产业运行的环境。“十四五”时期，进入了新发展阶段，将深入贯彻新发展理念，在以供给侧结构性改革为战略方向、以扩大内需为战略基点的基础上，加快形成以国内大循环为主体、国内国际双循环相互促进的新发展格局，同时大力提升自主创新能力，打造科技、产业、金融紧密融合的创新体系，深度推进产业链与价值链整合。第六章论述了新时期“创新、协调、绿色、开放、共享”新发展理念下煤炭地质勘查产业转型升级的9个方向：煤系矿产资源绿色精细协同勘查与评价、煤炭资源安全绿色精准开采地质保障、煤炭资源清洁低碳高效利用地质保障、关闭煤矿资源勘查开发与生态环境修复、新型能源矿产资源综合勘查与开发利用、生态地质勘查与综合修复治理、煤炭地质勘查技术研发与装备制造、煤炭地质勘查技术延伸业及“一带一路”沿线国家煤系矿产资源勘查开发。第七章展望了新时期煤炭地质勘查产业链的重构，旨在打造精准专业化、专一化全过程服务链，为煤矿地质灾害防治、绿色智能开采、透明矿井系统、智慧矿山系统、矿山修复与治理提供优质的地质技术勘查服务。期望经过研究，构建全方位的煤炭地质勘查技术服务链，形成煤炭地质勘查的清晰产业链，促进煤炭地质勘查产业健康持续高质量发展。

中国煤炭工业协会煤炭地质分会组织相关专家组成科研团队，进行了产业链重构的必要性、可行性研究，提出了构思纲要、总体思路和基本构架，历时近两年完成该科研工作。需要特别提出的是，中国煤炭工业协会会长、党委书记梁嘉琨高度关注课题研究和本书编著工作，并拨冗作序。中国煤炭工业协会副会长孙守仁，中国煤炭地质总局局长、党委书记赵平，副局长范宝营、徐小连，总经济师姚志祥，总局一级首席专家王佟，首席专家组长谭克龙等领导和专家给予了悉心指导。中煤地质集团原董事长王真奉，陕西省煤炭地质勘查集团总工程师段中会、副总经理秦建强，江苏煤炭地质局总工程师杨文光，中国煤炭地质总局航测遥感局有关专家和同事也给予了热情帮助，提供了最新的资料，在此一并表示衷心感谢。

由于著者水平所限，写作时间仓促，书中难免存在疏漏之处，恳请广大同行专家与读者批评指正。

编著者

2022年1月